U0227233

基于分区的海河流域农业节水潜力研究

丁志宏　徐向广　孙天青　王　杰　梁学玉　著

黄河水利出版社
·郑州·

内容提要

本书共分3篇。第1篇,在综合考虑海河流域现状农业节水工作各项影响因素和制约条件的基础上,构建了海河流域农业节水分区评价指标体系,运用模糊聚类方法将海河流域划分为6个农业节水一级分区、19个农业节水二级分区,讨论了分区合理性;第2篇,整理和汇编了海河流域8个省(自治区、直辖市)的现行农业灌溉定额标准体系,提出了灌溉定额研究和编制工作的未来导向;第3篇,基于水量平衡方程推导了流域尺度上的农业节水潜力计算公式,再结合所划定的海河流域农业节水分区体系以及现状水平年和规划水平年的基础数据与参数设定,运用流域农业节水潜力计算公式评估了海河流域各农业节水分区的3种类型节水潜力量值,分析了节水潜力量值合理性,讨论了今后一个时期的农业节水灌溉重点工作区域和重点节水措施,探讨了规划水平年的海河流域各分区适宜有效灌溉面积,提出了促进海河流域农业节水灌溉高质量发展的体制机制优化建议。

本书可供从事水文水资源、农业水土工程、水利规划等领域的有关科技工作者和行政管理人员使用,也可供大专院校相关专业师生参考阅读。

图书在版编目(CIP)数据

基于分区的海河流域农业节水潜力研究/丁志宏等著.—郑州:黄河水利出版社,2019.8

ISBN 978-7-5509-2503-8

Ⅰ.①基… Ⅱ.①丁… Ⅲ.①海河-流域-节水农业-研究 Ⅳ.①S275

中国版本图书馆CIP数据核字(2019)第191382号

策划编辑:岳晓娟　电话:0371-66020903　邮箱:2250150882@qq.com

出 版 社:黄河水利出版社　网址:www.yrcp.com

地址:河南省郑州市顺河路黄委会综合楼14层　邮政编码:450003

发行单位:黄河水利出版社

发行部电话:0371-66026940、66020550、66028024、66022620(传真)

E-mail:hhslcbs@126.com

承印单位:河南瑞之光印刷股份有限公司

开本:787 mm×1 092 mm　1/16

印张:14.25

字数:330千字　印数:1—1 000

版次:2019年8月第1版　印次:2019年8月第1次印刷

定价:155.00元

前 言

海河流域水资源贫乏，多年平均水资源总量370亿m^3，人均水资源量270 m^3，仅为全国人均水资源量的12.8%，是全国七大江河流域中的人均水资源量最少的流域。而与此同时，海河流域又是我国经济社会发达地区，也是主要的粮棉油产区，社会经济与生产生活用水量巨大，农业灌溉用水量占总用水量的比重较大且用水效率不高。

随着各类国家级、区域级和省级经济社会发展规划的陆续部署和推进实施，海河流域的工业用水量、河湖生态用水量和城市生活用水量将会有较明显的增加，"工、农、生"争水的问题将日趋严重。因此，在今后一个时期内，大力发展农业节水灌溉将是确保海河流域粮食安全和农业可持续发展的重要途径，是实现以水资源的可持续利用支撑社会经济可持续发展的重要战略措施和实践抓手。

但在农业节水灌溉工作开展的实践过程中，海河流域各区域在地形地貌、耕作制度、作物种类、作物需水量、水资源条件、农业生产条件以及社会经济发展水平等方面具有明显的空间差异性，为了贯彻落实最严格水资源管理制度，提高有关水行政主管部门对农业节水灌溉工作指导的针对性，亟待根据海河流域各地的自然地理条件、社会发展状况、经济能力和水资源条件等制约因素来划分得出层次化的节水灌溉分区体系，进而实现分区管理。

海河流域地跨8个省(自治区、直辖市)，影响灌溉用水定额的自然地理和社会经济因素具有较强的空间异质性，将流域内各省级行政区颁布的灌溉用水定额进行梳理和汇编，并进行相应的分析，对有关水行政主管部门从宏观上掌握灌溉用水定额的现状及其空间变化规律，以更有效地实施农业节水灌溉管理工作具有积极的参考价值。

就现阶段的农业灌溉用水实践而言，通过采用适宜的节水技术措施所能减少的水量消耗的潜力究竟是多少，这是当前海河流域农业节水灌溉管理工作所面对的重要问题，科学地分析和回答这一问题，对制定节水政策、开发节水技术、实施节水管理等都具有重要的指导意义。

综上所述，为了贯彻落实最严格水资源管理制度，大力发展农业节水灌溉，以确保海河流域粮食安全和农业可持续发展，提高有关水行政主管部门对农业节水灌溉工作指导的针对性，在综合考虑海河流域现状农业节水工作各项影响因素和制约条件的基础上，本书的研究通过构建分区评价指标体系，运用模糊聚类模型方法，开展了海河流域农业节水分区研究，汇编了海河流域8个省级行政区现行灌溉用水定额，并在划分得到海河流域农业节水分区体系的基础上，分析提出了海河流域分区农业节水潜力评估模型，进而基于各地的灌溉定额标准和灌溉发展指标，计算了各分区不同类型的农业节水潜力值，开展了节水潜力评估值的合理性分析，并结合总量控制指标和用水效率指标，估算了规划水平年的各分区适宜的有效灌溉面积。最后，提出了促进海河流域节水灌溉高质量发展的措施建议，为流域层面上的农业灌溉规划与管理工作提供科学指导、技术参考和基础支撑。

衷心感谢水利部海河水利委员会对本书研究工作给予的宝贵支持。同时,本书研究工作在开展过程中还参阅和借鉴了诸多专家学者的文献著作以及有关方面的成果报告,虽在书末的参考文献中有所著录,但肯定存在挂一漏万,在此,谨向诸位水利科学与实践大厦的建设者们致以诚挚的敬意与由衷的感谢!

三人行,必有吾师焉。限于作者的学术水平和研究能力,本书的内容肯定还存在着许多不足之处,恳请广大读者和同行专家不吝斧正,相学相长,一起把论著写在祖国的大地上。

作　者

2019 年 6 月

目　录

第3篇 基于分区的海河流域农业节水潜力研究

第1篇　海河流域农业节水分区研究

第1章 绪 论

1.1 研究背景及问题的提出

1.1.1 研究背景

海河流域地跨北京、天津、河北、山西、河南、山东、内蒙古和辽宁等8个省(自治区、直辖市)。流域水资源贫乏,多年平均地表水资源量216亿 m^3,折合径流深67.5 mm,径流系数0.126,其中山区164亿 m^3,占75.9%,平原52亿 m^3,占24.1%;多年平均浅层地下水资源量235亿 m^3,其中山丘区地下水资源量108亿 m^3,平原及山间盆地地下水资源量160亿 m^3,山丘区与平原、山间盆地间的重复计算量为33.5亿 m^3;多年平均水资源总量370亿 m^3;人均水资源量270 m^3,是全国七大江河流域中人均水资源量最少的流域,仅为全国人均水资源量的12.8%。

而与此同时,海河流域又是我国经济社会发达地区,也是主要的粮棉油产区,社会经济与生产生活用水量巨大,农业灌溉用水量占总用水量的比重较大。据统计,2012年,海河流域总用水量为371.87亿 m^3。其中,农业用水量252亿 m^3,占总用水量的67.77%(农田灌溉用水量221.85亿 m^3,占农业用水量的88.04%;林牧渔业用水量30.15亿 m^3,占农业用水量的11.96%)。

随着"京津冀一体化""雄安新区""中原城市群""环渤海经济区"等国家级、区域级和省级经济社会发展规划的陆续部署和推进实施,海河流域的工业用水量、城市生活用水量以及生态环境用水量将会有较明显的增加,"工、农、生"争水的问题将日趋严重。因此,在今后一个时期内,大力发展农业节水灌溉将是确保海河流域粮食安全、生态安全和农业可持续发展的重要途径,是实现以水资源的可持续利用支撑社会经济生态可持续发展的重要战略措施和实践抓手。

1.1.2 问题的提出

2011年中央一号文件明确提出要把农田水利作为农村基础设施建设的重点任务,要求大兴农田水利建设。近年来,在《国家农业节水纲要(2012—2020年)》《全国灌溉发展总体规划》等国家级规划的指导下,在大型灌区续建配套与节水改造、小型农田水利重点县、大型泵站更新改造、国家农业综合开发等众多项目的推动下,海河流域的农业节水事业快速发展。截至2012年,全流域已建成蓄水工程1.94万座、引提水工程1.93万处、调水工程27处和大型灌区48个、中型灌区306个、大型灌排泵站21处;共有耕地面积1.54亿亩(1亩=1/15 hm^2,全书同),有效灌溉面积1.12亿亩,其中大、中型灌区有效灌溉面积为6 222万亩,占总有效灌溉面积的55.4%,全流域实灌面积9 626万亩;灌溉用水量

252 亿 m^3,其中当地地表水和黄河水用水量 96 亿 m^3,地下水用水量 156 亿 m^3,综合灌溉定额 224 m^3/亩。全流域节水灌溉面积 5 715 万亩,灌溉水有效利用系数 0.64。海河流域以不足全国 1.3% 的水资源量承担着全国 10% 以上的人口和粮食生产的供水任务,有效保障了流域和区域经济社会发展。

但受自然地理条件等各种的影响,海河流域各区域在植被覆盖、耕作制度、作物种类、作物需水量、水资源条件、农业生产条件以及社会经济发展水平等方面均有较为明显的差别。个别地方在发展农田水利、节水灌溉等方面也存在着一些亟待解决的问题。例如,开发简单、成本低的地下水开发量巨大,造成地下水超采,而地表水和非常规水的开发利用不够充分;缺乏区域性的农田水利、节水灌溉发展整体规划,或规划的刚性约束性不够等;借发展节水灌溉,扩大灌溉面积,造成灌溉用水总量不降反升,水资源供需矛盾愈发尖锐。

为了贯彻落实最严格水资源管理制度,提高有关水行政主管部门对农业节水灌溉工作指导的针对性,非常有必要针对海河流域各地的自然地理条件、社会发展状况、经济能力和水资源条件等制约因素来划分出不同类型的区域,进而根据各类分区的特点,因地制宜地制定节水农业发展的政策措施和技术模式。

本篇就是要在综合考虑影响海河流域现状农业节水工作各项影响因素和制约条件的基础上,构建评价指标体系,运用模糊聚类方法,开展海河流域农业节水分区研究工作,为流域农业灌溉规划、管理工作提供科学参考。

1.2 研究目的、任务与技术路线

1.2.1 研究目的

海河流域各区域在发展节水灌溉的自然、社会、经济和技术条件及农业发展布局和各种农业技术措施适用性等方面都存在着明显的地域差异性,同时,这些差异性又相互联系、相互影响,并存于一个区域内,从而形成各区域发展节水灌溉的不同特点。

本篇的研究目的是揭示海河流域各区域农业节水灌溉发展影响因素的区间差异性和区内一致性,科学地划分出海河流域不同的农业节水灌溉分区,阐明分区特点,提出适宜措施,并以此作为发展农业节水的宏观决策、分类指导及制定和审查节水灌溉发展规划的科学依据,为有关水行政主管部门有效履行流域农业节水灌溉管理工作职责提供基础性支撑和方向性指导。

1.2.2 研究任务

农业节水分区研究是指导农业水资源合理开发与高效利用的基础性工作。本篇的研究围绕农业节水分区这一中心工作来进行,主要任务包括基本评价单元选取、分区指标体系构建、分区类型划分和分区对策措施建议等四项工作。

基本评价单元选取是要确定海河流域农业节水分区研究工作的空间对象,是分类指标体系和指标取值所要依附的地理单元的选择过程,也是有关水行政主管部门实施农业节水管理工作的基本着眼点和评价单元。

分区指标体系构建是要在充分掌握和了解海河流域自然地理、社会经济和农业灌溉发展水平等现实状况的基础上，结合工作目的和资料收集情况，统筹考虑各项影响因素，抓住主要矛盾，以服务于有关水行政主管部门的农业节水灌溉管理工作为出发点和落脚点，构建农业节水分区的评价指标体系，明确各项指标含义，确定各项指标数值。

分区类型划分是综合考虑所建立的分区评价指标体系中的各项指标值的内在联系，按照类间差异度最大、类内相似度最大的原则，采用定性和定量相结合的分类方法，在结合实践经验和专家意见的基础上，运用模糊聚类方法将待分类的基本评价单元进行归类，形成层次化的海河流域农业节水分区。

分区对策措施建议是在取得海河流域农业节水灌溉分区的基础上，结合各分区的自然、社会、经济和技术等影响因素，有针对性地提出各分区发展农业节水灌溉的对策措施，因地制宜地探讨各分区节水灌溉发展方向和适用的技术模式，为各级管理单位和技术单位提供实践参考。

1.2.3 技术路线

本篇研究工作采用实证研究与理论分析相结合的工作思路，通过资料收集、文献调研和数据分析，综合考虑自然、社会、经济、技术等影响因素的约束和保障作用，将农业灌溉发展需求与现实影响条件可能这两方面紧密结合，提出科学、合理、实用的节水分区区划及其适宜的节水技术模式，拟定分区管理意见。

本篇研究的技术路线如图 1-1-1 所示。

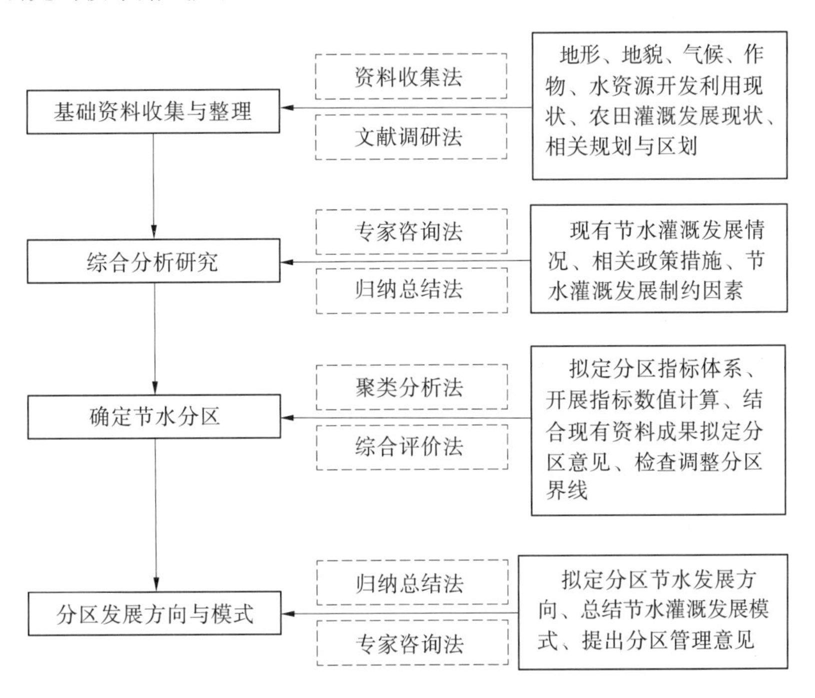

图 1-1-1　海河流域农业节水分区研究技术路线

第 2 章　流域概况

2.1　自然地理

2.1.1　地理位置

海河流域位于东经 112°～120°、北纬 35°～43°，西以山西高原与黄河流域接界，北以蒙古高原与内陆河流域接界，南濒黄河，东临渤海。流域面积 32.06 万 km^2，占全国总面积的 3.3%。流域海岸线长 920 km。

2.1.2　地形地貌

海河流域总的地势是西北高、东南低。流域的西部、北部为山地和高原，西有太行山，北有燕山，海拔高度一般在 1 000 m 左右，最高的五台山达 3 061 m。山地和高原面积 18.96 万 km^2，占 59%；东部和东南部为广阔平原，平原面积 13.10 万 km^2，占 41%。

太行山、燕山等山脉环抱平原，形成一道高耸的屏障。山地与平原近于直接交接，丘陵过渡区较短。流域山区分布有张（家口）宣（化）、蔚（县）阳（高）、涿（鹿）怀（来）、大同、天（镇）阳（高）、延庆、遵化、忻（州）定（襄）、长治等盆地。

平原地势自北、西、西南三个方向向渤海湾倾斜，其坡降由山前平原的 1‰～2‰，渐变为东部平原的 0.1‰～0.3‰。受黄河历次改道和海河各支流冲积的影响，平原内部的微地形复杂。

2.1.3　气候特征

海河流域地处温带半湿润、半干旱大陆性季风气候区。春季，受大陆变性气团的影响，气温升高快，蒸发量大，多大风，降水量较少；夏季，太平洋副热带高压势力加强，热带海洋气团与极地大陆气团在本流域交绥，气候湿润，降水量较多；秋季，东南季风减退，极地大陆气团增强，天气秋高气爽，降水量减少；冬季，受极地大陆气团控制，气候干冷，雨雪稀少。

气温由北向南递增。年平均气温为 0～14.5 ℃，1 月气温最低，7 月气温最高，极端最低气温可达 -35 ℃，极端最高气温在 40 ℃以上。五台山是海河流域最冷地区，河南省获嘉县、修武县是流域最暖地区。

北部大部分地区无霜期为 150～200 d，部分地区为 100～150 d，平原南部及沿海地区在 200 d 以上。相对湿度西部小，东南部大，全年平均为 50%～70%。

年日照时数一般为 2 400～3 100 h。长城以北大部分地区及渤海沿岸年日照时数为 2 800～3 100 h；燕山、太行山麓及附近平原年日照时数在 2 700 h 以下。

海河流域是我国各大流域中降水量较少的地区,1956～2000年多年平均年降水量535 mm。1980～2000年多年平均年水面蒸发量850～1 300 mm,平原区蒸发量大于山区蒸发量。

2.1.4 河流水系

海河流域包括滦河、海河和徒骇马颊河三个水系。滦河水系包括滦河及冀东沿海诸河;海河水系包括北三河(蓟运河、潮白河、北运河)、永定河、大清河、子牙河、黑龙港及运东地区(南排河、北排河)、漳卫河等河系;徒骇马颊河水系包括徒骇河、马颊河和德惠新河等平原河流。

海河流域的河流分为两种类型:一种类型是发源于太行山、燕山背风坡的河流,如漳河、滹沱河、永定河、潮白河、滦河等,这些河流源远流长,山区汇水面积大,水系集中,比较容易控制,河流泥沙较多。另一种类型是发源于太行山、燕山迎风坡的河流,如卫河、滏阳河、大清河、北运河、蓟运河、冀东沿海河流等,其支流分散,源短流急,洪峰高、历时短、突发性强,难以控制,此类河流的洪水多是经过洼淀滞蓄后下泄,泥沙较少。

2.2 社会经济

2.2.1 行政区划

海河流域地跨北京、天津、河北、山西、河南、山东、内蒙古和辽宁等8个省(自治区、直辖市)。北京、天津两直辖市全部属于海河流域,面积分别为1.64万km^2和1.19万km^2,分别占流域面积的5.1%和3.7%;河北省的91%属于海河流域,面积17.16万km^2,占流域面积的53.5%;山西省的38%属于海河流域,面积5.91万km^2,占流域面积的18.4%;河南省的9.2%属于海河流域,面积1.53万km^2,占流域面积的4.8%;山东省的20%属于海河流域,面积3.09万km^2,占流域面积的9.6%;内蒙古自治区的1.36万km^2属于海河流域,占流域面积的4.2%;辽宁省的0.17万km^2属于海河流域,占流域面积的0.5%。

2.2.2 人口经济

海河流域现状经济社会总体格局可分为西部与北部山区、海河中部及沿黄平原和滨海平原三部分。西部与北部山区矿产资源丰富,山西、内蒙古是我国的能源基地,河北唐山、邯郸等地铁矿资源丰富,是重要冶金工业基地。海河中部及沿黄平原是我国的粮食主产区,土地、光热资源丰富,粮食产量高;同时也是传统工业基地,交通便利,城镇和人口集中。滨海平原是流域新兴经济区,拥有先进制造业、现代服务业和科技创新与技术研发基地,是我国人口集聚最多、创新能力最强、综合实力最强的三大区域之一,以天津滨海新区和河北曹妃甸循环经济示范区为龙头,带动流域经济社会重心向滨海转移。

2.3 农业灌溉

2.3.1 农业发展现状

海河流域,尤其是平原地区,土地、光热资源丰富,适于农作物生长,是我国的粮食主产区之一,为保障国家粮食安全发挥着重要作用。2012 年,海河流域耕地面积 1.54 亿亩,其中有效灌溉面积 1.12 亿亩。主要粮食作物有小麦、大麦、玉米、高粱、水稻、豆类等,经济作物以棉花、油料、麻类、烟叶、蔬菜为主。

河北、河南的太行山山前平原和山东的徒骇马颊河平原是流域内的粮食主产区,耕地面积占全流域的 36%,而粮食产量占 50% 以上。沿海地区具有发展渔业生产和滩涂养殖的有利条件。农业生产结构中,油料、果品、水产品、肉、禽蛋、鲜奶等林牧渔业产品产量近年来增长幅度较大,大中城市周边农业转向为城市服务的高附加值农业。

2.3.2 农业灌溉发展历史与现状

海河流域农田水利建设历史悠久,从 2 500 年前的“引漳十二渠”到王安石制定的《农田水利法》、引洪淤田,以及清代房涞涿灌区、民有灌区的兴建,农业灌溉始终为农业发展、粮食生产以及社会稳定和经济繁荣提供着支撑和保障。中华人民共和国成立前夕,海河流域灌溉面积约 1 290 万亩,万亩以上灌区 29 处。

中华人民共和国成立后,党和国家高度重视农田水利工作,海河流域农业灌溉得到了长足发展,取得了辉煌成绩。2012 年,全流域已建成蓄水工程 1.94 万座、引提水工程 1.93 万处、调水工程 27 处和大型灌区 48 个、中型灌区 306 个、大型灌排泵站 21 处;共有耕地面积 1.54 亿亩,有效灌溉面积 1.12 亿亩,其中大、中灌区有效灌溉面积为 6 222 万亩,占总有效灌溉面积的 55.4%,全流域实灌面积 9 626 万亩;农业用水量 252 亿 m^3,其中当地地表水和黄河水用水量 96 亿 m^3,地下水用水量 156 亿 m^3,综合灌溉定额 224 m^3/亩。全流域节水灌溉面积 5 715 万亩,灌溉水有效利用系数 0.64。海河流域以不足全国 1.3% 的水资源量承担着全国 10% 以上的人口和粮食生产的供水任务,流域农业灌溉体系的发展与形成大体可以分为以下几个阶段。

2.3.2.1 恢复和发展阶段(中华人民共和国成立后至 20 世纪 60 年代初)

1949 年,中华人民共和国成立伊始,党和国家把农田水利建设工作作为整个国民经济恢复的重要环节和任务来抓,发动群众,大力恢复、兴修和整理农田水利工程,废除封建水规,进行灌区民主改革,新建、改建和扩建了石津、房涞涿、滦河下游等十多处大型灌区,并开工兴建人民胜利渠、位山、簸箕李、韩墩等引黄灌区,开启了引黄灌溉的序幕。这一时期建设了大批骨干水利工程,解决了防洪排涝和农业灌溉方面的突出问题,流域防洪、灌溉、排涝体系开始形成,为流域农业灌溉事业稳步发展奠定了基础。

2.3.2.2 根治海河阶段(20 世纪 60 年代至 70 年代初)

1963 年,海河流域发生大洪水,大片农田被淹,水利工程损毁严重,在毛主席“一定要根治海河”号召的鼓舞下,流域上下掀起了治理海河的高潮,大批大型水库和平原蓄水、引水、排涝工程兴建。农田水利方面,除对已有灌区进行清淤、整修和配套外,还修建了漳南、易水、南红门和永定河等多处大型灌区以及80余处中型灌区,同时机井建设开始起步。这个时期的"大跃进"和人民公社运动,在一定程度上推动了农田水利建设,但在规划、设计和施工等方面存在着系统性和科学性差等问题,特别是"重骨干、轻配套",导致工程质量不高,效益无法得到全面发挥。

2.3.2.3 灌溉体系初步形成阶段(20世纪70年代至80年代中期)

20世纪70年代初期,海河流域连续干旱,各地加快了农田水利设施建设步伐,先后建设了小开河、潘庄和李家岸等大型引黄灌区以及各类引黄渠道、涵闸等,引黄灌溉面积1 500万亩,年引黄水量超过40亿 m^3,海河流域南部平原地区的农业灌溉得到了长足发展。这一时期,各地还掀起了机井建设高潮,农田灌溉走上了"井渠结合,地表水与地下水统一调控"的道路,至20世纪80年代中期,流域已建成万亩以上灌区477处、机电井近百万眼、固定灌排站2万余处,灌溉面积达9 600万亩,是中华人民共和国成立前的7.5倍。至此,海河流域基本形成了以山前水库、河道为水源的渠(井渠结合)灌区,分布在平原的井灌区以及引黄灌区等为主的3大农田灌溉体系。

2.3.2.4 改革发展转型阶段(20世纪80年代中期至90年代末)

农村联产承包责任制实施以来,农田水利工作迈进了改革开放、讲求实效和依法治水的新阶段,特别是1988年颁布的《中华人民共和国水法》明确要求各地要"将农田水利基本建设纳入农村的中心工作";1986年编制的《海河流域综合规划》明确要求要洪、涝、旱、碱、淤综合治理并统领了其后一个时期的流域农田水利工程体系的建设进程。新建了引黄济津、引黄入卫、引黄入冀等一批引调水骨干工程,新建、改建和扩建了一批灌区,建设管理水平不断提升。农业节水灌溉开始起步,通过渠道衬砌、机井垄沟防渗、塑料软管输水以及平整土地、改小畦田、科学灌溉等措施发展节水灌溉,至20世纪90年代,管道输水、喷灌、微灌等高效灌溉技术开始推广和普及。

2.3.2.5 改革发展深化阶段(2000年至今)

进入21世纪后,提高粮食和农业综合生产能力成为农业发展乃至经济发展的首要任务。自2004年起,连续10个中央一号文件都对农田水利建设提出了明确要求,特别是2011年的中央一号文件将加强农田水利建设放在新时期水利改革发展的6项重点任务之首,提出要"大兴农田水利,力争通过5~10年努力,从根本上扭转水利建设明显滞后的局面"。海河流域各地以大中型灌区续建配套与节水改造、小型农田水利重点县等重点项目为抓手,大力发展农田水利设施配套与改造,规模化推动节水灌溉工程建设,流域农田水利灌排体系不断完善,对农业、农村科学发展与高质量发展的保障能力得到了快速提升。

2.3.3 农业灌溉发展存在的主要问题

20世纪70年代以来,海河流域农业经历了"发展灌溉、开源节流、节水高效、综合治理"的发展历程,取得了很大成绩。特别是近年来,流域内各省(自治区、直辖市)坚持把农田水利建设作为重要任务来抓,不断完善政策支撑体系,加大工作力度,取得了明显成效。但是,由于历史欠账多,面临人增地减水缺的矛盾和保障粮食安全的需求,流域农业灌溉工作也存在一些亟待解决的突出问题。

2.3.3.1 农田水利基础设施依然十分薄弱

建设现代农业,离不开农田水利的支撑。海河流域灌溉排水设施大多建于20世纪50~70年代,由于投入资金不足、历史欠账较多,普遍存在标准低、配套差、老化失修、效益衰减等问题,加之农田灌溉"最后一公里"问题比较突出,基础设施仍需完善。

2.3.3.2 田间节水程度不高

海河流域农业节水发展相对滞后,一些地方还存在大水漫灌现象,水资源不足与灌溉用水浪费并存,与加快建设资源节约型、环境友好型社会以及转变农业发展方式的要求差距较大。流域农田灌溉水有效利用系数为0.64,与世界先进水平相比,仍有较大差距。据调查,仅就大型灌区而言,现状喷灌、微灌、管灌等节水灌溉面积仅占适宜发展节水灌溉面积的40%左右,发展田间节水的潜力还较大。

2.3.3.3 农村水利改革发展相对滞后

当前,农村社会结构、农业发展方式和经营方式正在发生重大变化,农村大量青壮年劳动力外出务工,留守的多是老人、妇女、儿童,组织发动群众兴修农田水利设施十分困难。同时,农民收入结构发生显著变化,非农收入比重明显上升,农业效益低,一些地方农民参与兴修水利的积极性不高,农田水利投入政策、组织方式、管理模式都面临新的挑战。大中型灌区、泵站等工程管理体制改革中,公益性人员基本支出和维修养护费用尚未落实到位。小型农田水利工程产权改革滞后,存在产权不清、管护主体不明确、责任不落实和经费无渠道等问题。农业水价综合改革推进困难,水费实际收取率较低,影响工程正常运行维护。

2.3.3.4 农田水利管理力量有待加强

海河流域农田水利管理涉及各类工程,面广量大、管理任务繁重,需要统筹、协调、指导和督查的工作量大。中央、流域和地方共同协作推动农田水利建设的新机制尚处于探索、磨合阶段;省、市、县等地方农田水利管理部门则面临管理人员不足、技术骨干缺乏等问题;基层水利服务站存在结构不尽合理、管理人员不足、技术力量有限、管理体制不顺等问题,还难以为农田水利工程效益的充分发挥和水资源高效利用提高必要的支撑。各地农民用水户协会发展不均衡,在农田水利建设管理方面的作用尚未完全发挥。

2.3.4 农业灌溉发展面临的新形势

当前正是我国全面建设小康社会的重要时期,也是深化改革开放、加快转变经济增长方式的攻坚时期,农业和农村工作被提上了党和国家的重要议事日程。农田水利建设的资金投入不断加大,建设内容不断扩展,体制机制不断创新,是农田水利改革与发展最快、最好的时期,农业灌溉发展面临着新形式、新要求。

2.3.4.1 最严格水资源管理制度的实施对农业灌溉提出了新要求

海河流域现状农业灌溉用水呈现出用水效率低、保障率不高、水分生产率低、对地下水依赖度高等特点。2012年,全流域综合灌溉定额224 m^3/亩,灌溉水有效利用系数0.64,平均亩产346 kg,水分生产率1.54 kg/m^3。在农业灌溉对地下水的依赖程度高、超采严重的同时,大型灌区干支渠衬砌率不足30%,田间配套工程完好率仅为40%,节水灌溉工程面积仅 17%，灌溉水利用系数 0.484，远低于全流域平均水平。随着生活用水量、城市用水量和工业用水量大幅增加，农业灌溉保证率持续走低。国家为实施最严格水资源管理制度提出的“三条红线、四项制度”对流域推行农业灌溉用水总量控制、定额管理制度，推动规模化、区域化发展高效节水灌溉，提高水资源利用效率和效益，降低农业面源污染，促进水资源可持续利用等提出了新的要求，也为流域农田水利发展转型指明了方向。

2.3.4.2 保障国家粮食安全对农业灌溉提出了新要求

2004～2015 年，我国粮食产量实现了“十二连增”，但也面临着耕地减少、水资源紧缺、需求刚性增长、农业基础设施较薄弱以及气候异常等各种因素的制约，特别是水土资源约束进一步加大。根据《全国新增 1 000 亿斤粮食生产能力规划(2009～2020 年)》提出的粮食生产总体规模和布局，我国粮食生产重心北移，海河流域承担粮食增产任务的地区主要是河北省平原和豫北平原、鲁北平原。水利作为农业生产的重要支撑，现有农田水利设施不配套、老化失修问题严重，农田灌排“最后一公里”问题仍很突出，还有部分水土条件具备的耕地未能兴修灌溉设施。因此，提高农业发展水平，确保区域粮食生产安全，对流域农业灌溉提出了新的更高要求。

2.3.4.3 生态文明建设对农业灌溉提出了新要求

海河流域现状地下水超采区面积 7.67 万 km^2，其中严重超采区面积 6.12 万 km^2，年超采水量达 80 亿 m^3，形成了 13 个大型地下水超采区；流域南部引黄灌区年均引黄水量 40.91 亿 m^3，长期以来，引黄沉沙池拦沙率低造成绝大部分泥沙淤积在各级渠道和农田中，不仅影响了正常输水灌溉，还导致了周边地区土地沙化，成为鲁北平原、豫北平原风沙区主要的沙源；流域地表水功能区达标率仅 26%，不少地区存在污水灌溉的情况，严重影响了耕地质地和农产品质量安全。党的十八届三中全会提出了要加快建立生态文明制度、健全国土空间开发、资源节约利用、生态环境保护的体制机制总体要求，今后一个时期，如何将农田水利发展与生态文明建设有机结合起来，加快水生态环境保护与修复，减少灌溉用水量和污水排放量，对农业灌溉的发展方式与格局提出了新要求。

2.3.4.4 全面深化改革对农业灌溉提出了新要求

随着城镇化、工业化进程的不断加快，农业生产经营模式、市场化程度和农村经济社会结构也在发生着重大而深刻的变革。当前，流域农田水利工作改革发展与社会变革的总体形势还不相适应，如农田水利建设投资的多元化稳定增长机制尚未完全建立、部分地区中央补助项目的地方配套资金难以落实、灌区泵站等水管单位“两费”尚未落实到位、小型农田水利工程管理体制改革滞后、农业水价综合改革推进困难、乡(镇)基层水利服务机构能力建设亟待提高、农民用水合作组织缺乏必要的扶持等。党的十八届三中全会提出了要加快构建新型农业经营体系，要赋予农民更多财产权利，推进城乡要素平等交换和公共资源均衡配置，进行小型农田水利设施管理体制改革，为流域农业灌溉的发展提供了难得的机遇。

第3章　模糊聚类的理论与方法

3.1　农业节水分区方法

农业节水分区方法可以概括为定性分析分区方法、定量分析分区方法以及定性分析与定量分析相结合的分区方法等三大类型。

3.1.1　定性分析分区方法

农业节水分区划分的定性分析方法有多种，常用的有经验法、指标法、类型法、重叠法等。

3.1.1.1　经验法

经验法是在原有资料和成果的基础上，融合区划工作技术人员的专业知识和实践工作经验，对计算单元进行相似归类，得出区划成果的分区划分方法。经验法需要占有大量的资料和成果，分区结果的可靠性依赖于区划工作技术人员的水平和经验，具有一定的主观性，但是经验法简单、直接，无须计算。经验法可以从大的方向上进行分区，对所得分区的进一步深化可以起到方向性的指导作用。

3.1.1.2　指标法

指标法是通过对有关自然地理条件、社会经济条件、农业生产特征、植被生态结构和灌溉技术条件等资料的分析和计算，确定出能反映各区域特征的主要指标，例如干燥度指标、缺水程度指标、人均耕地指标、人均水资源量指标、单位面积水资源量指标、人均收入指标、单位面积产值指标、工程单位面积投资指标等，最后分配各指标的权重，根据主要指标、次要指标和再次要指标等级来进行分区划分的方法。

3.1.1.3　类型法

类型法是根据区域内客观存在的具有不同特征的不同地区，选择一定的指标，结合定性分析，找出能代表一定类型的基本特征，以基本特征为主线，将其相似的区域分别划类归纳，进行组合，划分出不同类别的类型区的分区划分方法。例如，可按照水资源紧缺程度划分为极度缺水型、轻度缺水型、一般缺水型、丰水型等；可根据地貌类型，分为丘陵缺水型、平原缺水型、山区缺水型等；然后，又可以分为经济作物丘陵缺水型、粮食作物平原缺水型等；最后，将归纳出的各大类型分区在空间上进行定类划区，落实到具体区位上。

3.1.1.4　重叠法

重叠法，又称为套图法，是将所搜集到的与农业节水区划工作密切相关的地形地貌图、行政区划图、气候区划图、水利区划图、农业区划图、土地利用图以及农业种植结构图等重叠在一起，根据重叠的情况来确定区划分区的边界。重叠法的关键是选好基础图。基础图是指对农业节水分区起主要影响作用的因素图。所选用的各类型专业图纸中，地形图、行政区划图与农业结构布局图为基础性的图件。

3.1.2 定量分析分区方法

农业节水分区划分的定量分析方法是运用高等数学和数理统计的方法来进行区划分区工作的，主要有聚类分析法、判别分析法、层次分析法和主成分分析法等。

3.1.2.1 聚类分析法

聚类分析法是对某一研究对象进行客观的定量分类，需要根据各个样本所具有的自然属性和社会属性，运用数学方法定量地确定各样本之间的亲疏关系，即根据各样本属性的相似性和差异性，把相似性较大的样本聚成一类，每一小类之间的各样本属性差异最小，各大类样本之间的属性则有明显的差异性。这种方法不需要事先知道分类对象有多少类，而是通过数理统计方法来最后客观地形成一个分类体系。常用的聚类分析法有动态聚类法、分解聚类法、系统聚类法、共区优选法和模糊聚类法等。其中，模糊聚类法是模糊集合理论与聚类分析法相结合的产物，具有严格的理论基础，能够揭示各因素之间的内在本质差别和联系，消除定性分析的主观性和任意性，具有所得分类结果可靠、无须事先知道分类对象有多少类等优点，在实践中得到了广泛的应用。

3.1.2.2 判别分析法

判别分析法是根据区间的差异性和区内相似性原理建立的，虽然可以定量考虑多因子的综合作用，可操作性也较强，但是经常会有个别样本跨越区界，出现“跳区”现象。

3.1.2.3 层次分析法

层次分析法首先把复杂的系统分解为若干子系统，并按照它们之间的从属关系进行分组，形成有序的递阶层次结构，然后通过就某种特性两两对比的方式来确定各个子系统的相对重要性，最后通过综合决策者的主观判断确定各个子系统相对重要性的总顺序。其优点是方法简单、计算简便，更容易符合现状，缺点是在权重的确定过程中，主观干扰因素较多，专家评判要花费大量的人力、物力。

3.1.2.4 主成分分析法

主成分分析法是运用降低数据维数的方法来使用较少的几个综合指标代替原来较多的变量指标，用较少的因子考虑多个因子的影响，优点是科学性强，不一定从原始指标出发，而是可以通过数学变换来直接处理各自的函数，缺点是必须利用一定的分类方法才能确定科学可靠的分区方案。

3.1.3 定性分析与定量分析相结合的分区方法

为了使得分区结果更符合实际情况，可以采用定性分析与定量分析相结合的方法来进行农业节水分区，主要有逐步判别分析与经验联合分区法、主成分分析与模糊聚类相结合分区法、层次分析与星座聚类联合分区法以及其他各类定性与定量相组合的分区方法等。

定性分析与定量分析相结合的分区方法理论性、科学性都较强，避免了主观臆断，所得分区结果可以较好地反映实际情况，但是计算工作量较大、可操作性较差。

3.1.3.1 逐步判别分析与经验联合分区法

这种分区方法是首先运用判别法进行分区,然后根据经验对分区结果进行修正。

3.1.3.2 主成分分析与模糊聚类相结合分区法

这种分区方法是首先运用主成分分析法对指标进行降维处理,把多指标转换为少数几个综合指标,即主成分指标,这样既减少了计算的工作量又保留了原始指标的主要信息,再用新指标替代原来的指标进行模糊聚类。

3.1.3.3 层次分析与星座聚类联合分区法

这种分区方法是首先运用层次分析法解决各指标的权重问题,然后对各项指标进行极差变换,将坐标参数转换为直角坐标,计算各点的指标综合值,最后绘制星座图来进行分区划分工作。

3.1.3.4 其他的组合分区方法

例如,可以首先选取地形地貌、灌溉水源等定性因素运用类型法划分几类大的一级分区,再采用模糊聚类分析法对其余的定量指标进行分析计算,得到二级分区,最后结合专家意见和实践经验进行调整,确定最终的分区体系。

考虑农业节水分区的对象具有模糊特征以及无法事先预知待分区对象的类别数目,本篇将在首先选取地形地貌、灌溉水源等定性因素运用类型法划分几类大的一级分区的基础上,再采用模糊聚类分析法对其余的定量指标进行分析计算,得到二级分区体系并做人工调整这一定性与定量相结合的分区方法来开展本次分区研究工作。

模糊聚类方法建立了样本对于类别归属的不确定性的数学描述,能更客观地反映现实世界,是模糊集合理论应用于聚类分析的产物。

3.2 模糊集基本理论

传统信息处理方法的基础是概率假设和二态假设。概率假设使传统的数学应用范围从确定性现象扩展到随机现象,二态假设对应了人类的精确思维方式。但是,与此同时,自然界中客观存在的事物除可以精确表示外,还存在着大量的模糊现象,如“年轻人”“高个子”等,究竟多大年龄之间算“年轻”,多高个子为“高个子”,这是人们观念中的模糊的概念,模糊概念由此产生。

模糊性也就是生活中的不确定性。实际上,客观事物的不确定性除随机性外,模糊性也是一种不确定性。所谓模糊性,是指事物的性质或类属的不分明性,其根源是事物之间存在过渡性的事物或状态,使它们之间没有明确的分界线。

1965 年,美国加利福尼亚大学伯克利分校的 L. A. Zadeh 教授提出了模糊集的概念,将一般的集合借助隶属函数的概念推广到模糊集,标志着模糊数学这一学科的诞生。模糊集理论是对一类客观事物和性质更合理的抽象和描述,是传统集合理论的合理推广,是客观存在的模糊概念的必然反映,体现了客观事物处于共维条件下的差异在中间过渡阶段所呈现的亦此亦彼性。

3.2.1 模糊集的定义及表示

设给定论域 U，U 到[0,1]闭区间的任一映射 μ_A 为

$$\mu_A: U \to [0,1], \quad \mu \to \mu_A(u)$$

确定 U 的一个模糊子集 A，μ_A 称为模糊子集的隶属函数，$\mu_A(u)$ 称为 u 对于 A 的隶属度。隶属度也可记为 $A(u)$。在不至于混淆的情况下，模糊子集也称为模糊集合。

上述定义表明，论域 U 上的模糊子集 A 可以由隶属函数 $\mu_A(u)$ 来表征，$\mu_A(u)$ 的取值范围为闭区间[0,1]，$\mu_A(u)$ 的大小反映了 u 对于模糊子集的从属程度。$\mu_A(u)$ 的值越接近于1，表示 u 从属于 A 的程度越高；$\mu_A(u)$ 的值越接近于0，表示 u 从属于 A 的程度越低。可见，模糊子集可以完全由隶属函数来描述。

当 $\mu_A(u)$ 的值域等于{0,1}时，$\mu_A(u)$ 退化为一个经典子集的特征函数，模糊子集 A 便退化为一个经典子集。由此可见，经典集合是模糊集合的特殊状态，模糊集合是经典集合概念的推广。

模糊集合的表示方法有以下几种。

3.2.1.1 U 为有限集

当 U 为有限集$\{u_1, u_2, \cdots, u_n\}$时，通常有如下三种方式：

(1)Zadeh 表示法。

$$A = \frac{A(u_1)}{\mu_1} + \frac{A(u_2)}{\mu_2} + \cdots + \frac{A(u_n)}{\mu_n}$$

其中，$\dfrac{A(u_i)}{\mu_i}$ 并不表示分数，而是表示论域中的元素 u_i 与其隶属度 $A(u_1)$ 之间的对应关系；"+"也不表示"求和"，而是表示模糊集合在论域 U 上的整体，且当某元素的隶属度为0时，可忽略不写。

(2)序偶表示法。

$$A = \{(A(u_1), u_1), (A(u_2), u_2), \cdots, (A(u_n), u_n)\}$$

这种表示法是由普通集合的列举法演变而来的，它由元素和它的隶属度组成有序对一一列出。

(3)向量表示法。

$$A = (A(u_1), A(u_2), \cdots, A(u_n))$$

这种表示方法是借助于 n 的维数来实现的，即当论域 U 中的元素先后次序排定时，按此顺序记载各元素的隶属度(此时隶属度为0的项不能省略)，这时 A 称为模糊向量。

3.2.1.2 U 为有限连续域

当 U 是有限连续域时，Zadeh 给出如下记法：

$$A = \int_u \frac{\mu_A(u)}{u}$$

同样，$\dfrac{\mu_A(u)}{u}$ 并不表示分数，而是表示论域 U 上的元素 u 与隶属度 $\mu_A(u)$ 的对应关系；$\int$ 既不表示"积分"，也不是"求和"记号，而是表示论域 U 上的元素 u 与隶属度 $\mu_A(u)$

之间对应关系的一个总括。

3.2.2 模糊集的隶属函数

隶属函数是模糊集合赖以建立的基石,隶属函数的确定无论是理论上还是应用上都非常重要,由于造成模糊不确定性的原因是多种多样的,要确定恰当的隶属函数并不容易。在大多数场合下,隶属度无法直接给出,它的建立需要对所描述的概念有足够的了解、一定的数学技巧,而且还包括心理测量的进行与结果的运用等各种因素。正如某一事件的发生与否有一定的不确定性(随机性)一样,某一对象是否符合某一概念也有一定的不确定性。

隶属函数的确定过程,本质上来说应该是客观的,但每一个人对于同一个模糊概念的认识和理解又有差异。因此,隶属函数的确定又带有主观性。一般是根据工作经验或统计规律进行确定,也可由专家给出。例如体操裁判的评分,尽管带有一定的主观性,但却是反映裁判员们大量丰富实际经验的综合结果。对于同样一个模糊概念,不同的人会建立不完全相同的隶属函数,尽管形式不完全相同,只要能反映同一模糊概念,在解决和处理实际模糊信息的问题中仍然是有同样效果的。

确定隶属函数的方法很多,最基本的一种就是模糊统计法。根据概率统计的规律,当试验次数足够大时,可以用频率来代替概率。所以,建立隶属函数时,可用隶属频率来代替隶属度。模糊统计实验有四个要素:①论域 U;②U 中的一个元素;③U 中一个边界可变的普通集合 A,A 联系于一个模糊集合 A 及相应的模糊概念;④条件 S,它联系着按概念所进行的划分过程的全部主观因素,它制约着 A 边界的改变。

隶属函数的常用类型有抛物线形、三角形、梯形等形式。

3.3 模糊聚类分析法

聚类分析是根据一定的特征,并按某种特定要求或规律将样本进行分类的统计方法。由于聚类分析的样本对象必定是尚未分类的群体,而且现实的分类问题往往带有模糊性,对带有模糊特征的事物进行聚类分析,在分类的过程中,不仅要考虑样本之间有无关系,更要着重考虑样本之间关系的深浅程度,显然用模糊数学的方法处理更为自然和贴切。因此,将运用模糊数学理论来进行聚类分析的方法称为模糊聚类分析法。

模糊聚类是20世纪70年代发展起来的一种分类评价技术。它是采用模糊数学方法,依据客观事物之间的特征、亲疏程度和相似性,通过对客观事物建立模糊相似关系,运用模糊等价关系进行聚类分析的一种多元统计技术。模糊聚类分析法克服了评价标准边界过于明确的弊端,实现了指标数量化、评价模型化、标准评定公众化,保证了评价结果的客观、准确。

模糊聚类法的基本思想是将待分类对象的各类属性指标进行量化,形成模糊矩阵,进行模糊计算,形成具有自反性、对称性和传递性的等价闭包,通过选取模糊截集水平值 λ 进行模糊分类。

模糊聚类分析的一般步骤为数据标准化、标定(建立模糊相似矩阵)、聚类、确定最佳

模糊截集 λ 值。

3.3.1 数据标准化

3.3.1.1 数据矩阵

设论域 $\boldsymbol{U} = \{x_1, x_2, \cdots, x_n\}$ 为被分类对象,每个对象又有 m 个指标表示其性状,即

$$x_i = \{x_{i1}, x_{i2}, \cdots, x_{im}\} \quad (i = 1,2,\cdots,n)$$

于是,得到原始数据矩阵为

$$\begin{pmatrix} x_{11} & x_{12} & \cdots & x_{1m} \\ x_{21} & x_{22} & \cdots & x_{2m} \\ \vdots & \vdots & & \vdots \\ x_{n1} & x_{n2} & \cdots & x_{nm} \end{pmatrix}$$

其中, x_{nm} 表示第 n 个分类对象的第 m 个指标的原始数据。

3.3.1.2 数据标准化

所谓数据标准化,就是要根据模糊矩阵的计算要求,将数据压缩到区间[0,1]上。进行数据标准化是对各指标的量纲和数量级进行处理,因为一般各指标的量纲各不相同,数量级也有差异。如果直接对原始资料进行分析计算,就有可能突出某些数量级特别大的指标对分类的作用,降低甚至排斥某些数量级较小的指标对分类的作用,得到难以解释或错误的分类结果。另外,某一指标改变量纲,也会导致分类结果的改变。因此,在进行模糊聚类分析时,必须对数据进行标准化处理,使每一指标值统一于某种共同的数据特性范围内。数据标准化的方法通常有标准差变换、极差变换和对数变换等标准化方法。

1. 标准差变换

$$x'_{ik} = \frac{x_{ik} - \bar{x}_k}{s_k} \quad (i = 1,2,\cdots,n;k = 1,2,\cdots,m)$$

其中, $\bar{x}_k = \frac{1}{n}\sum_{i=1}^{n} x_{ik}$, $s_k = \sqrt{\frac{1}{n}\sum_{i=1}^{n}(x_{ik} - \bar{x}_k)^2}$ 。

经变换后,每个变量的均值为0,标准差为1,且消除了量纲的影响。

2. 极差变换

$$x''_{ik} = \frac{x'_{ik} - \min\limits_{1 \leqslant i \leqslant n}\{x'_{ij}\}}{\max\limits_{1 \leqslant i \leqslant n}\{x'_{ik}\} - \min\limits_{1 \leqslant i \leqslant n}\{x'_{ik}\}} \quad (k = 1,2,\cdots,n)$$

显然有 $0 \leqslant x''_{ik} \leqslant 1$,而且消除了量纲的影响。

3. 对数变换

$$x'_{ik} = \lg x_{ik} \quad (i = 1,2,\cdots,n;k = 1,2,\cdots,m)$$

取对数以缩小变量间的数量级。

在上述三种方法中,数据经标准差标准化处理后,各指标的均值和标准差完全相同,其分辨力被完全同化;极大值标准化法易受极端异常值的影响,对数标准化法未能达到无量纲化目的。均值标准化方法和极差标准化法是较好的标准化方法。

极差标准化法的步骤如下:

$$x'_{ij} = \frac{x_{ij} - \overline{x}_j}{s_j}$$

对于越大越优型的指标:

$$x''_{ij} = \frac{x'_{ij} - x'_{j\min}}{x'_{j\max} - x'_{j\min}}$$

对于越小越优型的指标:

$$x''_{ij} = \frac{x'_{j\max} - x'_{ij}}{x'_{j\max} - x'_{j\min}}$$

其中

$$\overline{x}_j = \frac{1}{n}\sum_{i=1}^{n} x_{ij}, \quad s_j^2 = \frac{1}{n-1}\sum_{i=1}^{n}(x_{ij} - \overline{x}_j)^2$$

式中:x_{ij} 为 i 样本 j 指标的原始数值;x''_{ij} 为 i 样本 j 指标的标准化后的数值;$x'_{j\max}$ 为所有样本的 x'_{ij} 值在 j 指标的最大值;$x'_{j\min}$ 为所有样本的 x'_{ij} 值在 j 指标的最小值;n 为指标个数。

3.3.2 标定(建立模糊相似矩阵)

进行模糊聚类,首先要计算相似系数,设论域 $\boldsymbol{U} = \{x_1, x_2, \cdots, x_n\}$,$x_i = \{x_{i1}, x_{i2}, \cdots, x_{im}\}(i = 1,2,\cdots,k)$,依照常规聚类方法确定相似系数,建立模糊相似矩阵,确定 x_i 与 x_j 的相似程度。对于原始数据 $x_{ij} \geqslant 0$ 的情况,确定 $r_{ij} = R(x_i, x_j)$ 的方法主要有相似系数法和距离法两大类。具体使用什么方法,可根据问题的性质,适当选取下列公式之一计算。

3.3.2.1 **相似系数法**

1. 夹角余弦法

$$r_{ij} = \frac{\sum_{k=1}^{m} x_{ik} \cdot x_{jk}}{\sqrt{\sum_{k=1}^{m} x_{ik}^2} \cdot \sqrt{\sum_{k=1}^{m} x_{jk}^2}}$$

2. 最大最小法

$$r_{ij} = \frac{\sum_{k=1}^{m}(x_{ik} \wedge x_{jk})}{\sum_{k=1}^{m}(x_{ik} \vee x_{jk})}$$

3. 算术平均最小法

$$r_{ij} = \frac{2\sum_{k=1}^{m}(x_{ik} \wedge x_{jk})}{\sum_{k=1}^{m}(x_{ik} + x_{jk})}$$

4. 几何平均最小法

$$r_{ij} = \frac{2\sum_{k=1}^{m}(x_{ik} \wedge x_{jk})}{\sum_{k=1}^{m}\sqrt{x_{ik} \cdot x_{jk}}}$$

其中,∧表示取二者中的最小值;∨表示取二者中的最大值;后同。

以上4种方法中,要求 $x_{ij} \geqslant 0$,否则要做适当变换。

5. 数量积法

$$r_{ij} = \begin{cases} 1 & i = j \\ \frac{1}{M}\sum_{k=1}^{m} x_{ik} . x_{jk} & i \neq j \end{cases}$$

其中
$$M = \max_{i \neq j}(\sum_{k=1}^{m} x_{ik} \cdot x_{jk})$$

6. 相关系数法

$$r_{ij} = \frac{\sum_{k=1}^{m} |x_{ik} - \bar{x}_i| |x_{jk} - \bar{x}_j|}{\sqrt{\sum_{k=1}^{m} (x_{ik} - \bar{x}_i)^2}\sqrt{\sum_{k=1}^{m} (x_{jk} - \bar{x}_j)^2}}$$

其中
$$\bar{x}_i = \frac{1}{m}\sum_{k=1}^{m} x_{ik}, \quad \bar{x}_j = \frac{1}{m}\sum_{k=1}^{m} x_{jk}$$

7. 指数相似系数法

$$r_{ij} = \frac{1}{m}\sum_{k=1}^{m} \exp\left[-\frac{3}{4}\frac{(x_{ik} - x_{jk})^2}{s_k^2}\right]$$

其中
$$s_k = \frac{1}{n}\sum_{i=1}^{n} (x_{ik} - \bar{x}_{ik})^2$$

3.3.2.2 距离法

1. 直接距离法

$$r_{ij} = 1 - c \cdot d(x_i, x_j)$$

式中:c 为适当选取的参数,使得 $0 \leqslant r_{ij} \leqslant 1$; $d(x_i, x_j)$ 表示样本之间的距离,经常用的距离有以下3种。

1)海明距离

$$d(x_i, x_j) = \sum_{k=1}^{m} |x_{ik} - x_{jk}|$$

2)欧几里得距离

$$d(x_i, x_j) = \sqrt{\sum_{k=1}^{m} (x_{ik} - x_{jk})^2}$$

3)切比雪夫距离

$$d(x_i, x_j) = \bigvee_{k=1}^{m} |x_{ik} - x_{jk}|$$

2. 倒数距离法

$$r_{ij} = \begin{cases} 1 & i = j \\ \frac{M}{d(x_i, x_j)} & i \neq j \end{cases}$$

式中: M 为适当选取的参数,使得 $0 \leqslant r_{ij} \leqslant 1$。

3. 指数距离法

$$r_{ij} = \exp[-d(x_i, x_j)]$$

3.3.3 聚类

在实际应用中,模糊聚类分析法在聚类时,有基于模糊等价矩阵的聚类方法和直接聚类方法等两类方法,现分述如下。

3.3.3.1 基于模糊等价矩阵聚类方法

1. 传递闭包法

通过标定所得的模糊相似矩阵 $\boldsymbol{R}$ 通常只能满足自反性和对称性,还不能用以进行分类。需要从 $\boldsymbol{R}$ 出发,求一个包含 $\boldsymbol{R}$ 的最小传递矩阵——传递闭包 $t(\boldsymbol{R})$。一般采用平方法求传递闭包。平方法的原理为:

$$\boldsymbol{R}^2 = \boldsymbol{R} \cdot \boldsymbol{R}$$
$$\boldsymbol{R}^4 = \boldsymbol{R}^2 \cdot \boldsymbol{R}^2$$
$$\vdots$$
$$\boldsymbol{R}^{2m} = \boldsymbol{R}^{2m-1} \cdot \boldsymbol{R}^{2m-1}$$

直到第一次 $\boldsymbol{R}^k = \boldsymbol{R}^k \cdot \boldsymbol{R}^k$ 出现时,那么 $\boldsymbol{R}^k$ 就是传递闭包 $t(\boldsymbol{R})$ 。再让 λ 由大变小,就可以完成聚类。

2. 布尔矩阵法

设 $\boldsymbol{R}$ 是 $\boldsymbol{U} = \{x_1, x_2, \cdots, x_n\}$ 上的一个相似的布尔矩阵,则 $\boldsymbol{R}$ 具有传递性(当 $\boldsymbol{R}$ 是等价布尔矩阵时) $\Leftrightarrow$ 矩阵 $\boldsymbol{R}$ 在任一排列下的矩阵都没有形如 $\begin{pmatrix} 1 & 1 \\ 1 & 0 \end{pmatrix}$, $\begin{pmatrix} 1 & 1 \\ 0 & 1 \end{pmatrix}$, $\begin{pmatrix} 1 & 0 \\ 1 & 1 \end{pmatrix}$, $\begin{pmatrix} 0 & 1 \\ 1 & 1 \end{pmatrix}$ 的特殊子矩阵。

布尔矩阵法的具体步骤如下:

(1)求模糊相似矩阵的 λ 截矩阵 $\boldsymbol{R}_\lambda$。

(2)若 $\boldsymbol{R}_\lambda$ 按上述定义判定为是等价的,则由 $\boldsymbol{R}_\lambda$ 可得 U 在 λ 水平上的分类,若 $\boldsymbol{R}_\lambda$ 判定为不等价,则 $\boldsymbol{R}_\lambda$ 在某一排列下有上述形式的特殊子矩阵,此时只要将其中特殊子矩阵的 0 一律改成 1,直到不再产生上述形式的子矩阵即可。由此得到的 $\boldsymbol{R}_\lambda^*$ 即为模糊等价矩阵。因此,由 $\boldsymbol{R}_\lambda^*$ 可得 λ 水平上的分类。

3.3.3.2 直接聚类法

所谓直接聚类法,是指在建立模糊相似矩阵之后,不去求传递闭包 $t(\boldsymbol{R})$,也不用布尔矩阵法,而是直接从模糊相似矩阵出发求得聚类图。其步骤如下:

(1)取 $\lambda_1 = 1$ (最大值),对每个 x_i 做相似类 $[x_i]_R$, 且

$$[x_i]_R = \{x_j \mid r_{ij} = 1\}$$

即将满足 $r_{ij} = 1$ 的 x_i 与 x_j 放在一类,构成相似类。相似类与等价类的不同之处是,不同的相似类可能有公共元素,即可出现

$$[x_i]_R = \{x_i, x_k\}, \quad [x_j]_R = \{x_j, x_k\}, \quad [x_i] \cap [x_j] \neq \varnothing$$

此时,只要将有公共元素的相似类合并,即可得 $\lambda_1 = 1$ 水平上的等价分类。

(2)取 λ_2 为次大值,从 $\boldsymbol{R}$ 中直接找出相似度为 λ_2 的元素对 (x_i, x_j) $(r_{ij} = \lambda_2)$,将对应于 $\lambda_1 = 1$ 的等价分类中 x_i 所在的类与 x_j 所在的类合并,将所有的这些情况合并后,即得到对应于 λ_2 的等价分类。

(3)取 λ_3 为第三大值,从 R 中直接找出相似度为 λ_3 的元素对 (x_i, x_j) $(r_{ij} = \lambda_3)$,将对应于 λ_3 的等价分类中 x_i 所在的类与 x_j 所在的类合并,将所有的这些情况合并后,即得到对应于 λ_3 的等价分类。

(4)以此类推,直至合并到 $\boldsymbol{U}$ 成为一类。

3.3.4 确定最佳阈值 λ

因为在模糊聚类分析中,对于各个不同的 $\lambda \in [0,1]$,可得到不同的分类,许多实际问题需要选择某个阈值 λ,确定样本的一个具体分类,这就提出了如何确定阈值 λ 的问题。一般有以下两个方法:

(1)根据实际需要,结合专业知识,在聚类结果中,选择适当的 λ 值,以得到适用的分类,而不需要事先准确地估计好样本应分成几类。

(2)用 F 统计量确定 λ 的最佳值。

F 统计量:

$$F = \frac{\sum_{j=1}^{r} n_j \dfrac{\| \overline{x}^{(j)} - \overline{x} \|}{r - 1}}{\sum_{j=1}^{r} \sum_{i=1}^{n_j} \dfrac{\| x_i^{(j)} - \overline{x}^{(j)} \|}{n - r}}$$

式中:$\| \overline{x}^{(j)} - \overline{x} \|$ 为 $\overline{x}^{(j)}$ 与 $\overline{x}$ 间的距离,$\| \overline{x}^{(j)} - \overline{x} \| = \sqrt{\sum_{k=1}^{m} (\overline{x}_k^{(j)} - \overline{x}_k)^2}$;$\| x_i^{(j)} - \overline{x}^{(j)} \|$ 为第 j 类中第 i 个样本 $x^{(j)}$ 与其中心 $\overline{x}^{(j)}$ 间的距离。

F 统计量是遵从自由度为 $r-1$、$n-r$ 的 F 分布的。它的分子表征类与类之间的距离,分母表征类内样本间的距离。因此,F 值越大,说明类与类之间的距离越大;类与类之间的差异越大,分类就越好。

分类数目与 λ 值的关系是:$\lambda = 1$ 时,所有待分类单元各自归一类,即分类的数量等于待分类单元的数量;随着 λ 由 1 逐渐减小,待分类单元被划分的种类数量逐渐减小,直至 λ 为某一特定值时,所有待分类单元被归并为一类。

综上所述,结合所构建的分区指标体系的数据特征,并经过试算,本篇在应用模糊聚类分析法的过程中,数据标准化采用极差标准化方法,标定采用相似系数法中的相关系数矩阵法,聚类采用传递闭包法,最佳阈值 λ 的选取根据实践经验和专家意见来确定,以得到符合流域农业灌溉发展实际现状的分区划分结果。

第4章　海河流域农业节水分区划分

4.1　基本评价单元

在水资源区划上，海河流域划分为滦河及冀东沿海诸河、海河北系、海河南系和徒骇马颊河等4个水资源二级区；在二级区基础上，又划分为15个水资源三级区，其中7个山区分区，8个平原分区，水资源三级分区是进行水资源评价和水资源配置的基本水资源区划。

海河流域水资源三级分区与省级行政区相结合，形成了35个省套三级区，其中20个山区分区，15个平原分区；水资源三级分区与地级行政区相结合，形成80个地市套三级区。海河流域水资源二级分区和省级行政区面积见表1-4-1，水资源三级区套地市单元面积见表1-4-2。海河流域水资源三级区、地级行政区示意图分别见附图1和附图2。

表1-4-1　海河流域水资源二级区和省级行政区面积　（单位：km^2）

二级区/省级行政区	山区面积			平原面积	合计
	山丘区	山间盆地	小计		
滦河及冀东沿海	48 112	0	48 112	7 410	55 522
海河北系	51 995	14 629	66 624	16 491	83 115
海河南系	70 951	3 920	74 871	74 123	148 994
徒骇马颊河	0	0	0	33 015	33 015
流域合计	171 058	18 549	189 607	131 039	320 646
北京	9 510	500	10 010	6 400	16 410
天津	727	0	727	11 193	11 920
河北	91 407	7 010	98 417	73 207	171 624
山西	48 094	11 039	59 133	0	59 133
河南	6 042	0	6 042	9 294	15 336
山东	0	0	0	30 945	30 945
内蒙古	13 568	0	13 568	0	13 568
辽宁	1 710	0	1 710	0	1 710

表 1-4-2　海河流域水资源三级区套地级市分区面积　　（单位：km^2）

水资源二级区	水资源三级区	省级行政区	地级行政区	总面积	平原区面积	山丘区面积
滦河及冀东沿海	滦河山区	河北	唐山	2 551	0	2 551
滦河及冀东沿海	滦河山区	河北	秦皇岛	3 660	0	3 660
滦河及冀东沿海	滦河山区	河北	张家口	926	0	926
滦河及冀东沿海	滦河山区	河北	承德	28 273	0	28 273
滦河及冀东沿海	滦河山区	内蒙古	锡林郭勒	6 950	0	6 950
滦河及冀东沿海	滦河山区	辽宁	朝阳	1 478	0	1 478
滦河及冀东沿海	滦河山区	辽宁	葫芦岛	232	0	232
滦河及冀东沿海	滦河平原及冀东沿海诸河	河北	唐山	6 370	5 290	1 080
滦河及冀东沿海	滦河平原及冀东沿海诸河	河北	秦皇岛	4 090	2 120	1 970
海河北系	北三河山区	北京	北京	6 294	0	6 294
海河北系	北三河山区	天津	天津	727	0	727
海河北系	北三河山区	河北	唐山	2 083	414	1 669
海河北系	北三河山区	河北	张家口	5 611	0	5 611
海河北系	北三河山区	河北	承德	6 915	0	6 915
海河北系	永定河册田水库以上	山西	大同	8 403	2 095	6 308
海河北系	永定河册田水库以上	山西	朔州	7 569	3 994	3 575
海河北系	永定河册田水库以上	山西	忻州	795	0	795
海河北系	永定河册田水库以上	内蒙古	乌兰察布	2 415	0	2 415
海河北系	永定河册田水库至三家店区间	北京	北京	2 491	496	1 995
海河北系	永定河册田水库至三家店区间	河北	张家口	17 662	6 596	11 066
海河北系	永定河册田水库至三家店区间	山西	大同	2 633	1 030	1 603
海河北系	永定河册田水库至三家店区间	内蒙古	乌兰察布	3 211	0	3 211
海河北系	北四河下游平原	北京	北京	5 796	5 796	0
海河北系	北四河下游平原	天津	天津	6 059	6 059	0
海河北系	北四河下游平原	河北	唐山	2 381	2 381	0
海河北系	北四河下游平原	河北	廊坊	2 381	2 381	0
海河南系	大清河山区	北京	北京	1 615	0	1 615
海河南系	大清河山区	河北	石家庄	1 518	0	1 518
海河南系	大清河山区	河北	保定	11 158	0	11 158
海河南系	大清河山区	河北	张家口	1 110	0	1 110

续表 1-4-2

水资源二级区	水资源三级区	省级行政区	地级行政区	总面积	平原区面积	山丘区面积
海河南系	大清河山区	山西	大同	2 971	0	2 971
			忻州	435	0	435
	大清河淀西平原	北京	北京	604	604	0
		河北	石家庄	1 885	1 885	0
			保定	9 834	9 834	0
	大清河淀东平原	天津	天津	5 134	5 134	0
		河北	保定	1 120	1 120	0
			沧州	3 697	3 697	0
			廊坊	4 048	4 048	0
			衡水	310	310	0
	子牙河山区	河北	石家庄	5 841	0	5 841
			邯郸	2 850	0	2 850
			邢台	3 396	0	3 396
		山西	太原	625	0	625
			大同	10	0	10
			阳泉	4 503	0	4 503
			朔州	90	0	90
			晋中	1 853	0	1 853
			忻州	11 775	2 751	9 024
	子牙河平原	河北	石家庄	4 833	4 833	0
			邯郸	2 377	2 377	0
			邢台	4 327	4 327	0
			沧州	318	318	0
			衡水	3 530	3 530	0
	漳卫河山区	河北	邯郸	1 813	0	1 813
		山西	长治	11 103	1 169	9 934
			晋城	1 063	0	1 063
			晋中	5 305	0	5 305
		河南	安阳	2 969	0	2 969
			鹤壁	784	0	784

续表 1-4-2

水资源二级区	水资源三级区	省级行政区	地级行政区	总面积	平原区面积	山丘区面积
海河南系	漳卫河山区	河南	新乡	1 560	0	1 560
			焦作	729	0	729
	漳卫河平原	河北	邯郸	1 947	1 947	0
		河南	安阳	2 625	2 625	0
			鹤壁	1 353	1 353	0
			新乡	2 158	2 158	0
			焦作	1 172	1 172	0
			濮阳	281	281	0
	黑龙港及运东平原	河北	邯郸	2 695	2 695	0
			邢台	4 733	4 733	0
			沧州	10 041	10 041	0
			衡水	4 975	4 975	0
徒骇马颊河	徒骇马颊河	河北	邯郸	365	365	0
		山东	济南	2 400	2 400	0
			东营	2 738	2 738	0
			德州	10 270	10 270	0
			聊城	8 467	8 467	0
			滨州	7 067	7 067	0
		河南	安阳	68	68	0
			濮阳	1 637	1 637	0

从为有关水行政主管部门履行农业节水灌溉管理工作职责服务的角度出发，结合既有的水资源规划成果以及基础资料掌握情况，本篇选择海河流域综合规划中确定的水资

源三级区套地市单元作为本次流域农业节水分区划分工作的基本评价单元。其中,“子牙河山区大同”“子牙河山区朔州”和“徒骇马颊河安阳”这3个分区的面积仅为10 km^2、90 km^2和68 km^2,加之其相关的自然地理、社会经济、农业灌溉等统计数据缺乏,从实际管理工作考虑,本次分区评价不考虑这3个单元。因此,本次农业节水分区划分的基本评价单元共计77个。

4.2 评价指标体系

4.2.1 分区原则

农业节水灌溉区划的分区必须根据调查收集的资料和研究分析的成果,参考有关的区划和规划以及长期生产实践中所形成的区划概念来进行。分区的方法要遵循“区别差异性、归纳相似性”的原则,即将分区指标相同或相似的基本分区单元纳入同一个区,各分区之间在某些指标或某个指标上有显著的差别。

节水灌溉区划是水利区划的组成部分,而水利区划又是综合农业区划的组成部分。因此,节水灌溉区划必须遵循水利区划的一些基本原则,要与整个水利建设发展方向相一致,同时要反映农业区划中对水利工作的要求。农业布局不当,必然导致节水灌溉措施不合理,而节水灌溉发展不遵循客观规律,也必然影响农业发展。例如,有的地方以粮食作物为主,经济效益不高,农民投入能力较差,水资源又缺乏,本应发展雨养农业,但却不适当、盲目地发展高效节水灌溉技术,造成高投入低产出,节水灌溉工程的效益不能充分得到发挥、建设成果难以巩固。有的地方本来地下水已经超采,地下水位逐年下降,但是为了增加农业产量,仍在扩大灌溉面积,采用节水灌溉技术措施的结果是尽管减少了单位面积上的灌溉用水量,但是总的用水量却增加了。总体上看,是在破坏生态平衡的基础上的节水灌溉,是不可持续的。又例如,有的地方水资源比较丰富,农田灌溉用水十分方便,却不做充分论证,建设操作比较麻烦的节水灌溉工程,农民积极性不高,工程效益难以发挥。这些都是违背客观规律的,实践效果必然欠佳。节水灌溉区划工作主要是根据气象条件、水资源条件、农业灌溉发展现状和农业生产发展需求等因素来划分的,而农业综合区划则是根据土地利用要求、农业气象、农业种植和农业技术改良措施等主要因素制定的。可见,节水灌溉区划与综合农业区划关系密切,但是由于侧重点不同,节水灌溉区划又保持了自身的特点。

根据农业节水灌溉区划的目的和要求,本次分区研究的具体分区原则考虑以下几点:

(1)自然要素一致性,即气候、地形、地貌、土壤等自然地理条件要有一定的相似性,水资源的开发利用条件也应基本相似。

(2)节水灌溉发展方向和目标的一致性,即在同一区域内,主要灌溉作物对象及节水灌溉措施要基本一致。

(3)行政区划的完整性,即适当照顾现有行政区划,尽可能保持分区的区界与行政区域界限相一致，破地市而不破县区。

（4）相对的独立性，即要反映节水灌溉区划的特点。节水灌溉区划虽然是农业水利区划的一个组成部分，在总体上应服从农业水利区划，但节水灌溉又与其他水利措施有显著不同的特点，保持其相对独立性有助于指导节水灌溉的发展。

4.2.2 指标体系

在分区前，首先要根据节水灌溉区划的特点和要求，通过系统研究，确定分区的评价指标体系。这个指标体系应有明确的概念或者量化的标准，而且所需要的数据可以通过调查、测定或计算等手段方便地取得。

节水灌溉分区工作的综合性、科学性和实践性都很强。因此，结合节水灌溉区划本身的特点，选择适宜的分区指标，明确各指标的概念和量化标准，是进行节水灌溉分区的重点研究内容。

根据上述农业节水分区的基本原则，考虑节水灌溉的特点，结合现有数据资料收集情况，按照全面性、概括性、易于取得的指标选取要求，筛选出对海河流域农业节水分区划分工作影响较大的地貌类型、灌溉水源、水资源开发利用程度、气候条件、社会经济条件、灌溉用水需求状况、农业灌溉发展水平等7大类15个指标组成海河流域农业节水分区的评价指标体系。

本次评价指标采用两级分类指标体系，一级分区指标体系主要体现的是地形地貌、灌溉水源和水资源现状开发利用程度，具体包括地貌类型和灌溉水源等2项定性指标以及水资源开发利用率和地下水开发利用率等2项定量指标；二级分区指标体系主要体现的是气候特征、社会经济发展水平、灌溉用水需求状况、农业灌溉发展水平等，具体包括干旱指数、人均GDP、小麦灌溉定额、玉米灌溉定额、耕地灌溉率、粮田面积占有效灌溉面积比例、节水灌溉比、高效节灌比、现状灌溉水利用系数、总用水量中的灌溉用水占比等10项定量指标。

具体指标的选取及其意义和作用，阐述如下。

4.2.2.1 地貌类型

地貌类型是一个区域地表形态的宏观形态，本次评价所述及的海河流域地貌类型以山区（含山间盆地区）和平原区来分类，用于节水区划分类及其命名。

4.2.2.2 灌溉水源

灌溉水源是指灌溉水的来源，通常分为当地水源和外调水源，当地水源主要是地表水和地下水，外调水源在海河流域农业灌溉中主要是引黄水。本次评价所述及的灌溉水源是特指引黄水，用于节水区划分类及其命名。

4.2.2.3 水资源开发利用程度

水资源开发利用程度是反映一个区域已开发利用的水资源量占水资源总量的情况，是与社会经济供用水量、节水水平、用水总量控制指标、用水效率指标等因素密切相关的代表性指标，是一个区域现状水资源紧缺状况的集中反映，在一定程度上决定了农业节水技术的发展趋势和方向。

考虑到海河流域地表水水质状况和以地下水为主的供水水源结构,本次评价采用水资源开发利用率和地下水开发利用率这 2 项指标来反映水资源开发利用程度。

4.2.2.4 气候特征

气候对于农业生产影响极大。一般来说,水分状况是决定农业生产条件的主要因素。蒸发量和降水量是水分状况的两个主要表征指标,二者的比值可以反映一个地区水资源的天然收支情况,间接反映该地区的干湿程度,称为干旱指数。干旱指数相似的地区,其农业水资源的潜在供需情况大体是相近的。因此,本次评价选择年蒸发量与年降水量之比——干旱指数来表征气候特征。

4.2.2.5 社会经济发展水平

一个区域整体的社会经济发展水平是影响区域农业节水灌溉发展水平和需求的重要因素。本次评价采用人均 GDP 来表征社会经济发展水平。

4.2.2.6 灌溉定额因素

灌溉定额是一个区域在不同降水条件下的单位面积上的各类作物灌溉需水量的指标,可以反映一个区域基本灌溉需求状况。本次评价采用小麦和玉米这两类海河流域的主要粮食作物的 50% 频率下的灌溉需水量来表征灌溉定额这一节水分区划分影响因素。

4.2.2.7 灌溉发展水平因素

耕地灌溉率是有效灌溉面积占耕地面积的比例,其高低可反映当地的水利化程度、可供灌溉用水量的多少以及水资源利用的难易程度,是一项综合性指标。种植结构是影响农业需水量和节水灌溉发展的内生变量,可以用粮田灌溉面积占有效灌溉面积的比例来进行综合性表征。节水灌溉比,即节水灌溉面积占有效灌溉面积的比例,是灌溉发展水平的基本表征指标。以微灌、喷灌、管灌等为代表的高效节水灌溉方式是农业节水灌溉发展的主要方向。高效节灌比,即高效节水灌溉面积占有效灌溉面积的比例,是农业节水灌溉发展水平高低的主要表征指标。现状灌溉水利用系数是反映现状农业水资源利用有效程度的综合性指标。用水结构是反映农业水资源丰富程度的定量指标,可以用总用水量中的灌溉用水占比来表征。为此,本次选取耕地灌溉率、有效灌溉面积中的粮田面积占比、节水灌溉比、高效节灌比、现状灌溉水利用系数、总用水量中的灌溉用水占比等 6 项指标来作为农业灌溉现状发展水平方面的表征指标。

本次农业节水分区划分方法采用定性和定量相结合的分区方法,定性分析法采用类型法,定量分析法采用模糊聚类分析法。定性分析法是依据地貌类型和灌溉水源这 2 类指标来进行的,是根据实践经验从大的地理格局的角度来划分农业节水分区,具有字符型的指标值;其余 5 类指标用于通过使用模糊聚类方法来划分二级分区,具有数值型的指标值。

本篇所构建的海河流域农业节水分区二级评价指标体系见图 1-4-1。

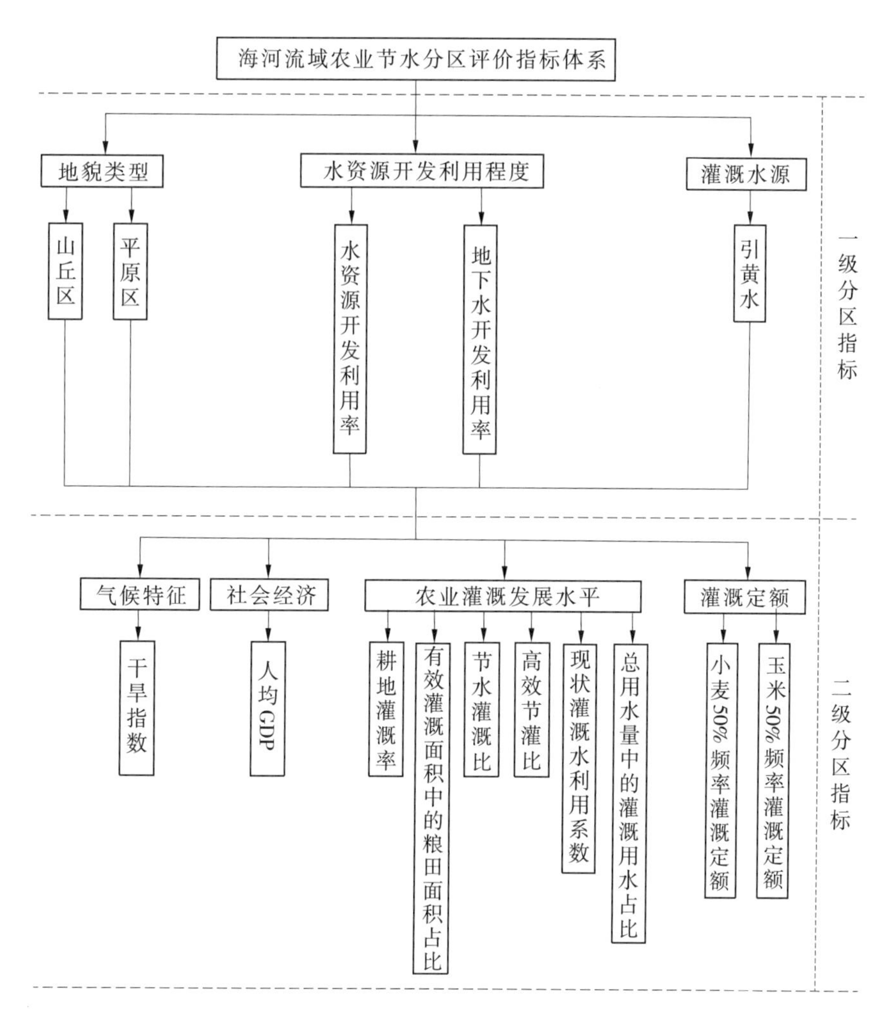

图 1-4-1　海河流域农业节水分区评价指标体系

4.3　分区划分

4.3.1　一级区划分

海河流域总的地势是西北高、东南低，大致分为高原、山地和平原三大地貌类型。流域的西部为山西高原和太行山区，北部为蒙古高原和燕山山区，山地和高原面积占总面积60%；东部和南部为广阔平原，面积12.84万km^2，占总面积的40%。

山区主要由燕山和太行山两大山脉组成。燕山和太行山由东北至西南，沿承德、丰宁、张家口、五台、井陉、涉县、焦作一线呈弧形分布，形成一道高耸的屏障，环抱着东南部的华北平原。

平原地势自北、西、西南三个方向向渤海湾倾斜，坡降变化比较大，山前平原一般为1/300～1/2 000，中部平原为1/2 000～1/10 000，东部平原为1/10 000～1/15 000，受黄河历次改道和海河各支流冲积影响,平原内的微地形复杂。

山区总地势由西北向东南倾斜,地貌复杂多样,主要有山区、丘陵、河谷盆地等。山区海拔一般在 1 000 m 左右,其中燕山山区海拔 800 ~ 1 500 m,相对高差 500 ~ 800 m;太行山山区海拔 500 ~ 2 000 m,高差多为 150 ~ 170 m,最高的五台山海拔为 3 058 m。丘陵一般海拔 100 ~ 500 m,主要分布在燕山南麓及太行山东麓。较大的山间盆地有大同盆地、忻定盆地和长治盆地等。

综上所述,与水资源综合规划的地貌类型划分一致,本次分区研究将海河流域地形地貌因素分为山区和平原区两大类型,其中山区包括了高原、山区、丘陵区和山间盆地区。

海河流域南部平原的灌溉水源主要是引黄水,水量大、面积广,是流域内的一种重要的灌溉水源类型。

本次农业节水灌溉分区研究工作的 77 个基本评价单元的现状水资源开发利用程度见表 1-4-3,包括水资源开发利用率和地下水开发利用率两项指标。其中,水资源开发利用率是 2005 ~ 2012 年各评价单元的多年平均供水总量与其水资源总量的比值,地下水开发利用率是 2005 ~ 2012 年各评价单元的多年平均地下水供水量与其地下水资源量的比值。

表 1-4-3 海河流域水资源三级区套地市评价单元现状水资源开发利用率

<table>
<tr><th>水资源二级区</th><th>水资源三级区</th><th>省级行政区</th><th>地级行政区</th><th>单元编号</th><th>水资源开发利用率</th><th>地下水开发利用率</th></tr>
<tr><td rowspan="9">滦河及冀东沿海</td><td rowspan="7">滦河山区</td><td rowspan="4">河北</td><td>唐山</td><td>1</td><td>0.55</td><td>0.51</td></tr>
<tr><td>秦皇岛</td><td>2</td><td>0.17</td><td>0.14</td></tr>
<tr><td>张家口</td><td>3</td><td>0.07</td><td>0.41</td></tr>
<tr><td>承德</td><td>4</td><td>0.16</td><td>0.14</td></tr>
<tr><td>内蒙古</td><td>锡林郭勒</td><td>5</td><td>0.17</td><td>0.10</td></tr>
<tr><td rowspan="2">辽宁</td><td>朝阳</td><td>6</td><td>0.14</td><td>0.10</td></tr>
<tr><td>葫芦岛</td><td>7</td><td>0.21</td><td>0.22</td></tr>
<tr><td rowspan="2">滦河平原及冀东沿海诸河</td><td rowspan="2">河北</td><td>唐山</td><td>8</td><td>1.83</td><td>1.16</td></tr>
<tr><td>秦皇岛</td><td>9</td><td>0.80</td><td>0.74</td></tr>
<tr><td rowspan="9">海河北系</td><td rowspan="5">北三河山区</td><td>北京</td><td>北京</td><td>10</td><td>0.04</td><td>0.05</td></tr>
<tr><td>天津</td><td>天津</td><td>11</td><td>0.23</td><td>0.45</td></tr>
<tr><td rowspan="3">河北</td><td>唐山</td><td>12</td><td>0.27</td><td>0.35</td></tr>
<tr><td>张家口</td><td>13</td><td>0.06</td><td>0.06</td></tr>
<tr><td>承德</td><td>14</td><td>0.10</td><td>0.08</td></tr>
<tr><td rowspan="4">永定河册田水库以上</td><td rowspan="3">山西</td><td>大同</td><td>15</td><td>0.44</td><td>0.40</td></tr>
<tr><td>朔州</td><td>16</td><td>0.57</td><td>0.22</td></tr>
<tr><td>忻州</td><td>17</td><td>0.07</td><td>0.03</td></tr>
<tr><td>内蒙古</td><td>乌兰察布</td><td>18</td><td>0.52</td><td>0.39</td></tr>
</table>

续表 1-4-3

水资源二级区	水资源三级区	省级行政区	地级行政区	单元编号	水资源开发利用率	地下水开发利用率
海河北系	永定河册田水库至三家店区间	北京	北京	19	0.01	0.02
		河北	张家口	20	0.52	0.35
		山西	大同	21	0.52	0.52
		内蒙古	乌兰察布	22	0.54	0.44
	北四河下游平原	北京	北京	23	0.73	1.11
		天津	天津	24	1.40	0.62
		河北	唐山	25	1.12	1.60
			廊坊	26	0.80	1.09
	大清河山区	北京	北京	27	0.05	0.07
		河北	石家庄	28	0.13	0.18
			保定	29	0.06	0.05
			张家口	30	0.01	0.01
		山西	大同	31	0.06	0.03
			忻州	32	0.05	0.12
	大清河淀西平原	北京	北京	33	0.32	0.45
		河北	石家庄	34	1.00	1.27
			保定	35	0.95	1.10
	大清河淀东平原	天津	天津	36	1.51	4.32
		河北	保定	37	0.81	0.92
			沧州	38	0.78	0.96
			廊坊	39	0.60	0.77
			衡水	40	1.10	1.35
	子牙河山区	河北	石家庄	41	0.14	0.09
			邯郸	42	0.15	0.14
			邢台	43	0.10	0.09
		山西	太原	44	0.08	0.10
			阳泉	45	0.22	0.08
			晋中	46	0.04	0.02
			忻州	47	0.22	0.17

续表 1-4-3

水资源二级区	水资源三级区	省级行政区	地级行政区	单元编号	水资源开发利用率	地下水开发利用率
海河北系	子牙河平原	河北	石家庄	48	1.87	1.87
			邯郸	49	1.29	1.15
			邢台	50	1.24	1.31
			沧州	51	0.58	0.63
			衡水	52	1.59	1.43
	漳卫河山区	河北	邯郸	53	0.12	0.08
		山西	长治	54	0.15	0.12
			晋城	55	0.01	0.01
			晋中	56	0.05	0.04
		河南	安阳	57	0.17	0.17
			鹤壁	58	0.29	0.21
			新乡	59	0.08	0.08
			焦作	60	0.70	0.57
	漳卫河平原	河北	邯郸	61	0.81	0.78
		河南	安阳	62	0.89	1.83
			鹤壁	63	0.78	2.23
			新乡	64	1.06	2.03
			焦作	65	1.19	1.30
			濮阳	66	1.05	2.05
	黑龙港及运东平原	河北	邯郸	67	0.92	0.98
			邢台	68	0.90	0.82
			沧州	69	0.72	0.91
			衡水	70	1.21	1.28
徒骇马颊河	徒骇马颊河	河北	邯郸	71	0.67	0.75
		山东	济南	72	2.45	0.85
			东营	73	5.47	0.01
			德州	74	1.72	0.67
			聊城	75	1.94	0.92
			滨州	76	3.39	0.36
		河南	濮阳	77	2.63	2.42

《中国可持续发展水资源战略研究综合报告及各专题报告》提出由于我国北方地区水资源短缺，地表水资源开发利用率应维持在60%～70%范围之内，以及国际公认的水资源开发利用率极限合理阈值为40%的研究结论。结合海河流域现状水资源开发利用实际情况，本次对各评价单元水资源开发利用程度分类提出如下标准：

（1）水资源高强度开发利用区：水资源开发利用率大于或等于0.6；或者地下水开发利用率大于或等于0.6。

（2）水资源中强度开发利用区：水资源开发利用率大于或等于0.4，且小于0.6；或者地下水开发利用率大于或等于0.4，且小于0.6。

（3）水资源低强度开发利用区：水资源开发利用率小于0.4，或者地下水开发利用率小于0.4。

根据上述分类标准和表1-4-3，再结合地形地貌指标和灌溉水源指标，确定海河流域农业节水一级分区，见表1-4-4，以及附图3、附图4所示。

表1-4-4　海河流域农业节水一级分区

名称	编号	分区单元			水资源开发利用程度
		水资源三级区	地级行政区	单元编号	
山前平原区	I	滦河平原及冀东沿海诸河	唐山	8	高
			秦皇岛	9	
		北四河下游平原	北京	23	
			天津	24	
			唐山	25	
			廊坊	26	
		大清河淀西平原	北京	33	中
			石家庄	34	高
			保定	35	
		大清河淀东平原	天津	36	
			保定	37	
			沧州	38	
			廊坊	39	
			衡水	40	
		子牙河平原	石家庄	48	
			邯郸	49	
			邢台	50	
			沧州	51	
			衡水	52	
		漳卫河平原	邯郸	61	
		徒骇马颊河	邯郸	71	

续表 1-4-4

名称	编号	分区单元			水资源开发利用程度
		水资源三级区	地级行政区	单元编号	
中部及东部滨海平原区	Ⅱ	黑龙港及运东平原	邯郸	67	高
			邢台	68	
			沧州	69	
			衡水	70	
南部引黄平原区	Ⅲ	漳卫河平原	安阳	62	高
			鹤壁	63	
			新乡	64	
			焦作	65	
			濮阳	66	
		徒骇马颊河	济南	72	
			东营	73	
			德州	74	
			聊城	75	
			滨州	76	
			濮阳	77	
北部燕山区	Ⅳ	滦河山区	唐山	1	中
			秦皇岛	2	低
			张家口	3	
			承德	4	
			锡林郭勒	5	
			朝阳	6	
			葫芦岛	7	
		北三河山区	北京	10	
			天津	11	中
			唐山	12	低
			张家口	13	
			承德	14	
西北部太行山区	Ⅴ	永定河册田水库以上	大同	15	中
			朔州	16	
			乌兰察布	18	
		永定河册田水库至三家店区间	张家口	20	
			大同	21	
			乌兰察布	22	

续表 1-4-4

名称	编号	分区单元			水资源开发利用程度
		水资源三级区	地级行政区	单元编号	
西部太行山区	Ⅵ	永定河册田水库以上	忻州	17	低
		永定河册田水库至三家店区间	北京	19	
		大清河山区	北京	27	
			石家庄	28	
			保定	29	
			张家口	30	
			大同	31	
			忻州	32	
		子牙河山区	石家庄	41	
			邯郸	42	
			邢台	43	
			太原	44	
			阳泉	45	
			晋中	46	
			忻州	47	
		漳卫河山区	邯郸	53	
			长治	54	
			晋城	55	
			晋中	56	
			安阳	57	
			鹤壁	58	
			新乡	59	
			焦作	60	高

由表 1-4-4 可知，在 77 个分类单元中，属于高开发利用区的单元有 36 个，属于中开发利用区的单元有 9 个，属于低开发利用区的单元有 32 个。

4.3.2 二级区划分

以 2012 年为评价现状水平年，统计得到海河流域农业节水分区 77 个基本评价单元的现状二级分区指标值，具体见表 1-4-5。

4.3.2.1 山前平原区

采用模糊聚类分析法，依据表 1-4-5 所列出的分类指标值，对表 1-4-4 所得的海河流域农业节水灌溉区划一级分区中的山前平原一级区的 21 个单元进行分类。经试算，数据标准化方法采用极差法，计算结果显示共有 17 种模糊截集值 λ 进行分类：

当 $\lambda=1$ 时，21 个单元各自成为一类，即分类为{8}、{9}、{23}、{24}、{25}、{26}、{33}、{34}、{35}、{36}、{37}、{38}、{39}、{40}、{48}、{49}、{50}、{51}、{52}、{61}、{71}；

表 1-4-5　海河流域农业节水分区基本评价单元二级分区评价指标

水资源二级区	水资源三级区	省级行政区	地级行政区	干旱指数	人均GDP（元）	小麦灌溉定额（m^3/亩）	玉米灌溉定额（m^3/亩）	耕地灌溉比	有效灌溉面积中的粮田面积占比	节水灌溉比	高效节灌比	现状灌溉水利用系数	总用水量中的灌溉用水占比
滦河及冀东沿海	滦河山区	河北	唐山	1.45	8 761	180	90	0.82	0.90	0.79	0.72	0.61	0.45
			秦皇岛	1.37	14 624	180	90	0.77	0.91	0.45	0.27	0.54	0.48
			张家口	2.18	9 707	180	90	0.20	0.64	0.67	0.59	0.41	0.92
			承德	1.55	24 852	180	90	0.43	0.82	0.56	0.42	0.37	0.62
		内蒙古	锡林郭勒	2.52	58 300	180	90	0.25	0.76	0.83	0.83	0.55	0.19
		辽宁	朝阳	2.07	10 475	180	90	0.64	0.69	0.48	0.42	0.55	0.59
			葫芦岛	2.07	5 997	180	90	0.31	0.47	0.27	0.23	0.55	0.43
	滦河平原及冀东沿海诸河	河北	唐山	1.61	68 181	160	100	0.88	0.82	0.46	0.45	0.40	0.62
			秦皇岛	1.39	37 746	160	100	0.77	0.83	0.42	0.38	0.50	0.66
海河北系	北三河山区	北京	北京	1.75	33 171	160	90	0.87	0.23	0.86	0.76	0.69	0.27
		天津	天津	1.34	20 334	160	90	0.79	0.52	0.74	0.55	0.65	0.60
		河北	唐山	1.21	57 247	180	90	0.85	0.93	0.61	0.57	0.59	0.67
			张家口	1.98	15 000	180	90	0.30	0.72	0.36	0.22	0.53	0.58
			承德	1.36	19 868	180	90	0.46	0.83	0.84	0.66	0.53	0.61
	永定河册田水库以上	山西	大同	3.14	25 613	193	90	0.29	0.90	0.59	0.32	0.54	0.42
			朔州	2.82	40 077	193	90	0.43	0.97	0.58	0.28	0.54	0.69
			忻州	2.53	14 013	193	90	0.04	0.93	0.54	0.46	0.56	0.14
		内蒙古	乌兰察布	3.41	18 694	193	90	0.50	0.22	0.59	0.50	0.45	0.64

续表 1-4-5

水资源二级区	水资源三级区	省级行政区	地级行政区	干旱指数	人均GDP(元)	小麦灌溉定额(m^3/亩)	玉米灌溉定额(m^3/亩)	耕地灌溉比	有效灌溉面积中的粮田面积占比	节水灌溉比	高效节灌比	现状灌溉水利用系数	总用水量中的灌溉用水占比
海河北系	永定河册田水库至三家店区间	北京	北京	1.97	26 435	150	90	0.30	0.19	0.86	0.77	0.69	0.28
		河北	张家口	2.01	24 513	150	90	0.47	0.90	0.50	0.25	0.55	0.68
		山西	大同	2.76	6 296	150	90	0.43	0.91	0.59	0.47	0.59	0.84
		内蒙古	乌兰察布	3.25	12 578	150	90	0.43	0.22	0.72	0.67	0.57	0.78
	北四河下游平原	北京	北京	1.53	77 033	160	45	0.98	0.77	0.86	0.77	0.69	0.23
		天津	天津	1.83	65 483	160	45	0.82	0.52	0.71	0.44	0.65	0.79
		河北	唐山	1.74	49 832	160	45	0.86	0.70	0.52	0.52	0.60	0.72
			廊坊	1.73	43 563	160	45	0.80	0.73	0.51	0.51	0.45	0.58
海河南系	大清河山区	北京	北京	1.46	38 885	160	50	0.90	0.34	0.86	0.76	0.69	0.26
		河北	石家庄	1.48	19 868	160	50	0.77	0.92	0.49	0.27	0.43	0.85
			保定	1.52	10 464	160	50	0.57	0.90	0.43	0.19	0.46	0.65
			张家口	1.85	10 610	160	50	0.52	0.95	0.45	0.20	0.41	0.49
		山西	大同	2.28	11 089	160	50	0.23	0.92	0.44	0.31	0.45	0.50
			忻州	2.32	10 500	160	50	0.26	0.93	0.27	0.22	0.59	0.52
	大清河淀西平原	北京	北京	1.65	38 842	140	45	0.91	0.19	0.86	0.77	0.69	0.25
		河北	石家庄	1.70	27 161	140	45	0.95	0.85	0.57	0.57	0.51	0.80
			保定	1.81	20 040	140	45	0.88	0.86	0.54	0.48	0.52	0.76
	大清河淀东平原	天津	天津	2.05	75 320	140	45	0.70	0.52	0.69	0.44	0.66	0.20
		河北	保定	2.05	15 034	140	45	0.81	0.86	0.68	0.68	0.58	0.82
			沧州	2.25	32 545	140	45	0.74	0.75	0.55	0.55	0.57	0.66

续表 1-4-5

水资源二级区	水资源三级区	省级行政区	地级行政区	干旱指数	人均GDP（元）	小麦灌溉定额（m^3/亩）	玉米灌溉定额（m^3/亩）	耕地灌溉比	有效灌溉面积中的粮田面积占比	节水灌溉比	高效节灌比	现状灌溉水利用系数	总用水量中的灌溉用水占比
海河南系	大清河淀东平原	河北	廊坊	2.00	23 162	140	45	0.71	0.71	0.64	0.64	0.55	0.69
			衡水	2.36	16 407	140	45	0.94	0.69	0.43	0.43	0.63	0.84
	子牙河山区	河北	石家庄	1.60	31 124	160	50	0.64	0.84	0.41	0.19	0.54	0.62
			邯郸	2.06	36 949	160	50	0.69	0.81	0.57	0.28	0.50	0.37
			邢台	1.76	27 162	160	50	0.52	0.89	0.48	0.31	0.53	0.69
		山西	太原	2.51	19 337	160	50	0.09	0.89	0.82	0.69	0.50	0.22
			阳泉	2.27	31 358	160	50	0.15	0.98	0.77	0.65	0.44	0.11
			晋中	2.11	16 337	160	50	0.12	0.90	0.49	0.44	0.48	0.35
			忻州	1.91	17 998	160	50	0.38	0.92	0.51	0.45	0.53	0.72
	子牙河平原	河北	石家庄	1.98	40 287	140	45	0.97	0.83	0.69	0.63	0.60	0.65
			邯郸	1.65	31 071	140	45	0.83	0.67	0.43	0.38	0.48	0.62
			邢台	1.82	18 769	140	45	0.77	0.83	0.39	0.35	0.60	0.74
			沧州	2.41	19 284	140	45	0.74	0.69	0.62	0.62	0.52	0.91
			衡水	2.51	20 087	140	45	0.86	0.67	0.67	0.59	0.54	0.80
	漳卫河山区	河北	邯郸	1.98	41 468	160	50	0.49	0.86	0.22	0.06	0.52	0.47
		山西	长治	2.00	29 287	160	75	0.22	0.88	0.77	0.56	0.57	0.43
			晋城	1.61	3 710	160	75	0.08	1.00	0.50	0.35	0.50	0.24
			晋中	2.05	16 971	160	75	0.15	0.92	0.52	0.43	0.49	0.46
		河南	安阳	1.55	28 578	125	75	0.60	0.85	0.83	0.28	0.53	0.76
			鹤壁	1.78	41 993	125	75	0.81	0.86	0.39	0.30	0.58	0.49

续表 1-4-5

水资源二级区	水资源三级区	省级行政区	地级行政区	干旱指数	人均GDP（元）	小麦灌溉定额（m^3/亩）	玉米灌溉定额（m^3/亩）	耕地灌溉比	有效灌溉面积中的粮田面积占比	节水灌溉比	高效节灌比	现状灌溉水利用系数	总用水量中的灌溉用水占比
海河南系	漳卫河山区	河南	新乡	1.48	7 969	125	75	0.86	0.78	0.75	0.26	0.55	0.63
			焦作	1.69	26 742	125	75	0.74	0.85	0.44	0.33	0.53	0.34
	漳卫河平原	河北	邯郸	2.13	10 387	140	45	0.84	0.89	0.43	0.39	0.52	0.83
		河南	安阳	1.80	31 014	135	60	0.76	0.69	0.48	0.43	0.50	0.66
			鹤壁	1.79	19 323	135	60	0.79	0.85	0.80	0.61	0.53	0.84
			新乡	1.70	30 310	135	60	0.88	0.82	0.48	0.32	0.58	0.56
			焦作	1.91	39 314	135	60	0.73	0.77	0.42	0.36	0.55	0.63
			濮阳	2.05	7 131	135	60	0.81	0.71	0.49	0.43	0.50	0.73
	黑龙港及运东平原	河北	邯郸	2.12	16 133	165	50	0.84	0.66	0.42	0.41	0.41	0.80
			邢台	2.45	11 256	165	50	0.73	0.61	0.40	0.40	0.55	0.83
			沧州	2.24	28 179	165	50	0.70	0.73	0.70	0.65	0.52	0.69
			衡水	1.85	15 262	165	50	0.80	0.66	0.65	0.65	0.56	0.81
徒骇马颊河	徒骇马颊河	河北	邯郸	1.81	10 022	165	50	0.78	0.90	0.37	0.29	0.45	0.84
		山东	济南	1.91	24 300	180	70	0.88	0.80	0.16	0.09	0.62	0.74
			东营	2.24	55 523	180	70	0.96	0.80	0.19	0.00	0.54	0.64
			德州	1.94	31 521	180	70	0.90	0.80	0.20	0.16	0.54	0.80
			聊城	1.78	23 540	180	70	0.92	0.80	0.36	0.31	0.54	0.79
			滨州	1.85	29 978	180	70	0.66	0.80	0.24	0.10	0.54	0.69
		河南	濮阳	1.81	32 192	180	60	0.83	0.68	0.37	0.10	0.50	0.50

当 λ =0.981 时,21 个单元划分为 20 类,具体为{8}、{9}、{23}、{24}、{25}、{26}、{33}、{34、35}、{36}、{37}、{38}、{39}、{40}、{48}、{49}、{50}、{51}、{52}、{61}、{71},即“大清河淀西平原石家庄”和“大清河淀西平原保定”这两个单元首先归并为一类;

当 λ =0.965 时,21 个单元划分为 19 类,具体为{8}、{9}、{23}、{24}、{25}、{26}、{33}、{34、35、38}、{36}、{37}、{39}、{40}、{48}、{49}、{50}、{51}、{52}、{61}、{71},即“大清河淀西平原石家庄”“大清河淀西平原保定”和“大清河淀东平原沧州”归并为一类;

当 λ =0.964 时,21 个单元划分为 18 类,具体为{8}、{9}、{23}、{24}、{25}、{26}、{33}、{34、35、38、39}、{36}、{37}、{40}、{48}、{49}、{50}、{51}、{52}、{61}、{71},即“大清河淀西平原石家庄”“大清河淀西平原保定”“大清河淀东平原沧州”和“大清河淀东平原廊坊”新归并为一类;

当 λ =0.951 时,21 个单元划分为 17 类,具体为{8}、{9}、{23}、{24}、{25}、{26}、{33}、{34、35、38、39、48}、{36}、{37}、{40}、{49}、{50}、{51}、{52}、{61}、{71},即“大清河淀西平原石家庄”“大清河淀西平原保定”“大清河淀东平原沧州”“大清河淀东平原廊坊”和“子牙河平原石家庄”新归并为一类;

当 λ =0.946 时,21 个单元划分为 14 类,具体为{8}、{9、25}、{23、33}、{24}、{26}、{34、35、38、39、48}、{36}、{37}、{40}、{49}、{50}、{51}、{52}、{61、71},即“北四河下游平原北京”和“大清河淀西平原北京”新归并为一类,“滦河平原及冀东沿海诸河秦皇岛”和“北四河下游平原唐山”新归并为一类,“漳卫河平原邯郸”和“徒骇马颊河邯郸”新归并为一类;

当 λ =0.941 时,21 个单元划分为 13 类,具体为{8、40}、{9、25}、{23、33}、{24}、{26}、{34、35、38、39、48}、{36}、{37}、{49}、{50}、{51}、{52}、{61、71},即“滦河平原及冀东沿海诸河唐山”和“大清河淀东衡水”新归并为一类;

当 λ =0.937 时,21 个单元划分为 12 类,具体为{8、40}、{9、25}、{23、33}、{24}、{26}、{34、35、38、39、48、51}、{36}、{37}、{49}、{50}、{52}、{61、71},即“大清河淀西平原石家庄”“大清河淀西平原保定”“大清河淀东平原沧州”“大清河淀东平原廊坊”“子牙河平原石家庄”和“子牙河平原沧州”新归并为一类;

当 λ =0.929 时,21 个单元划分为 10 类,具体为{8、40}、{9、25、34、35、38、39、48、51、52}、{23、33}、{24}、{26}、{36}、{37}、{49}、{50}、{61、71},即“滦河平原及冀东沿海诸河秦皇岛”“北四河下游平原唐山”“大清河淀西平原石家庄”“大清河淀西平原保定”“大清河淀东平原沧州”“大清河淀东平原廊坊”“子牙河平原石家庄”“子牙河平原沧州”和“子牙河平原衡水”新归并为一类;

当 λ =0.914 时,21 个单元划分为 9 类,具体为{8、40}、{9、25、34、35、38、39、48、51、52}、{23、33}、{24}、{26}、{36}、{37}、{50}、{49、61、71},即“子牙河平原邯郸”“漳卫河平原邯郸”和“徒骇马颊河邯郸”新归并为一类;

当 λ =0.912 时,21 个单元划分为 8 类,具体为{8、40}、{9、25、34、35、37、38、39、48、51、52}、{23、33}、{24}、{26}、{36}、{50}、{49、61、71},即“滦河平原及冀东沿海诸河秦皇岛”“北四河下游平原唐山”“大清河淀西平原石家庄”“大清河淀西平原保定”“大清河淀东平原保定”“大清河淀东平原沧州”“大清河淀东平原廊坊”“子牙河平原石家庄”“子牙河平原沧州”“子牙河平原邯郸”“子牙河平原衡水”新归并为一类；

当 $\lambda=0.91$ 时，21 个单元划分为 7 类，具体为{8、40}、{9、25、34、35、37、38、39、48、49、51、52、61、71}、{23、33}、{24}、{26}、{36}、{50}，即“滦河平原及冀东沿海诸河秦皇岛”“北四河下游平原唐山”“大清河淀西平原石家庄”“大清河淀西平原保定”“大清河淀东平原保定”“大清河淀东平原沧州”“大清河淀东平原廊坊”“子牙河平原石家庄”“子牙河平原沧州”“子牙河平原衡水”“漳卫河平原邯郸”和“徒骇马颊河邯郸”新归并为一类；

当 $\lambda=0.909$ 时，21 个单元划分为 6 类，具体为{8、40}、{9、25、34、35、37、38、39、48、49、50、51、52、61、71}、{23、33}、{24}、{26}、{36}，即“滦河平原及冀东沿海诸河秦皇岛”“北四河下游平原唐山”“大清河淀西平原石家庄”“大清河淀西平原保定”“大清河淀东平原保定”“大清河淀东平原沧州”“大清河淀东平原廊坊”“子牙河平原石家庄”“子牙河平原沧州”“子牙河平原衡水”“子牙河平原邢台”“漳卫河平原邯郸”和“徒骇马颊河邯郸”新归并为一类；

当 $\lambda=0.905$ 时，21 个单元划分为 5 类，具体为{8、9、25、34、35、37、38、39、40、48、49、50、51、52、61、71}、{23、33}、{24}、{26}、{36}，即“滦河平原及冀东沿海诸河唐山”“滦河平原及冀东沿海诸河秦皇岛”“北四河下游平原唐山”“大清河淀西平原石家庄”“大清河淀西平原保定”“大清河淀东平原保定”“大清河淀东平原沧州”“大清河淀东平原廊坊”“大清河淀东平原衡水”“子牙河平原石家庄”“子牙河平原沧州”“子牙河平原衡水”“子牙河平原邢台”“漳卫河平原邯郸”和“徒骇马颊河邯郸”新归并为一类；

当 $\lambda=0.904$ 时，21 个单元划分为 3 类，具体为{8、9、25、26、34、35、37、38、39、40、48、49、50、51、52、61、71}、{23、33}、{24、36}，即“滦河平原及冀东沿海诸河唐山”“滦河平原及冀东沿海诸河秦皇岛”“北四河下游平原唐山”“北四河下游平原廊坊”“大清河淀西平原石家庄”“大清河淀西平原保定”“大清河淀东平原保定”“大清河淀东平原沧州”“大清河淀东平原廊坊”“大清河淀东平原衡水”“子牙河平原石家庄”“子牙河平原沧州”“子牙河平原衡水”“子牙河平原邢台”“漳卫河平原邯郸”和“徒骇马颊河邯郸”新归并为一类，“北四河下游平原天津”和“大清河淀东平原天津”新归并为一类；

当 $\lambda=0.887$ 时，21 个单元划分为 2 类，具体为{8、9、24、25、26、34、35、36、37、38、39、40、48、49、50、51、52、61、71}、{23、33}，即“滦河平原及冀东沿海诸河唐山”“滦河平原及冀东沿海诸河秦皇岛”“北四河下游平原天津”“北四河下游平原唐山”“北四河下游平原廊坊”“大清河淀西平原石家庄”“大清河淀西平原保定”“大清河淀东平原天津”“大清河淀东平原保定”“大清河淀东平原沧州”“大清河淀东平原廊坊”“大清河淀东平原衡水”“子牙河平原石家庄”“子牙河平原沧州”“子牙河平原衡水”“子牙河平原邢台”“漳卫河平原邯郸”和“徒骇马颊河邯郸”新归并为一类；

当 $\lambda=0.747$ 时，21 个单元划分为 1 类，具体为{8、9、23、24、25、26、34、35、36、37、38、39、40、48、49、50、51、52、61、71}。

从上述分类归并过程可知，单元类{23、33}是最后被归并的，显示它与其他单元类差异性最大，次晚被归并的单元类是{24、36}，即“北四河下游平原北京”和“大清河淀西平原北京”，这两个单元类与其余单元类有显著的差异性，这也与北京和天津作为直辖市所具有行政地位突出、经济实力较强和农业发展水平较高的现实状况是相符合的。因此，本次评价选取 $\lambda=0.904$ 时所得的 3 类单元分区作为基础分类区划，再考虑到“滦河平原及冀东沿海诸河唐山”和“滦河平原及冀东沿海诸河秦皇岛”这两个单元所在区域的土壤质地较轻以及其相对独立的地理位置，将{8、9}这两个单元类单独列出。

综上所述，经综合调整后的单元分区为：{8、9}、{23、33}、{24、36}、{25、26、34、35、37、38、39、40、48、49、50、51、52、61、71}。

根据各类型分区的特点，分区命名分别采用行政区划、地理位置等冠以各区名称，具体结果见表1-4-6。

表1-4-6　海河流域农业节水二级分区之山前平原区划分

<table>
<tr><th rowspan="2">名称</th><th rowspan="2">编号</th><th colspan="3">分区单元</th><th rowspan="2">水资源开发利用程度</th></tr>
<tr><th>水资源三级区</th><th>地级行政区</th><th>单元编号</th></tr>
<tr><td rowspan="2">冀东平原区</td><td rowspan="2">Ⅰ-1</td><td rowspan="2">滦河平原及冀东沿海诸河</td><td>唐山</td><td>8</td><td rowspan="3">高</td></tr>
<tr><td>秦皇岛</td><td>9</td></tr>
<tr><td rowspan="2">北京平原区</td><td rowspan="2">Ⅰ-2</td><td>北四河下游平原</td><td>北京</td><td>23</td></tr>
<tr><td>大清河淀西平原区</td><td>北京</td><td>33</td><td>中</td></tr>
<tr><td rowspan="2">天津平原区</td><td rowspan="2">Ⅰ-3</td><td>北四河下游平原</td><td>天津</td><td>24</td><td rowspan="17">高</td></tr>
<tr><td>大清河淀东平原</td><td>天津</td><td>36</td></tr>
<tr><td rowspan="15">冀中南平原区</td><td rowspan="15">Ⅰ-4</td><td rowspan="2">北四河下游平原</td><td>唐山</td><td>25</td></tr>
<tr><td>廊坊</td><td>26</td></tr>
<tr><td rowspan="2">大清河淀西平原</td><td>石家庄</td><td>34</td></tr>
<tr><td>保定</td><td>35</td></tr>
<tr><td rowspan="4">大清河淀东平原</td><td>保定</td><td>37</td></tr>
<tr><td>沧州</td><td>38</td></tr>
<tr><td>廊坊</td><td>39</td></tr>
<tr><td>衡水</td><td>40</td></tr>
<tr><td rowspan="5">子牙河平原</td><td>石家庄</td><td>48</td></tr>
<tr><td>邯郸</td><td>49</td></tr>
<tr><td>邢台</td><td>50</td></tr>
<tr><td>沧州</td><td>51</td></tr>
<tr><td>衡水</td><td>52</td></tr>
<tr><td>漳卫河平原</td><td>邯郸</td><td>61</td></tr>
<tr><td>徒骇马颊河</td><td>邯郸</td><td>71</td></tr>
</table>

海河流域农业节水二级分区之山前平原区划分如附图5、附图6所示。

4.3.2.2　中部及东部滨海平原区

采用模糊聚类分析法，对中部及东部滨海平原区的4个单元进行分类，经试算，数据标准化方法采用标准差法，标定方法采用相关系数法，计算结果显示共有4种模糊截集值

λ 进行分类：

当 λ =1 时,4 个单元各自成为 1 类,即分类为{67}、{68}、{69}、{70}；

当 λ =0.952 时,4 个单元划分为 3 类,具体为{67}、{68、70}、{69},即“黑龙港运东平原邢台”和“黑龙港运东平原衡水”新归并为一类；

当 λ =0.774 时,4 个单元划分为 2 类,具体为{67、69}、{68、70}；

当 λ =0.546 时,4 个单元划分为 1 类,具体为{67、68、69、70}。

黑龙港运东平原地下水多为微咸水、咸水,深层补给条件差,浅层地下水含水层颗粒粒径由西南向东北逐渐减小,含水层逐渐变薄。本次评价采用 λ =0.952 时所得 3 类单元分区作为中部及滨海平原区的二级区划,分区命名采用行政区划冠以各区名称,具体结果见表 1-4-7。海河流域农业节水二级分区之中部及东部滨海平原区划分如附图 7、附图 8 所示。

表 1-4-7 海河流域农业节水二级分区之中部及东部滨海平原区划分

名称	编号	分区单元			水资源开发利用程度
		水资源三级区	地级行政区	单元编号	
邯郸平原区	Ⅱ-1	黑龙港及运东平原	邯郸	67	高
邢台衡水平原区	Ⅱ-2	黑龙港及运东平原	邢台	68	
		黑龙港及运东平原	衡水	70	
沧州平原区	Ⅱ-3	黑龙港及运东平原	沧州	69	

4.3.2.3 南部引黄平原区

采用模糊聚类分析法,对南部引黄平原区的 11 个单元进行分类,经试算,数据标准化方法采用极差法,标定方法采用相关系数法,计算结果显示共有 11 种模糊截集值 λ 进行分类：

当 λ =1 时,11 个单元各自成为 1 类,即分类为{62}、{63}、{64}、{65}、{66}、{72}、{73}、{74}、{75}、{76}、{77}；

当 λ =0.979 时,11 个单元划分为 10 类,具体为{62}、{63}、{64}、{65}、{66}、{72、74}、{73}、{75}、{76}、{77},即“徒骇马颊河平原济南”和“徒骇马颊河德州”新归并为一类；

当 λ =0.926 时,11 个单元划分为 9 类,具体为{62}、{63}、{64}、{65}、{66}、{72、73、74}、{75}、{76}、{77},即“徒骇马颊河平原济南”“徒骇马颊河东营”和“徒骇马颊河德州”新归并为一类；

当 λ =0.920 时,11 个单元划分为 8 类,具体为{62}、{63}、{64}、{65}、{66}、{72、73、74}、{75、76}、{77},即“徒骇马颊河平原聊城”和“徒骇马颊河滨州”新归并为一类；

当 λ =0.890 时,11 个单元划分为 7 类,具体为{62}、{63}、{64}、{65、66}、{72、73、74}、{75、76}、{77},即“漳卫河平原焦作”和“漳卫河平原濮阳”新归并为一类；

当 λ =0.879 时,11 个单元划分为 6 类,具体为{62}、{63}、{64、65、66}、{72、73、74}、{75、76}、{77},即“漳卫河平原新乡”“漳卫河平原焦作”和“漳卫河平原濮阳”新归并为一类；

当 $\lambda=0.863$ 时，11 个单元划分为 5 类，具体为{62}、{63}、{64、65、66}、{72、73、74、75、76}、{77}，即“徒骇马颊河平原济南”“徒骇马颊河东营”“徒骇马颊河德州”“徒骇马颊河聊城”和“徒骇马颊河滨州”新归并为一类；

当 $\lambda=0.841$ 时，11 个单元划分为 4 类，具体为{62}、{63}、{64、65、66}、{72、73、74、75、76、77}，即“徒骇马颊河平原济南”“徒骇马颊河东营”“徒骇马颊河德州”“徒骇马颊河聊城”“徒骇马颊河滨州”和“徒骇马颊河濮阳”新归并为一类；

当 $\lambda=0.841$ 时，11 个单元划分为 3 类，具体为{62、63}、{64、65、66}、{72、73、74、75、76、77}，即“漳卫河平原安阳”和“漳卫河平原鹤壁”新归并为一类；

当 $\lambda=0.838$ 时，11 个单元划分为 2 类，具体为{62、63、64、65、66}、{72、73、74、75、76、77}，即“漳卫河平原安阳”“漳卫河平原鹤壁”“漳卫河平原新乡”“漳卫河平原焦作”和“漳卫河平原濮阳”新归并为一类；

当 $\lambda=0.818$ 时，11 个单元划分为 1 类，具体为{62、63、64、65、66、72、73、74、75、76、77}。

由上述分类归并过程可知，各分类单元基本是以其所在的水资源三级区进行集中聚类的。因此，本次评价采用 $\lambda=0.838$ 时所得 2 类单元分区作为南部引黄平原区二级区划。各分区命名采用三级区冠以各区名称，具体结果见表 1-4-8。海河流域农业节水二级分区之南部引黄平原区划分如附图 9、附图 10 所示。

表 1-4-8　海河流域农业节水二级分区之南部引黄平原区划分

名称	编号	分区单元			水资源开发利用程度
		水资源三级区	地级行政区	单元编号	
漳卫河平原区	Ⅲ－1	漳卫河平原	安阳	62	高
			鹤壁	63	
			新乡	64	
			焦作	65	
			濮阳	66	
徒骇马颊河区	Ⅲ－2	徒骇马颊河	济南	72	
			东营	73	
			德州	74	
			聊城	75	
			滨州	76	
			濮阳	77	

4.3.2.4　北部燕山区

采用模糊聚类分析法，对北部燕山区的 12 个单元进行分类，经试算，数据标准化方法采用极差法，标定方法采用相关系数法，计算结果显示共有 9 种模糊截集值 λ 进行分类：

当 $\lambda=1$ 时,12 个单元各自划分为 1 类,即分类为{1}、{2}、{3}、{4}、{5}、{6}、{7}、{10}、{11}、{12}、{13}、{14};

当 $\lambda=0.949$ 时,12 个单元划分为 11 类,具体为{1}、{2}、{3}、{4}、{5}、{6}、{7、13}、{10}、{11}、{12}、{14},即"滦河山区葫芦岛"和"北三河山区张家口"新归并为一类;

当 $\lambda=0.934$ 时,12 个单元划分为 9 类,具体为{1}、{3}、{4}、{5}、{2、6、7、13}、{10}、{11}、{12}、{14},即"滦河山区秦皇岛""滦河山区朝阳""滦河山区葫芦岛"和"北三河山区张家口"新归并为一类;

当 $\lambda=0.929$ 时,12 个单元划分为 8 类,具体为{1}、{3}、{5}、{2、4、6、7、13}、{10}、{11}、{12}、{14},即"滦河山区秦皇岛""滦河山区承德""滦河山区朝阳""滦河山区葫芦岛"和"北三河山区张家口"新归并为一类;

当 $\lambda=0.919$ 时,12 个单元划分为 7 类,具体为{1}、{3}、{5}、{2、4、6、7、13}、{10}、{11}、{12、14},即"北三河山区唐山"和"北三河山区承德"新归并为一类;

当 $\lambda=0.918$ 时,12 个单元划分为 6 类,具体为{1}、{3}、{5}、{2、4、6、7、10、13}、{11}、{12、14},即"滦河山区秦皇岛""滦河山区承德""滦河山区朝阳""滦河山区葫芦岛""北三河山区北京"和"北三河山区张家口"新归并为一类;

当 $\lambda=0.887$ 时,12 个单元划分为 4 类,具体为{1、11}、{3、5}、{2、4、6、7、10、13}、{12、14},即"滦河山区唐山"和"北三河山区天津"新归并为一类,"滦河山区张家口"和"滦河山区锡林郭勒"新归并为一类;

当 $\lambda=0.832$ 时,12 个单元划分为 2 类,具体为{3、5}、{1、2、4、6、7、10、11、12、13、14},即"滦河山区唐山""滦河山区秦皇岛""滦河山区承德""滦河山区朝阳""滦河山区葫芦岛""北三河山区北京""北三河山区天津""北三河山区唐山""北三河山区承德"和"北三河山区张家口"归并为一类;

当 $\lambda=0.82$ 时,12 个单元划分为 1 类,即{1、2、3、4、5、6、7、10、11、12、13、14}。

由上述归并过程可知,单元分类{3、5}是最晚被归并的,显示它与其他类有显著差异性,这与这两个分区位于滦河上游区域,地处内蒙古高原南部边缘,属于农牧过渡带的特征是相符合的。因此,本次评价采用当 $\lambda=0.832$ 时所得的 2 类分区作为基础分区,再考虑北京和天津作为直辖市所具有的特殊行政地位和较强经济实力,将其中的单元{10}、{11}单独列出而各自形成一类分区,最终形成 4 类分区。分区命名分别采用行政区划、地理位置等冠以各区名称,具体结果见表 1-4-9。海河流域农业节水二级分区之北部燕山区划分如附图 11、附图 12 所示。

表 1-4-9　海河流域农业节水二级分区之北部燕山区划分

<table>
<tr><th rowspan="2">名称</th><th rowspan="2">编号</th><th colspan="3">分区单元</th><th rowspan="2">水资源开发利用程度</th></tr>
<tr><th>水资源三级区</th><th>地级行政区</th><th>单元编号</th></tr>
<tr><td rowspan="2">北部山区</td><td rowspan="2">Ⅳ－1</td><td rowspan="2">滦河山区</td><td>张家口</td><td>3</td><td rowspan="3">低</td></tr>
<tr><td>锡林郭勒</td><td>5</td></tr>
<tr><td>北京山区</td><td>Ⅳ－2</td><td>北三河山区</td><td>北京</td><td>10</td></tr>
<tr><td>天津山区</td><td>Ⅳ－3</td><td>北三河山区</td><td>天津</td><td>11</td><td rowspan="2">中</td></tr>
<tr><td rowspan="8">中东部山区</td><td rowspan="8">Ⅳ－4</td><td rowspan="5">滦河山区</td><td>唐山</td><td>1</td></tr>
<tr><td>秦皇岛</td><td>2</td><td rowspan="7">低</td></tr>
<tr><td>承德</td><td>4</td></tr>
<tr><td>朝阳</td><td>6</td></tr>
<tr><td>葫芦岛</td><td>7</td></tr>
<tr><td rowspan="3">北三河山区</td><td>唐山</td><td>12</td></tr>
<tr><td>张家口</td><td>13</td></tr>
<tr><td>承德</td><td>14</td></tr>
</table>

4.3.2.5　西北部太行山区

采用模糊聚类分析法，对西部太行山中开发利用区的 6 个单元进行分类，经试算，数据标准化方法采用极差法，标定方法采用相关系数法，计算结果显示共有 6 种模糊截集值 λ 进行分类：

当 $\lambda=1$ 时，6 个单元各自成为一类，即分类为{15}、{16}、{18}、{20}、{21}、{22}；

当 $\lambda=0.935$ 时，6 个单元划分为 5 类，具体为{15、16}、{18}、{20}、{21}、{22}，即“永定河册田水库以上大同”和“永定河册田水库以上朔州”新归并为一类；

当 $\lambda=0.923$ 时，6 个单元划分为 4 类，具体为{15、16、21}、{18}、{20}、{22}，即“永定河册田水库以上大同”“永定河册田水库以上朔州”和“永定河册田水库至三家店区间大同”新归并为一类；

当 $\lambda=0.921$ 时，6 个单元划分为 3 类，具体为{15、16、21}、{20}、{18、22}，即“永定河册田水库以上乌兰察布”和“永定河册田水库至三家店区间乌兰察布”新归并为一类；

当 $\lambda=0.912$ 时，6 个单元划分为 2 类，具体为{15、16、18、21、22}、{20}，即“永定河册田水库以上大同”“永定河册田水库以上朔州”“永定河册田水库以上乌兰察布”“永定河册田水库至三家店区间大同”和“永定河册田水库至三家店区间乌兰察布”新归并为一类；

当 $\lambda=0.831$ 时，6 个单元划分为 1 类，即{15、16、18、20、21、22}。

由上述归并过程可知，单元分类{20}是最晚被归并的，显示它与其他类有显著差异性，再由表 1-4-10 可知，内蒙古自治区的乌兰察布市所在的两个单元{18}、{22}的农田灌溉比例等分类指标与山西省的大同市和朔州市所在的三个单元{15}、{16}、{18}具有较为明显的差别。因此,本次评价采用当 $\lambda=0.921$ 时所得的3类分区作为最终分区,分区命名分别采用行政区划冠以各区名称,具体结果见表1-4-10。海河流域农业节水二级分区之西北部太行山区划分如附图13、附图14所示。

表1-4-10　海河流域农业节水二级分区之西北部太行山区划分

名称	编号	分区单元			水资源开发利用程度
		水资源三级区	地级行政区	单元编号	
大同朔州山区	Ⅴ-1	永定河册田水库以上	大同	15	中
		永定河册田水库至三家店区间	大同	21	
		永定河册田水库以上	朔州	16	
乌兰察布山区	Ⅴ-2	永定河册田水库以上	乌兰察布	18	
		永定河册田水库至三家店区间	乌兰察布	22	
张家口山区	Ⅴ-3	永定河册田水库至三家店区间	张家口	20	

4.3.2.6　西部太行山区

采用模糊聚类分析法,对西部太行山低开发利用区的23个单元进行分类,经试算,数据标准化方法采用极差法,标定方法采用相关系数法,计算结果显示共有21种模糊截集值 λ 进行分类:

当 $\lambda=1$ 时,23个单元各自划分为1类,即分类为{17}、{19}、{27}、{28}、{29}、{30}、{31}、{32}、{41}、{42}、{43}、{44}、{45}、{46}、{47}、{53}、{54}、{55}、{56}、{57}、{58}、{59}、{60};

当 $\lambda=0.992$ 时,23个单元各自划分为22类,具体为{17}、{19}、{27}、{28}、{29}、{30}、{31}、{32}、{41}、{42}、{43}、{44}、{45}、{46、56}、{47}、{53}、{54}、{55}、{57}、{58}、{59}、{60},即"子牙河山区晋中"和"漳卫河山区晋中"新归并为一类;

当 $\lambda=0.976$ 时,23个单元各自划分为21类,具体为{17}、{19}、{27}、{28}、{29、31}、{30}、{32}、{41}、{42}、{43}、{44}、{45}、{46、56}、{47}、{53}、{54}、{55}、{57}、{58}、{59}、{60},即"大清河山区保定"和"大清河山区大同"新归并为一类;

当 $\lambda=0.975$ 时,23个单元各自划分为20类,具体为{17}、{19}、{27、41}、{28}、{29、31}、{30}、{32}、{42}、{43}、{44}、{45}、{46、56}、{47}、{53}、{54}、{55}、{57}、{58}、{59}、{60},即"大清河山区北京"和"子牙河山区石家庄"新归并为一类;

当 $\lambda=0.964$ 时,23个单元各自划分为19类,具体为{17}、{19}、{27、41}、{28}、{29、31}、{30}、{32}、{42}、{43}、{44}、{45}、{46、56}、{47}、{53}、{54}、{55}、{57}、{58、59}、{60},即"漳卫河山区鹤壁"和"漳卫河山区新乡"新归并为一类;

当 $\lambda=0.961$ 时,23个单元各自划分为18类,具体为{17}、{19}、{27、32、41}、{28}、{29、31}、{30}、{42}、{43}、{44}、{45}、{46、56}、{47}、{53}、{54}、{55}、{57}、{58、59}、{60},即"大清河山区北京""大清河山区忻州"和"子牙河山区石家庄"新归并为一

类；

当 $\lambda=0.955$ 时，23 个单元各自划分为 17 类，具体为{17}、{19}、{27、32、41、57}、{28}、{29、31}、{30}、{42}、{43}、{44}、{45}、{46、56}、{47}、{53}、{54}、{55}、{58、59}、{60}，即“大清河山区北京”“大清河山区忻州”“子牙河山区石家庄”和“漳卫河山区安阳”新归并为一类；

当 $\lambda=0.953$ 时，23 个单元各自划分为 16 类，具体为{17}、{19}、{27、32、41、57}、{28}、{29、31、55}、{30}、{42}、{43}、{44}、{45}、{46、56}、{47}、{53}、{54}、{58、59}、{60}，即“大清河山区保定”“大清河山区大同”和“漳卫河山区晋城”新归并为一类；

当 $\lambda=0.952$ 时，23 个单元各自划分为 15 类，具体为{17}、{19}、{27、29、31、32、41、55、57}、{28}、{30}、{42}、{43}、{44}、{45}、{46、56}、{47}、{53}、{54}、{58、59}、{60}，即“大清河山区北京”“大清河山区保定”“大清河山区大同”“大清河山区忻州”“子牙河山区石家庄”“漳卫河山区晋城”和“漳卫河山区安阳”新归并为一类；

当 $\lambda=0.948$ 时，23 个单元各自划分为 14 类，具体为{17、44}、{19}、{27、29、31、32、41、55、57}、{28}、{30}、{42}、{43}、{45}、{46、56}、{47}、{53}、{54}、{58、59}、{60}，即“永定河册田水库以上忻州”和“子牙河山区太原”新归并为一类；

当 $\lambda=0.944$ 时，23 个单元各自划分为 12 类，具体为{17、44}、{19}、{27、29、31、32、41、55、57、58、59、60}、{28}、{30}、{42}、{43}、{45}、{46、56}、{47}、{53}、{54}，即“大清河山区北京”“大清河山区保定”“大清河山区大同”“大清河山区忻州”“子牙河山区石家庄”“漳卫河山区晋城”“漳卫河山区安阳”“漳卫河山区鹤壁”“漳卫河山区新乡”和“漳卫河山区焦作”新归并为一类；

当 $\lambda=0.941$ 时，23 个单元各自划分为 11 类，具体为{17、44}、{19}、{27、29、31、32、41、55、57、58、59、60}、{28}、{30}、{42}、{43、47}、{45}、{46、56}、{53}、{54}，即“子牙河山区邢台”和“子牙河山区忻州”新归并为一类；

当 $\lambda=0.940$ 时，23 个单元各自划分为 9 类，具体为{17、44、45、54}、{19}、{27、29、31、32、41、55、57、58、59、60}、{28}、{30}、{42}、{43、47}、{46、56}、{53}，即“永定河册田水库以上忻州”“子牙河山区太原”“子牙河山区阳泉”和“漳卫河山区长治”新归并为一类；

当 $\lambda=0.934$ 时，23 个单元各自划分为 8 类，具体为{17、44、45、54}、{19}、{27、29、31、32、41、43、47、55、57、58、59、60}、{28}、{30}、{42}、{46、56}、{53}，即“大清河山区北京”“大清河山区保定”“大清河山区大同”“大清河山区忻州”“子牙河山区石家庄”“子牙河山区忻州”“子牙河山区邢台”“漳卫河山区晋城”“漳卫河山区安阳”“漳卫河山区鹤壁”“漳卫河山区新乡”和“漳卫河山区焦作”新归并为一类；

当 $\lambda=0.933$ 时，23 个单元各自划分为 7 类，具体为{19}、{17、27、29、31、32、41、43、44、45、54、47、55、57、58、59、60}、{28}、{30}、{42}、{46、56}、{53}，即“永定河册田水库以上忻州”“大清河山区北京”“大清河山区保定”“大清河山区大同”“大清河山区忻州”“子牙河山区石家庄”“子牙河山区忻州”“子牙河山区太原”“子牙河山区阳泉”“子牙河山区邢台”“漳卫河山区长治”“漳卫河山区晋城”“漳卫河山区安阳”“漳卫河山区鹤壁”“漳卫河山区新乡”和“漳卫河山区焦作”新归并为一类；

当 $\lambda = 0.931$ 时,23 个单元各自划分为 6 类,具体为{19}、{17、27、29、31、32、41、43、44、45、46、54、56、47、55、57、58、59、60}、{28}、{30}、{42}、{53},即"永定河册田水库以上忻州""大清河山区北京""大清河山区保定""大清河山区大同""大清河山区忻州""子牙河山区石家庄""子牙河山区晋中""子牙河山区忻州""子牙河山区太原""子牙河山区阳泉""子牙河山区邢台""漳卫河山区长治""漳卫河山区晋中""漳卫河山区晋城""漳卫河山区安阳""漳卫河山区鹤壁""漳卫河山区新乡"和"漳卫河山区焦作"新归并为一类;

当 $\lambda = 0.928$ 时,23 个单元各自划分为 5 类,具体为{19}、{17、27、28、29、31、32、41、43、44、45、46、54、56、47、55、57、58、59、60}、{30}、{42}、{53},即"永定河册田水库以上忻州""大清河山区北京""大清河山区石家庄""大清河山区保定""大清河山区大同""大清河山区忻州""子牙河山区石家庄""子牙河山区晋中""子牙河山区忻州""子牙河山区太原""子牙河山区阳泉""子牙河山区邢台""漳卫河山区长治""漳卫河山区晋中""漳卫河山区晋城""漳卫河山区安阳""漳卫河山区鹤壁""漳卫河山区新乡"和"漳卫河山区焦作"新归并为一类;

当 $\lambda = 0.914$ 时,23 个单元各自划分为 4 类,具体为{19}、{17、27、28、29、30、31、32、41、43、44、45、46、54、56、47、55、57、58、59、60}、{42}、{53},即"永定河册田水库以上忻州""大清河山区北京""大清河山区石家庄""大清河山区保定""大清河山区大同""大清河山区忻州""大清河山区张家口""子牙河山区石家庄""子牙河山区晋中""子牙河山区忻州""子牙河山区太原""子牙河山区阳泉""子牙河山区邢台""漳卫河山区长治""漳卫河山区晋中""漳卫河山区晋城""漳卫河山区安阳""漳卫河山区鹤壁""漳卫河山区新乡"和"漳卫河山区焦作"新归并为一类;

当 $\lambda = 0.892$ 时,23 个单元各自划分为 3 类,具体为{19}、{17、27、28、29、30、31、32、41、43、44、45、46、53、54、56、47、55、57、58、59、60}、{42},即"永定河册田水库以上忻州""大清河山区北京""大清河山区石家庄""大清河山区保定""大清河山区大同""大清河山区忻州""大清河山区张家口""子牙河山区石家庄""子牙河山区晋中""子牙河山区忻州""子牙河山区太原""子牙河山区阳泉""子牙河山区邢台""漳卫河山区长治""漳卫河山区邯郸""漳卫河山区晋中""漳卫河山区晋城""漳卫河山区安阳""漳卫河山区鹤壁""漳卫河山区新乡"和"漳卫河山区焦作"新归并为一类;

当 $\lambda = 0.891$ 时,23 个单元各自划分为 2 类,具体为{17、19、27、28、29、30、31、32、41、43、44、45、46、53、54、56、47、55、57、58、59、60}、{42},即"永定河册田水库以上忻州""永定河册田水库至三家店区间北京""大清河山区北京""大清河山区石家庄""大清河山区保定""大清河山区大同""大清河山区忻州""大清河山区张家口""子牙河山区石家庄""子牙河山区晋中""子牙河山区忻州""子牙河山区太原""子牙河山区阳泉""子牙河山区邢台""漳卫河山区长治""漳卫河山区邯郸""漳卫河山区晋中""漳卫河山区晋城""漳卫河山区安阳""漳卫河山区鹤壁""漳卫河山区新乡"和"漳卫河山区焦作"新归并为一类;

当 $\lambda = 0.877$ 时,10 个单元划分为 1 类,即{17、19、27、28、29、30、31、32、41、42、43、44、45、46、53、54、56、47、55、57、58、59}。

由上述归并过程可知,单元分类{42}是最晚被归并的,显示它与其他类有显著差异性,这与该分区单元内分布有邯郸跃峰灌区、磁县跃峰灌区等大型跨流域引水灌区,经济实力较强,农业灌溉发展水平较高是相符合的。与此同时,再考虑到大小跃峰灌区在漳卫河山区邯郸这一分区单元内也有分布,故本次评价采用当 $\lambda=0.914$ 时所得4类分区作为基础分区,再考虑到北京特殊的行政地位,将其中的单元{27}析出并与单元{19}合并为{19、27},最终形成3类分区。分区命名分别采用行政区划等冠以各区名称,具体结果见表1-4-11。海河流域农业节水二级分区之西部太行山区划分如附图15、附图16所示。

表1-4-11　海河流域农业节水二级分区之西部太行山区划分

<table>
<tr><th rowspan="3">名称</th><th rowspan="3">编号</th><th colspan="3">分区单元</th><th rowspan="3">水资源开发利用程度</th></tr>
<tr><th rowspan="2">水资源三级区</th><th rowspan="2">地级行政区</th><th rowspan="2">单元编号</th></tr>
<tr></tr>
<tr><td rowspan="2">北京山区</td><td rowspan="2">Ⅵ-1</td><td>永定河册田水库至三家店区间</td><td>北京</td><td>19</td><td rowspan="22">低</td></tr>
<tr><td>大清河山区</td><td>北京</td><td>27</td></tr>
<tr><td rowspan="2">邯郸山区</td><td rowspan="2">Ⅵ-2</td><td>子牙河山区</td><td>邯郸</td><td>42</td></tr>
<tr><td>漳卫河山区</td><td>邯郸</td><td>53</td></tr>
<tr><td rowspan="19">中南部山区</td><td rowspan="19">Ⅵ-3</td><td>永定河册田水库以上</td><td>忻州</td><td>17</td></tr>
<tr><td rowspan="5">大清河山区</td><td>石家庄</td><td>28</td></tr>
<tr><td>保定</td><td>29</td></tr>
<tr><td>张家口</td><td>30</td></tr>
<tr><td>大同</td><td>31</td></tr>
<tr><td>忻州</td><td>32</td></tr>
<tr><td rowspan="6">子牙河山区</td><td>石家庄</td><td>41</td></tr>
<tr><td>邢台</td><td>43</td></tr>
<tr><td>太原</td><td>44</td></tr>
<tr><td>阳泉</td><td>45</td></tr>
<tr><td>晋中</td><td>46</td></tr>
<tr><td>忻州</td><td>47</td></tr>
<tr><td rowspan="7">漳卫河山区</td><td>长治</td><td>54</td></tr>
<tr><td>晋城</td><td>55</td></tr>
<tr><td>晋中</td><td>56</td></tr>
<tr><td>安阳</td><td>57</td></tr>
<tr><td>鹤壁</td><td>58</td></tr>
<tr><td>新乡</td><td>59</td></tr>
<tr><td>焦作</td><td>60</td><td>高</td></tr>
</table>

4.3.3 分区概况

4.3.3.1 一级分区概况

表1-4-4所列出的海河流域农业节水一级分区共包括6个，分别为山前平原区、中部及东部滨海平原区、南部引黄平原区、北部燕山区、西北部太行山区和西部太行山区。各个一级分区2012年的现状概况见如表1-4-12所示，主要指标包括面积、人口、城镇化率、耕地面积、有效灌溉面积、灌溉水利用系数等。

表1-4-12　海河流域农业节水一级分区概况

分区名称	面积（km^2）	人口（万人）	城镇化率（%）	耕地面积（万亩）	有效灌溉面积（万亩）	灌溉水利用系数
山前平原区	78 995	7 159.06	65.23	6 116.58	5 332.92	0.56
中部及东部滨海平原区	22 444	1 204.80	35.86	1 523.84	1 146.66	0.51
南部引黄平原区	40 236	2 547.98	47.08	3 833.53	3 261.21	0.54
北部燕山区	65 700	810.74	35.24	964.53	503.82	0.55
西北部太行山区	41 893	860.19	52.23	1 764.68	745.73	0.54
西部太行山区	70 773	1 997.09	39.37	2 675.78	1 060.09	0.52

4.3.3.2 二级分区概况

表1-4-6～表1-4-11所列出的海河流域农业节水二级分区共有19个。各个二级分区2012年的现状概况如表1-4-13所示，主要指标包括面积、人口、城镇化率、耕地面积、有效灌溉面积、灌溉水利用系数等。

表1-4-13　海河流域农业节水二级分区概况

一级分区	二级分区	面积（km^2）	人口（万人）	城镇化率（%）	耕地面积（万亩）	有效灌溉面积（万亩）	灌溉水利用系数
山前平原区	冀东平原区	10 460	595.20	67.96	742.36	636.98	0.45
	北京平原区	5 796	1 729.58	90.29	255.16	250.06	0.69
	天津平原区	11 193	1 255.99	80.86	590.74	462.26	0.66
	冀中南平原区	51 546	3 578.29	43.62	4 528.32	3 983.62	0.54
中部及东部滨海平原区	邯郸平原区	2 695	197.83	55.98	249.96	209.97	0.41
	邢台衡水平原区	9 708	534.47	33.05	665.46	510.80	0.56
	沧州平原区	10 041	472.51	42.20	608.42	425.89	0.52

续表 1-4-13

一级分区	二级分区	面积(km^2)	人口(万人)	城镇化率(%)	耕地面积(万亩)	有效灌溉面积(万亩)	灌溉水利用系数
南部引黄平原区	漳卫河平原区	7 589	777.59	50.46	975.62	790.51	0.53
	徒骇马颊河区	32 647	1 770.39	45.60	2 857.91	2 470.70	0.55
北部燕山区	北部山区	7 876	22.46	46.30	129.16	28.94	0.48
	北京山区	6 294	72.10	50.00	31.00	26.97	0.69
	天津山区	727	43.30	41.59	72.24	57.07	0.65
	中东部山区	50 803	672.89	32.87	732.13	390.83	0.53
西北部太行山区	大同朔州山区	18 605	469.10	53.66	950.80	367.39	0.56
	乌兰察布山区	5 626	79.29	46.24	208.94	94.02	0.51
	张家口山区	17 662	311.80	51.60	604.94	284.32	0.55
西部太行山区	北京山区	4 106	75.52	50.00	34.14	15.93	0.69
	邯郸山区	4 663	248.59	47.52	132.46	85.21	0.51
	中南部山区	62 004	1 672.98	37.68	2 509.18	958.95	0.50

4.4 分区合理性分析

4.4.1 单元选取合理性分析

本次分区评价将海河流域77个水资源三级区套地市分区作为基本评价单元,单元的空间尺度适应有关水行政主管部门的管理需求,便于与海河流域水资源综合规划等有关规划成果相协调,便于农业节水日常管理工作的开展,便于有关水行政主管部门按照最严格水资源管理制度确定的“三条红线”“四项制度”来开展农业节水灌溉的水资源管理工作。

4.4.2 分区成果合理性分析

本次评价所得的6个一级节水分区,既体现了与地形地貌特征有关的气候条件、作物熟制、种植结构等农业节水分区影响因素分布的空间差异性,又反映了现状海河流域水资源开发利用程度这一水资源管理主导影响因素的空间差异性,符合流域实际情况。所得的19个二级节水分区与海河流域现状大中型灌区空间位置基本一致,与相关省(直辖市)的既有农业节水分区基本一致,框架是相互协调和统一的,既体现了区域农业节水灌溉发展现状,又体现了社会经济和行政区划对农业灌溉发展的影响,符合流域实际情况。

4.5 分区管理建议

4.5.1 基本情况

本次农业节水灌溉分区研究工作将作为基本评价单元的海河流域77个水资源三级区套地市单元，划分为6个一级区、19个二级区，各分区所涉及的县级行政区划基本情况见表1-4-14。

4.5.2 管理意见

在海河流域农业节水一级分区中，对于水资源高开发利用区，应严格限制新增灌溉面积，并结合其地处平原区、大中城市密集的地理条件，积极发展高效节水灌溉和以城市生活为服务对象的高附加值作物种植业，在保证粮食生产安全的前提下，扩大经济作物高效节水面积；在水资源中开发利用区，在符合水资源总量控制指标的前提下，可适度新增节水灌溉面积，根据其所在区域既有山区，又有平原的地貌特点，在新增灌溉面积上因地制宜地选择适宜的节水灌溉模式；在水资源低开发利用区，对于像漳卫河长治山区这样的既有山区又有山间盆地的区域，应因地制宜地选择适宜的节水灌溉模式，对于像大清河保定山区这样的纯山丘区，应积极发展高附加值、可深加工的农业特产和特色作物，并因地制宜地选择适宜的节水灌溉模式。

4.5.3 技术模式

节水灌溉的方式很多，有工程节水措施，有农艺节水措施，还有管理节水措施。对于不同的分区，应根据当地具体的自然地理和社会经济条件，对既有的各种节水方式进行合理搭配和优化组合，即形成适宜的农业节水技术模式。

节水技术模式制定的原则包括：

（1）因地制宜。根据当地水资源、地形、地貌、土质、气候特点、种植结构等不同因素，确定适宜的节水技术模式。

（2）经济效益最大。根据不同的作物种类和种植结构，采取的节水措施应该是节能、节地、省工、经济效益最大的。

（3）适应生产力发展水平和当前农村经营管理体制。所采取的节水技术措施，应该是农民投得起、管得好、用得上、效益大，是农民乐意接受的，如此才能是有生命力的技术模式。

（4）坚持综合配套技术与抓主要矛盾相结合。各种节水措施应视为一个整体，要坚持综合配套，使各种节水措施相互协调，产生互补效应；同时，要抓住节水措施潜力最大的环节，以便建立最有效的节水农业技术模式。

按照上述原则，利用已有的节水技术成果和节水灌溉试验资料，本篇结合水资源开发利用程度，总结提出各分区适宜的农业节水简要技术模式，具体的节水技术模式参见第3篇的3.4节。

（1）山前平原区。

表 1-4-14　海河流域农业节水分区所涉及县级行政区划基本情况一览表

一级区		二级区		分区单元			涉及的县级行政区
名称	编号	名称	编号	水资源三级区	地级行政区	编号	
山前平原区	Ⅰ	冀东平原区	Ⅰ -1	滦河平原及冀东沿海诸河	唐山	8	路南区、路北区、古冶区、开平区、丰南区、丰润区、滦县、滦南县、乐亭县、唐海县、迁安市
					秦皇岛	9	
		北京平原区	Ⅰ -2	北四河下游平原	北京	23	通州区、大兴区、房山区、大兴区
				大清河淀西平原	北京	33	
		天津平原区	Ⅰ -3	北四河下游平原	天津	24	东丽区、津南区、西青区、北辰区、武清区、宝坻区、滨海新区、静海区
				大清河淀东平原	天津	36	
		冀中南平原区	Ⅰ -4	北四河下游平原	唐山	25	路南区、丰南区、丰润区、玉田县、安次区、广阳区、永清县、香河县、大厂县、三河市、雄县、青县、肃宁县、献县、泊头市、任丘市、河间市、固安县、大城县、文安县、霸州市、饶阳县、安平县、正定县、行唐县、灵寿县、深泽县、无极县、藁城市、新乐市、新市区、北市区、南市区、满城县、清苑区、涞水县、徐水区、定兴县、唐县、高阳县、容城县、望都县、安新县、易县、曲阳县、蠡县、顺平县、博野县、涿州市、定州市、安国市、高碑店市、长安区、桥东区、桥西区、新华区、裕华区、栾城县、高邑县、赞皇县、元氏县、赵县、辛集市、晋州市、鹿泉市、邯山区、丛台区、复兴区、邯郸县、临漳县、大名县、魏县、成安县、磁县、肥乡区、永年区、邱县、鸡泽县、曲周县、邢台县、临城县、内丘县、柏乡县、隆尧县、任县、南和县、宁晋县、巨鹿县、新河县、平乡县、沙河市、桃城区、武邑县、武强县、饶阳县、安平县、冀州区、深州市
					廊坊	26	
				大清河淀西平原	石家庄	34	
					保定	35	
				大清河淀东平原	保定	37	
					沧州	38	
					廊坊	39	
					衡水	40	
				子牙河平原	石家庄	48	
					邯郸	49	
					邢台	50	
					沧州	51	
					衡水	52	
				漳卫河平原	邯郸	61	
				徒骇马颊河	邯郸	71	

续表 1-4-14

一级区		二级区		分区单元			涉及的县级行政区
名称	编号	名称	编号	水资源三级区	地级行政区	编号	
中部及东部滨海平原区	Ⅱ	邯郸平原区	Ⅱ-1	黑龙港及运东平原	邯郸	67	成安县、临漳县、大名县、肥乡区、邱县、广平县、魏县、馆陶县、曲周县
		邢台衡水平原区	Ⅱ-2		邢台	68	宁晋县、巨鹿县、新河县、广宗县、平乡县、威县、清河县、临西县、南宫市、桃城区、枣强县、武邑县、武强县、故城县、景县、阜城县、冀州区
					衡水	70	
		沧州平原区	Ⅱ-3		沧州	69	新华区、运河区、沧县、青县、东光县、海兴县、盐山县、南皮县、吴桥县、献县、孟村县、泊头市、黄骅市、河间市
南部引黄平原区	Ⅲ	漳卫河平原区	Ⅲ-1	漳卫河平原	安阳	62	北关区、文峰区、殷都区、龙安区、安阳县、汤阴县、内黄县、滑县、浚县、淇县、卫辉市、新乡县、延津县、原阳县、封丘县、长垣县、获嘉县、修武县、博爱县
					鹤壁	63	
					新乡	64	
					焦作	65	
					濮阳	66	
		徒骇马颊河区	Ⅲ-2	徒骇马颊河	济南	72	冠县、阳谷县、范县、东阿县、临清市、夏津县、高唐县、茌平县、齐河县、平原县、陵县、禹城市、宁津县、临邑县、济阳县、商河县、惠民县、乐陵市、庆云县、阳信县、无棣县、沾化区、利津县、临清市、莘县、清丰县、濮阳县、南乐县
					东营	73	
					德州	74	
					聊城	75	
					滨州	76	
					濮阳	77	

续表 1-4-14

一级区		二级区		分区单元			涉及的县级行政区
名称	编号	名称	编号	水资源三级区	地级行政区	编号	
北部燕山区	Ⅳ	北部山区	Ⅳ -1	滦河山区	张家口	3	丰宁县、沽源县、正蓝旗、多伦县
					锡林郭勒	5	
		北京山区	Ⅳ -2	北三河山区	北京	10	顺义区、怀柔区、平谷区、密云区
		天津山区	Ⅳ -3	北三河山区	天津	11	蓟州区、宁河区
		中东部山区	Ⅳ -4	滦河山区	唐山	1	丰润区、古冶区、迁西县、迁安市、玉田县、遵化市、沽源县、赤城县、兴隆县、海港区、山海关区、青龙县、昌黎县、抚宁区、卢龙县、双桥区、双滦区、鹰手营子矿区、平泉区、滦平县、宽城县、围场县、隆化县、丰宁县、凌源市、建昌县
					朝阳	6	
					葫芦岛	7	
					秦皇岛	2	
					承德	4	
				北三河山区	唐山	12	
					张家口	13	
					承德	14	
西北部太行山区	Ⅴ	大同朔州山区	Ⅴ -1	永定河册田水库以上	大同	15	左云县、浑源县、新荣区、大同县、南郊区、阳高县、天镇县、广灵县、灵丘县、平鲁区、朔城区、山阴县、应县、怀仁县、右玉县
					朔州	16	
				永定河册田水库至三家店区间	大同	21	
		乌兰察布山区	Ⅴ -2	永定河册田水库以上	乌兰察布	18	丰镇市、兴和县
				永定河册田水库至三家店区间	乌兰察布	22	
		张家口山区	Ⅴ -3	永定河册田水库至三家店区间	张家口	20	桥东区、桥西区、宣化区、下花园区、宣化区、尚义县、蔚县、阳原县、怀安县、万全区、怀来县、涿鹿县、崇礼区

续表 1-4-14

一级区		二级区		分区单元			涉及的县级行政区
名称	编号	名称	编号	水资源三级区	地级行政区	编号	
西部太行山区	Ⅵ	北京山区	Ⅵ-1	永定河册田水库至三家店区间	北京	19	昌平区、门头沟区、房山区、延庆区
				大清河山区	北京	27	
		邯郸山区	Ⅵ-2	子牙河山区	邯郸	42	磁县、涉县、邯山区、峰峰矿区、武安市
				漳卫河山区	邯郸	53	
		中南部山区	Ⅵ-3	永定河册田水库以上	忻州	17	唐县、涞源县、易县、曲阳县、顺平县、涿鹿县、行唐县、满城县、涞水县、阜平县、徐水区、井陉县、灵寿县、高邑县、赞皇县、平山县、元氏县、鹿泉市、邢台县、临城县、内丘县、沙河市、宁武县、原平市、代县、神池县、繁峙县、灵丘县、浑源县、广灵县、应县、静乐县、忻府区、定襄县、五台县、阳曲县、盂县、寿阳县、平定县、和顺县、昔阳县、左权县、黎城县、太谷县、榆社县、武乡县、沁县、屯留县、长子县、长治县、壶关县、襄垣县、平顺县、潞城市、陵川县、长治郊区、泽州县、高平市、辉县市、武陟县、博爱县
				大清河山区	石家庄	28	
					保定	29	
					张家口	30	
					大同	31	
					忻州	32	
				子牙河山区	石家庄	41	
					邢台	43	
					太原	44	
					阳泉	45	
					晋中	46	
					忻州	47	
				漳卫河山区	长治	54	
					晋城	55	
					晋中	56	
					安阳	57	
					鹤壁	58	
					新乡	59	
					焦作	60	

北京平原区、天津平原区、冀中南平原区的适宜节水技术模式为:①管道输水小畦灌溉+配套农艺措施+机井统管统灌;②喷灌+配套农艺措施+喷灌机具统管统喷;③设施栽培+微灌。

冀东平原适宜的节水技术模式为:①高标准管道输配水系统+配套农艺措施+灌溉设备承包责任制;②喷灌+配套农艺措施+喷灌机具统管统喷;③设施栽培+微灌。

(2)中部及东部滨海平原区。

该区域浅层地下水水质较差,深层淡水资源贫乏,适宜的节水技术模式为:①咸淡水混浇+管道输水小畦灌溉+配套农艺措施+机井灌溉设备统管统浇;②深机井喷灌+配套农艺措施+喷灌及设备统管统喷。

(3)南部引黄平原区。

该区域的主要灌溉水源是引黄水,泥沙含量较大,适宜的节水技术模式为:①渠道衬砌+小畦灌溉+井渠结合+配套农艺措施;②深井喷灌+配套农艺措施+喷灌及设备统管统喷。

(4)北部燕山区。

该区域适宜的节水技术模式为:①管道输水+渠道衬砌+配套农艺措施;②微灌+配套农艺措施;③喷灌+配套农艺措施+喷灌机具统管统喷。

(5)西北部太行山区。

该区域既有山丘区,又有山间盆地,适宜的节水技术模式为:①渠道衬砌+配套农艺措施;②管道输水+配套农艺措施;③喷灌+配套农艺措施。

(6)西部太行山区。

该区域既有山丘区,又有山间盆地,适宜的节水技术模式为:①渠道衬砌+配套农艺措施;②管道输水+配套农艺措施;③喷灌+配套农艺措施。

总之,农业节水技术模式的推广要因地制宜,要重视经济因素在技术和管理措施推广中的驱动作用和制约作用。

第5章　总结与展望

5.1　研究总结

本篇在分析海河流域农业灌溉发展现状的基础上，探讨了农业节水分区工作的目的和意义；进而采用层次化的评价方法，以服务有关水行政主管部门的农业节水灌溉管理工作为主要目的，结合海河流域水资源综合规划成果，以水资源开发利用程度作为农业灌溉节水一级分区的分类评价的主导指标，为有关水行政主管部门从流域层面上统筹考虑各区域现状水资源紧缺程度和发展农业节水灌溉的重点区域提供方向性指导。在此基础上，以现状农业灌溉发展水平的各项表征指标为主体，同时考虑其余自然地理、社会经济等方面的影响因素，构建了二级分区分类评价指标，运用模糊聚类方法，得到了与流域水利区划和农业灌溉发展现状比较符合的农业节水二级区划成果，并提出分区管理意见和适宜节水技术措施。

5.2　工作展望

海河流域农业节水分区的各种影响因素之间的关系错综复杂，各类指标的模糊性本身也具有较大的不确定性，与此同时，各种影响因素，尤其是社会经济因素也是动态变化的，如何在变化的环境中更好地体现影响因素的模糊综合作用是值得进一步探讨和研究的问题。

在第3篇的工作中，还将继续结合最严格水资源管理制度中的不同水平年的“总量控制”指标在水资源三级区套地市单元的分解结果，提出规划水平年各分区适宜发展的有效灌溉面积，以便于有关水行政主管部门更好地实施农业节水灌溉方面的水行政管理工作。

第 2 篇　海河流域灌溉用水定额汇编

第1章　灌溉用水定额编制方法

用水定额的基本含义是指在一定的技术条件和管理水平下，为合理利用水资源而核定的水消耗（或占用）标准。

农作物灌溉定额是实现水资源优化管理的重要组成部分，随着经济社会的发展，农业灌溉用水面临着水资源不足和保证粮食安全的双重压力，因此科学地确定农业灌溉用水定额是实行微观定额管理的重要基础资料，也是科学核定取水许可数量、建立水权分配制度的重要依据。

用水定额是随着节水技术的进步、管理水平的提高而变化的管理指标。用水定额管理是水资源管理的重要内容，确定科学的用水定额不仅可以规范用水行为，更重要的是可以引导全社会提高用水效率，进而实现水资源的可持续利用。用水定额管理是节水部门以用水定额这一微观指标为基本依据，以保证水的合理配置为原则，通过计量核算、制订计划、价费政策等手段，达到水资源的高效利用。这个管理过程包括制定用水定额、确定水分配计划的制订原则、设计合理的价费政策、制订科学的管理方案实施细则等。

1.1　术语与定义

（1）灌溉用水定额：是指在规定位置和规定水文年型下核定的某种作物在一个生育期内单位面积的灌溉用水量。其中，灌溉用水定额的规定位置既不是田间，也不一定是灌区的渠首，而是以便于灌溉用水计量和实施管理的位置。灌溉用水定额是水资源配置和灌溉用水管理的主要控制指标，其内涵不同于灌溉设计时所采用的“净灌溉定额”和“毛灌溉定额”，一方面灌溉用水定额应针对灌溉水的使用者和管理者，且便于量测；另一方面灌溉用水定额不仅需要在一定程度上满足作物需水要求，而且必须考虑实现灌溉用水的供需平衡，故需要在规定的水文年型下进行编制。

（2）基本用水定额：是指某种作物在参照灌溉条件下的单位面积灌溉用水量。参照灌溉条件宜确定为：灌溉过程类型为土渠输水地面灌溉、取水方式为自流引水、灌区规模为小型、无附加用水。在实际编制灌溉用水定额时，各地也可根据实际情况来合理确定参照灌溉条件，但是在本省（自治区、直辖市）范围内应该保持统一。

（3）附加用水定额：是指为了满足作物生育期需水量以外的灌溉用水而增加的单位面积用水量。附加用水包括用于播前土壤储水、淋洗土壤盐分用水、水田泡田用水等，确定附加用水定额应采用与确定基本用水定额相同的参照灌溉条件。

（4）调节系数：是指反映工程类型、取水方式、灌区规模等对参照灌溉条件下的灌溉用水定额影响程度的系数。

（5）作物灌溉用水综合定额：是指某区域内的某种作物在各种实际灌溉条件（如工程类型、取水方式、灌区规模、附加用水等）下的灌溉用水定额按灌溉面积的加权平均值。

(6)分区:是指为了便于在空间上确定灌溉用水定额,依据自然条件、流域特点、农业分区以及影响灌溉的其他因素,并结合水资源综合利用、节水灌溉、农业发展、环境保护等的要求而综合考虑所确定的区域。

(7)灌溉设计保证率:是指在多年运行中,灌区用水量能够得到充分满足的概率。

(8)灌溉水利用系数:是指灌入田间的可被作物吸收利用的水量与渠首引进的总水量的比值。

(9)灌溉定额:是指作物播种前及全生育期单位面积的总灌溉水量。

(10)净灌溉定额:是指作物生育期内,单位灌溉面积上的须供水到田间被作物利用的总灌溉水量。

(11)毛灌溉定额:是指作物生育期内,单位灌溉面积上要求水源供给的总灌溉水量。

1.2 定额编制方法

1.2.1 编制工作流程

编制灌溉用水定额应客观、科学、系统、实用,遵循因地制宜、突出重点、现实可行、逐步完善的原则,在满足农业生产要求和厉行节约用水的基础上,力求做到灌溉用水供需平衡,应重视灌溉试验、已有资料收集、观测和现场调查等基础工作,使用的数据应具有可靠性、合理性和一致性。具体编制工作的一般步骤如下:

(1)制订工作计划,明确编制任务和要求。

(2)确定省级分区和典型县,确定水文年型和灌溉用水定额规定位置。

(3)确定县级分区,选择典型灌溉单元,确定主要作物。

(4)收集有关数据,进行现场调查和专项测定,整理与分析资料。

(5)拟定作物单位面积基本用水量和附加用水量,根据典型灌溉单元的单位面积实际灌溉用水量进行校核,提出灌溉用水量数据样本。

(6)分析并初步确定省级分区主要作物灌溉用水定额,进行省级分区灌溉用水供需平衡分析。

(7)合理调整并确定省级分区的主要作物灌溉用水定额。

(8)编制灌溉用水定额报告。

灌溉用水定额编制初步成果完成以后,应由组织实施部门发函征求有关江河流域管理机构,地(市)、县(市、区)水行政主管部门,灌区管理单位,用水者代表和有关专家意见;编制组织实施部门应根据征集到的意见进行修改完善。灌溉用水定额编制初步成果修改后,应召开专家评审会进行评审,编制组织单位应根据评审意见进一步进行修改完善。灌溉用水定额成果通过评审后,应按有关规定报送主管部门审批。灌溉用水定额编制成果宜3~5年修订一次,当灌溉用水条件发生较大变化时应及时修订。

1.2.2 基本规定

灌溉用水定额应采用基本用水定额、附加用水定额、调节系数、作物灌溉用水综合定额、灌溉用水定额规定位置以上的渠系水利用系数等指标表示。

基本用水定额、附加用水定额、调节系数、作物灌溉用水综合定额应在规定位置核定。宜选择斗渠进水口、井口、小型泵站出水口等作为规定位置;实行支渠口量水的地区也可选择支渠进水口、井口、小型泵站出水口作为规定位置。同一个省级行政区域内的各个省级分区的规定位置应保持一致。

灌溉用水定额应在规定的水文年型下进行核定,且应按照该水文年型进行灌溉用水供需平衡分析。以地下水为主要灌溉水源的地区,规定水文年型宜取50%年降水概率,进行供需平衡分析时,应以维持地下水多年采补平衡为目标;以地表水为主要灌溉水源的地区,规定水文年型宜与设计灌溉保证率保持一致,进行供需平衡分析时,应在设计灌溉保证率下实现灌溉用水供需平衡。各省级分区的规定水文年型可根据实际情况选取不同频率,但是在同一个省级分区内只能选定一个水文年型。灌溉用水定额应区分不同省级分区和不同的主要作物种类来进行核定。

1.2.3 分区和主要作物

省级分区应根据自然条件、流域特点、农业分区以及影响灌溉用水的其他因素,并结合水资源综合利用、节水灌溉、农业发展、环境保护等现行或在编的规划进行综合考虑来确定。

每个省级分区宜选择不少于4个具有代表性的县作为典型县。典型县的自然条件、水资源特点、作物种植、灌溉工程类型、取水方式、灌区规模、附加用水等应在该省级分区中具有代表性,灌溉管理、农业技术等方面应在该省级分区中处于中等以上水平。每个县应根据水资源特点、作物种植、灌溉工程类型、取水方式等进行县级分区,并在县级分区中合理选择典型灌溉单元,作为调查、计算、校核单位面积基本用水量和附加用水量等数据的采样点。

不同水源类型的典型灌溉单元选择应符合的规定包括:渠灌区以一条斗渠的灌溉范围作为一个典型灌溉单元,井灌区以一眼井的灌溉范围作为一个典型灌溉单元,井渠结合灌区以一条斗渠以及与之联合运行的若干眼井的灌溉范围作为一个典型灌溉单元,小型扬水灌区以一个泵站的灌溉范围作为一个典型灌溉单元。

各典型灌溉单元应能代表不同作物、不同灌溉工程类型、取水方式、灌区规模、有无附加用水等不同组合。每一种组合在一个典型县中应有2~4个样本,以减少片面性,提高作物灌溉用水数据样本的代表性。

应以典型县为单位,选择合计灌溉面积占总灌溉面积80%以上(或者合计灌溉用水量占总灌溉用水量80%以上)的若干种作物作为主要作物;其他作物可视为一种组合作物,并为其核定灌溉用水定额。作物种类过多时,可以典型县为单位对灌溉作物的种植面积排序,自大而小地选取主要作物(包括粮食作物、经济作物、蔬菜、林果、牧草等),直至累计的灌溉面积或累计的灌溉用水量达到要求。套种、间作的作物可作为一种组合作物,并为其核定灌溉用水定额。

1.2.4　数据收集、分析和校核

1.2.4.1　数据收集

应以典型灌溉单元为对象，现场调查收集作物种类、灌溉工程类型、取水方式、灌区规模、各种作物灌溉面积、规定水文年型的实际灌溉用水量等基本数据。应按照选择的作物单位面积灌溉基本用水量和附加用水量计算方法，收集有关的灌溉制度，灌溉试验成果，气象资料以及斗渠、农渠的渠道水利用系数和田间水利用系数等。

应收集的各个省级分区和典型县的数据包括：各种作物的灌溉面积，代表性灌区的渠首引水量、斗渠口配水量，总干渠、干渠、分干渠、支渠等骨干渠道的渠道水利用系数，现状灌溉用水量和有关规划确定的灌溉用水量等。

1.2.4.2　数据分析

对收集的各个典型灌溉单元和典型县数据进行整理和分析，拟定各个省级分区内的不同作物的单位面积基本用水量和附加用水量。

可依据现行灌溉制度、灌溉试验成果等来拟定作物单位面积基本用水量，缺少资料时也可以通过计算来拟定；可依据现行灌溉制度、灌溉试验成果等来拟定作物单位面积附加用水量，缺少资料时也可通过计算或依据经验来合理地拟定。

依据现行灌溉制度或者灌溉试验成果来拟定作物单位面积灌溉基本用水量和附加用水量时，应采取接近规定水文年型的数据；依据节水灌溉等有关规划采用的灌溉定额时，应按照典型灌溉单元现状与规划要求的差异进行合理调整。

计算拟定作物单位面积基本用水量时，作物需水量可以采用联合国粮农组织（FAO）推荐的计算参考作物腾发量的 Penman-Monteith 公式，净灌溉定额可以在此基础上通过扣除有效降水量、有效潜水补给量来计算。将计算的作物净灌溉定额转换为规定位置的作物单位面积基本用水量时，需要考虑规定位置以下的渠系水利用系数和田间水利用系数的影响。田间水利用系数和斗渠、农渠的渠系水利用系数可以通过实测确定，也可以根据以往的实测成果和典型灌溉单元的工程状况、管理状况等进行合理地估算。

拟定的作物单位面积基本用水量和附加用水量应折算到规定的水文年型，并根据典型灌溉单元的工程类型、取水方式、灌区规模等影响因素折算到各典型灌溉单元，形成能代表典型灌溉单元实际用水状况的作物灌溉用水数据样本。

拟定的作物单位面积基本用水量对应的降水概率与规定的水文年型不同时，可通过相应年份的有效降水量的差值来进行相应调整，计算公式如下：

$$I_{调整后} = I_{调整前} + (P_{e调整前} - P_{e调整后}) \tag{2-1-1}$$

式中：$I_{调整后}$ 为调整后的作物单位面积灌溉基本用水量，m^3/亩；$I_{调整前}$ 为拟定作物单位面积灌溉用水量，m^3/亩；$P_{e调整前}$ 为拟定作物单位面积灌溉用水量对应降水概率的有效降水量，m^3/亩；$P_{e调整后}$ 为规定水文年型的有效降水量，m^3/亩。

依据灌溉制度、灌溉试验成果以及通过公式计算等方法得到的作物单位面积基本用水量和附加用水量一般为田间净灌溉水量，还需要根据斗渠、农渠渠道水利用系数和田间水利用系数来折算到灌溉用水定额规定位置。同时，拟定的作物单位面积基本用水量和附加用水量的灌溉条件与各个典型灌溉单元的实际灌溉条件一般并不完全一致，需要按

照各个典型灌溉单元的实际灌溉条件进行相应的折算,使形成的作物灌溉用水数据样本能够代表各个典型灌溉单元的实际用水状况。

作物灌溉用水数据样本应由作物单位面积基本用水量和附加用水量的折算值以及省级分区、典型县名称、典型灌溉单元名称、作物名称、灌溉面积、工程类型、取水方式、灌区规模等数据构成。数据样本的大小和代表性应满足编制灌溉用水定额的要求。

1.2.4.3 数据校核

作物单位面积基本用水量和附加用水量的折算值应由典型灌溉单元的单位面积实际灌溉用水量进行校核。单位面积实际灌溉用水量为单一作物的灌溉用水数据时,可直接进行比较;否则,应根据典型灌溉单元的种植结构和作物单位面积基本用水量和附加用水量的折算值来计算单位面积综合灌溉用水量,并与单位面积实际灌溉用水量进行比较。

作物单位面积基本用水量和附加用水量的折算值之和或者单位面积综合灌溉用水量大于单位面积实际灌溉用水量时,应根据后者合理调整前者;作物单位面积基本用水量和附加用水量的折算值之和或者单位面积综合灌溉用水量小于单位面积实际灌溉用水量时,应根据典型灌溉单元的工程情况、管理状况等来综合分析作物单位面积基本用水量和附加用水量的折算值是否合理,并进行相应的调整。

应按照调整后的作物单位面积基本用水量和附加用水量的折算值来计算典型县在规定的水文年型下的总灌溉用水量,进行典型县的灌溉用水供需平衡分析。当灌溉用水存在缺口时,应满足计算的总灌溉水量不大于现状总灌溉用水量的要求,否则应进一步调整作物单位面积基本用水量和附加用水量的折算值。

1.2.5 基本用水定额确定

基本用水定额应在规定的水文年型下进行核定,且应按照该水文年型进行灌溉用水供需平衡分析。以地下水为主要灌溉水源的地区,规定水文年型宜取50%年降水频率,进行供需平衡分析时,应以维持地下水多年采补平衡为目标;以地表水为主要灌溉水源的地区,规定水文年型宜与设计灌溉保证率一致,进行供需平衡分析时,应在设计灌溉保证率下实现灌溉用水的供需平衡。各省级分区的规定水文年型可根据实际情况选取不同频率,但是在一个省级分区内只能选定一个水文年型。

基本用水定额应在规定位置核定,宜选择斗渠进水口、井口、小型泵站出水口等作为规定位置,实行支渠口量水的地区也可以选择支渠进水口、井口、小型泵站出水口作为规定位置,在一个省级行政区范围内的各个省级分区的规定位置应选择一致。

1.2.5.1 作物单位面积基本用水量

基本用水定额的计算是以作物单位面积基本用水量(净灌溉定额)为基础,再根据斗渠、农渠渠道水利用系数和田间水利用系数折算到灌溉用水定额的规定位置而得到的。作物单位面积基本用水量的拟定可以通过两种途径:一种途径是依据现行灌溉制度、灌溉试验成果等来拟定,另一种途径是通过计算来拟定。依据现行灌溉制度或灌溉试验成果拟定作物单位面积灌溉基本用水量时,应采取接近规定水文年型的数据。通过计算来拟定作物单位面积灌溉基本用水量时,可以采用作物系数法。

1. 作物需水量计算方法

目前,计算作物需水量的方法主要有田间试验法、红外遥感技术、作物模型法、作物系数法等。其中,田间试验法一般采用大型蒸渗仪对作物耗水量进行测定,因仪器造价较高,观测范围有限,该方法的应用较为局限,只适合于单点测试。红外遥感技术借助遥感影像相关波段进行反演,能够获取大范围、长时段的作物耗水数据,但是由于遥感影像质量和分辨率以及下垫面情况的复杂性,该方法的准确性尚待提高。作物模型法和作物系数法均是基于一定的气象和土壤资料等数据来模拟作物的生长过程,并依此计算作物的蒸发蒸腾量即需水量,这两种方法的计算原理与作物实际生长过程吻合较好,计算精度较高。其中,作物系数法是 1998 年由 FAO 推荐的,该方法首先基于 Penman - Monteith 公式计算参考作物腾发量,然后通过作物系数估算作物需水量,是目前计算作物需水量应用最为普遍的方法。该方法以能量平衡和水汽扩散理论为基础,既考虑了作物的生理特征,又考虑了空气动力学参数的变化,具有较为充分的理论依据和较高的计算精度。其具体形式为

$$ET_0 = \frac{0.408\Delta(R_n - G) + \gamma \dfrac{900u_2(e_s - e_a)}{T + 273}}{\Delta + \gamma(1 + 0.34u_2)} \tag{2-1-2}$$

式中:ET_0 为参考作物腾发量,mm/d;Δ 为饱和水汽压—温度曲线的斜率,kPa/℃;R_n 为植物冠层表面净辐射,MJ/(m^2 · d);G 为土壤热通量,MJ/(m^2 · d),逐日计算 $G = 0$;γ 为湿度计常数,kPa/℃;u_2 为 2 m 高处的风速,m/s;e_s 和 e_a 分别为饱和水汽压和实际水汽压,kPa;T 为日平均气温℃。

采用式(2-1-2)计算逐日 ET_0 时所使用的数据包括气象站点的高程、纬度、风速测量高度等地理坐标数据以及日最高气温、日最低气温、日平均气温、日平均风速、日平均相对湿度和日照时数等气象观测数据。

作物系数是作物需水量与同期参考作物腾发量的比值,是作物自身生理学特性的反映,它与作物的种类、品种、生育期、作物群体叶面积等因素有关。作物系数主要随着作物生育阶段的变化而变化,而且由于实际作物的需水量与参考作物腾发量两者受气象因素的影响是同步的,因此,在同一产量水平下,不同水文年份的作物系数是相对稳定的。

作物潜在需水量与参考作物腾发量的关系为

$$ET = k_c ET_0 \tag{2-1-3}$$

式中:ET 为作物需水量,mm/d;k_c 为作物系数;ET_0 为参考作物腾发量,mm/d。

不同作物的作物系数 k_c 应根据当地的灌溉试验成果来合理确定。对没有试验资料或试验资料不足的作物和地区,可以按照 FAO 推荐的不同作物、不同生育阶段的标准作物系数,根据当地气候、土壤、作物和灌溉等条件进行修正,修正方法采用 FAO 推荐的分段单值平均作物系数法。

2. 净灌溉定额计算

作物的净灌溉定额可以根据作物需水量和作物生育期的有效降水量计算。

一般应收集整理近 20 ~ 30 年来的降水系列资料,采用经验频率法计算不同频率水文年的降水量。经验频率的计算公式为

$$p = \frac{i}{n+1} \tag{2-1-4}$$

式中：p 为经验频率；i 为样本数据序列号；n 为选取的样本个数。

田间降水可能以植物截留、填洼、地表径流或深层渗漏的形式损失，将能够保存在作物根系层中的用于满足作物腾发需要的那部分水量称为有效降水量。

有效降水量与降水特性、气象条件、土地和土壤特性、土壤水分状况、地下水埋深、作物特性和覆盖状况以及农业耕作管理措施等因素有关。对有效降水量的田间测定，包括降水量、地表径流损失、深层渗漏损失，以及由作物蒸腾、蒸发所吸收的土壤水分等的田间量测定。通常采用经验的降水有效利用系数计算有效降水量，它和次降水量有关。

选择年降水量符合规定水文年型的年份作为典型年，典型年内各旬的降水量分配依照与典型年降水量相接近的 3～4 年的各旬的平均降水量确定，并逐旬计算有效降水量。

作物生育期内有效降水量可以采用时段水量平衡法来计算。

对旱地作物，计算时段可取 1～10 d，计算公式为

$$P_e = \begin{cases} P & \text{当 } P \leqslant W_{fc} - W_{i-1} + ET_{ci} \text{ 时} \\ W_{fc} - W_{i-1} + ET_{ci} & \text{当 } P > W_{fc} - W_{i-1} + ET_{ci} \text{ 时} \end{cases} \tag{2-1-5}$$

式中：P 为计算时段内的总降水量，mm；P_e 为计算时段内的有效降水量，mm；W_{fc} 为作物根区最大储水深度，mm，一般为田间持水量时的作物根区储水量；W_{i-1} 为计算时段初的土壤储水量，mm；ET_{ci} 为计算时段内的作物需水量，mm。

对水田作物，计算时段可取 1～5 d，计算公式为

$$P_e = \begin{cases} P & \text{当 } P \leqslant H_{max} - W_{i-1} + ET_{ci} + D_i \text{ 时} \\ H_{max} - H_{i-1} + ET_{ci} + D_i & \text{当 } P > H_{max} - W_{i-1} + ET_{ci} + D_i \text{ 时} \end{cases} \tag{2-1-6}$$

式中：H_{max} 为计算时段内的最大适宜水深，mm；H_{i-1} 为计算时段初的田面水深，mm；D_i 为有效渗漏量，mm；其余符号意义同前。

在没有土壤储水量实测数据的地区，可以采用简化方法计算 10～20 d 内的累积有效降水量，计算公式为

$$P_e = \begin{cases} P & \text{当 } P \leqslant ET_c \text{ 时} \\ ET_c & \text{当 } P > ET_c \text{ 时} \end{cases} \tag{2-1-7}$$

式中：P_e 为计算时段内的有效降水量，mm；P 为计算时段内的总降水量，mm；ET_c 为计算时段内的作物需水量，mm。

使用式(2-1-6)计算有效降水量时，降水强度较小的地区或季节应采用较长的计算时段(如 20 d)，降水强度较大的地区或季节应采用较短的计算时段(如 10 d)。

在地下水埋深较浅的地区(一般地，埋深小于 3 m)，作物净灌溉定额的计算还应考虑地下水对作物根区土壤的潜水补给量，计算公式为

$$I_{净} = ET_c - P_e - G \tag{2-1-8}$$

式中：$I_{净}$ 为作物净灌溉定额，m^3/hm^2；ET_c 为作物需水量，m^3/hm^2；P_e 为作物生育期的有效降水量，m^3/hm^2；G 为作物生育期的地下水对作物根区土壤的潜水补给量，m^3/hm^2。

地下水补给量是指地下水借助土壤毛细管作用上升至作物根系吸水层而被作物利用

的水量，其数值与地下水埋深、土壤性质、作物种类及耗水强度等因素有关，一般按照下述公式进行计算：

$$D = ET \cdot a \tag{2-1-9}$$

式中：ET 为作物需水量。

a 的取值为：当地下水埋深 <1 m 时，a 取 0.5；当地下水埋深在 1 ~ 1.5 m 时，a 取 0.4；当地下水埋深在 1.5 ~ 2.0 m 时，a 取 0.3；当地下水埋深在 2.0 ~ 3.0 m 时，a 取 0.2；当地下水埋深在 3 ~ 3.5 m 时，a 取 0.1；当地下水埋深大于 3.5 m 时，不考虑地下水补给量。

基本用水定额、附加用水定额和调节系数的取值，应使按照式(2-1-10)计算的各种作物的灌溉用水定额与作物灌溉用水数据样本基本一致：

$$m = (m_{基本} + m_{附加}) \cdot K_1 \cdot K_2 \cdot \cdots \cdot K_n \tag{2-1-10}$$

式中：m 为某个省级分区某种作物的灌溉用水定额，m^3/hm^2 或者 m^3/亩；$m_{基本}$ 为某个省级分区某种作物的基本用水定额，m^3/hm^2 或者 m^3/亩；$m_{附加}$ 为某个省级分区某种作物的附加用水定额，m^3/hm^2 或者 m^3/亩；$K_1, K_2, \cdots, K_n$ 分别为工程类型、取水方式、灌区规模等影响因素的调节系数。

基本用水定额可按照最小二乘法原理，以剩余误差平方和最小为目标，通过数值拟合得出，也可以采用对比法、试算法等其他方法。

基本用水定额应按照不同省级分区、不同作物加以区分。

需要调减基本用水定额时，宜采用二次平均法进行先进化处理。

附加用水定额的拟定方法与基本用水定额的拟定类似，不再赘述。

1.2.5.2 作物综合灌溉用水定额

省级分区的作物灌溉用水定额的计算公式为

$$m_{综合} = \frac{\sum_{i=1}^{N_u} (m_i \cdot A_i)}{\sum_{i=1}^{N_u} A_i} \tag{2-1-11}$$

式中：$m_{综合}$ 为省级分区内的某种作物的综合灌溉用水定额，m^3/hm^2 或者 m^3/亩；i 为省级分区内与某种作物对应且实际存在的灌溉条件组合序号；N_u 为省级分区内与某种作物对应且实际存在的灌溉条件组合数；m_i 为省级分区内的某种作物在第 i 种灌溉组合条件下的灌溉用水定额，m^3/hm^2 或者 m^3/亩。

1.2.5.3 灌溉用水定额规定位置以上的渠系水利用系数

灌溉用水定额规定位置以上的渠系水利用系数的确定包括两种情况：一种是灌溉用水定额规定位置以上有输配水渠道，另一种是灌溉用水定额规定位置以上无输配水渠道。

第一种情况时，渠系水利用系数计算公式为

$$\eta_t = \frac{\sum_{i=1}^{N_L} V_i}{V_0} \tag{2-1-12}$$

式中：η_t 为灌区灌溉用水定额规定位置以上的渠系水利用系数；i 为灌溉用水定额规定位

置序号；N_L 为灌区灌溉用水定额规定位置总数，个；V_i 为灌区灌溉用水定额规定位置 i 的年度实际配水量，m^3；V_0 为灌区渠首的年度灌溉引水总量，m^3。

第二种情况时，$\eta_t = 1$。

灌溉用水定额规定位置的年度实际配水量和渠首年度灌溉引水量可以根据灌区运行记录合理确定。灌区承担其他供水任务时应从引水总量中扣除相应水量。

省级分区的灌溉用水定额规定位置以上的渠系水利用系数宜按照大、中、小型灌区以及井灌区分别加以确定，省级分区的灌溉用水定额规定位置以上渠系水利用系数的平均值可按各类型灌区的灌溉用水量加权平均计算。

1.2.5.4 灌溉用水供需平衡分析

灌溉用水供需平衡分析应以省级分区为单位进行。省级分区灌溉需水量计算公式为

$$W_I = \frac{\sum_{i=1}^{N_C}(m_{综合i} \times A_i)}{\overline{\eta}_t} \tag{2-1-13}$$

式中：W_I 为省级分区灌溉需水量，m^3；i 为该省级分区的作物种类序号；N_C 为该省级分区的作物种类数；$m_{综合i}$ 为该省级分区第 i 种作物的综合灌溉用水定额，m^3/hm^2 或 m^3/亩；A_i 为该省级分区第 i 种作物的灌溉面积，hm^2 或亩；$\overline{\eta}_t$ 为该省级分区灌溉用水定额规定位置以上渠系水利用系数按水量的加权平均值。

灌溉用水供需平衡不满足时，若省级分区灌溉需水量不大于现状灌溉用水量，可认同作物灌溉用水定额的核定结果。否则，应在保证主要作物达到一定产量水平的基础上，进行合理调整。调整时的一般顺序为合理调整作物灌溉用水基本用水定额、附加用水定额以及调节系数，合理调整灌溉用水定额规定位置以上渠系水利用系数，合理调整作物种植结构、调减高耗水作物种植面积，合理调整灌溉规模。

1.2.6 调节系数确定

应根据编制过程中的作物灌溉用水数据样本涵盖的主要影响因素来合理选择基本用水定额调节系数，一般可采用工程类型、取水方式、灌区规模等 3 个调节系数。

工程调节系数可以按照土渠输水地面灌、渠道防渗（衬砌）地面灌、管道输水地面灌、喷灌、微灌等进行细分；取水方式调节系数可以按照机井提水、泵站提水、自流引水等进行细分；灌区规模调节系数可以按照大型灌区、中型灌区、小型灌区等进行细分。作物灌溉用水数据样本不涵盖调剂系数细分项的应予以剔除。

对影响不显著的调节系数应分析原因，确认无误后予以剔除，并重新确定基本用水定额、附加用水定额和调节系数。

需要调减调节系数（或者基本用水定额）时，宜采用二次平均法进行先进化处理。以典型县为单位，按照二次平均法对作物灌溉用水数据样本进行处理，并使用处理后的作物灌溉用水数据样本重新确定调节系数（或者基本用水定额），实现对调节系数（或者基本用水定额）的先进化处理。

二次平均法的具体步骤如下：

(1)利用初步确定的调节系数将作物灌溉用水数据样本中的作物单位面积基本用水量换算为参照灌溉条件下的对应数据。

(2)计算典型县的各种作物在参照灌溉条件下的单位面积基本用水量的平均值。

(3)判断由步骤(1)计算得到的作物单位面积基本用水量是否大于由步骤(2)计算得到的该种作物的单位面积基本用水量的平均值,如果是,则以后者替代前者。

(4)利用初步确定的调节系数将调整后的作物单位面积基本用水量还原到实际灌溉条件下的对应数据。

(5)使用各典型县经二次平均法处理后的作物灌溉用水数据样本,重新确定调节系数(或者基本用水定额)。

1.2.7 灌溉用水定额确定

各种作物的灌溉用水定额由相应的基本用水定额与附加用水定额之和再与灌溉规模、水源、灌溉形式的调节系数相乘求得,计算公式为

$$m = (m_{基本} + m_{附加}) \cdot K_1 \cdot K_2 \cdot \cdots \cdot K_n \tag{2-1-14}$$

式中:m 为某个省级分区某种作物的灌溉用水定额,m^3/hm^2 或 m^3/亩;$m_{基本}$ 为某个省级分区某种作物的基本用水定额,m^3/hm^2 或 m^3/亩;$m_{附加}$ 为某个省级分区某种作物的附加用水定额,m^3/hm^2 或 m^3/亩;$K_1,K_2,\cdots,K_n$ 分别为工程类型、取水方式、灌区规模等影响因素的调节系数。

灌溉用水定额具体使用时,以所需计算区域所在的省级灌溉用水定额标准为基础来进行。比如,计算某个县级行政区灌溉保证率50%年份3 000 亩井灌区低压管道灌溉的玉米灌溉用水定额,步骤如下:

(1)在该县级行政区所在的省级行政区颁布的《灌溉用水定额》中,查找该县级行政区所属的农业灌溉分区。

(2)查出该区域灌溉保证率50%年份下玉米的基本用水定额。

(3)查出该区域的水源调节系数、相应水源的灌溉规模调节系数、灌溉方式调节系数。

(4)把各系数与基本用水定额相乘即得到所要求的灌溉用水定额。如果是在生育期之外,为了作物生长必需的用水为附加用水,如冬小麦的播前水、水稻的泡田、盐碱地的压盐等,均乘以相应的调节系数即可。

1.3 定额影响因素

灌溉用水定额是衡量灌溉用水科学性、合理性、先进性,且具有可比性的准则,是农业用水管理的微观指标。灌溉用水定额的科学性表现为水的输送、分配符合渠道特征,补充土壤水分符合作物需水要求,强调灌溉用水要符合客观规律;合理性表现为技术、经济的可行性,强调灌溉用水要符合现有的技术水平、经济条件,要立足于工程现状;先进性表现为技术和管理的前瞻性,强调灌溉用水的高效利用;可比性表现为灌溉用水定额是一个具有普遍意义的客观比较标准。

灌溉用水量的影响因素很多,若不加区分,针对每一种情况确定灌溉用水定额,尽管可以做到很科学、很合理,但是不具备可比性,因而失去普遍指导意义。灌溉用水量的影响因素可以区分为可控影响因素和不可控影响因素。可控影响因素是指可以通过人为措施加以调整和控制的影响因素,是可以选择和改变的影响因素。改变可控影响因素,有的一般需要较大的投入,有的一般不需要投入或者虽然需要一定投入,但用水户能够自行解决。不可控影响因素是灌溉系统固有的影响因素,基本上没有可以选择或改变的余地。例如作物种类,在制定灌溉用水定额时不能因为灌溉用水量的差别而把作物种类由小麦改换为玉米,因此作物种类是一个不可控影响因素,应该针对每一种作物(但并不是针对每一个品种)制定灌溉用水定额。地域也是一个不可控影响因素,因为各地的降水条件不同、水资源基本条件不同,而且无法改变。另外,发展节水灌溉需要一定的物质投入,不可能一蹴而就,因此不能无视各种灌溉方式的现实存在,通过调节系数来适当考虑其影响。

1.3.1 可控因素

(1)水资源条件。水资源条件具有不可选择的特点,但水资源利用条件又具有可以改善的一面,例如通过发展节水灌溉在一定程度上提高水资源承载能力等。节水需要一定的投入,也有一定的经济效益,不同地区、不同条件下的投入和效益是具有差异性的。水资源紧缺但是经济条件较好的地区可以采用较低的灌溉用水定额,以利于现状农业水资源适当转移到用水效益较高的行业和部门;相反,水资源丰富但经济条件差的地区,可以在一定时期内采用较高的灌溉用水定额,逐步提高水资源利用效率和效益,以减轻当前发展农业的经济压力。

(2)灌溉方式。各种灌溉方式的灌溉水利用率是不同的,目前在全国范围,灌溉水利用率低的土渠输水灌溉方式仍在灌溉方式中占有相当大的比重,在近期内全部改造为管道输水灌溉或者喷灌、微灌等高效节水灌溉方式,既不可能,也不必要。但是,在水资源紧缺地区,又要因地制宜地发展节水灌溉。因此,在制定灌溉用水定额时应以现状灌溉方式作为可控影响因素来予以考虑,同时要根据需要和可能,适度超前,制定有利于引导节水灌溉事业健康发展的用水定额。

(3)灌区规模和水源类型。尽管灌区规模无法任意选择,具有一定的不可控因素的属性,但是如果合理确定灌溉用水定额的考核位置,灌区规模的影响可以得以降低和控制。井灌区、渠灌区也因为考核位置到田间距离不同,在一定程度上影响到灌溉用水量,但是区别不应太大。因此,灌区规模和水源类型的影响应该列入可控影响因素,通过采用调整系数的方法来予以适当考虑。

(4)附加用水。灌溉用水除在一定程度上满足作物需水量外,在有些情况下还应考虑附加用水需求,例如耕地存在盐碱化或有盐碱化威胁时,需要定期增加灌溉水量以淋洗盐分。因此,附加用水也作为可控影响因素来予以考虑。

(5)灌区运行管理、农艺措施、作物品种、田间水土管理、传统的灌溉习惯等也会在一定程度上影响着灌溉用水量,但是消除和控制这些影响一般不需要大的投入,同时也属于生产、管理的正常工作。因此,制定灌溉用水定额时,要把这些影响控制在统一且相对合理的范围内，不再单独考虑其影响。

1.3.2 不可控因素

（1）作物种类。农产品是农业活动的产物，为了得到某种农产品，人们进行某种特定的农业活动。农产品的这种客观地位以及不同作物有不同的作物需水量，决定了作物种类是制定灌溉用水定额的基本因素。尽管因为某种原因，可以放弃种植某种作物而改种其他种类作物，但是只要针对这种作物的需求存在，就应该为它制定灌溉用水定额。考虑到作物种类多，建议首先选择播种面积大的作物来制定灌溉用水定额，其他作物可以参照执行。

（2）地域是制定灌溉用水定额的另一个不可控影响因素，但是地域的情况较为复杂，需要综合考虑各省内部的地貌类型、气候条件，兼顾主要作物种植类型和农业种植习惯，将省级行政区域划分为不同类型的灌溉用水定额分区，再基于各个分区来制定灌溉用水定额。

定额是现代水资源计量管理的重要基础。合理编制灌溉用水定额是实施用水“总量控制、定额管理”及水资源优化配置的基础，是加强水资源科学管理的依据。通过定额管理，可以挖掘节水潜力，达到科学用水、提高节水效率、促进水资源可持续利用、保障经济社会可持续发展的目的。

总之，应立足于当地水资源、土壤、气象和社会经济等条件以及发展趋势与调整方针，统计分析灌溉用水总量现状及灌溉综合用水定额，了解各分区普遍性的用水水平，选择代表性灌区开展典型性用水定额调查，了解当地的先进用水水平。在此基础上，结合有关部门制定的近中期用水规划和用水标准，编制符合各区域实际情况的灌溉用水定额。

用水定额水平的高低，应能反映出一定时期内的现状技术、经济、自然条件，通过加强管理、改进技术、配套其他措施等可以达到先进水平。通过制定各分区可行的用水定额，促进灌区各单位采用节水灌溉技术和措施，达到节水目的。

灌溉用水定额的编制应满足用水指标审批、年度用水计划核定、考核行业节水水平、编制水供求计划等水资源管理的要求。建立与取水许可管理相适应的用水定额调整机制。通过取水许可年审环节，追踪用水组成和用水定额的变化，调整或修订现有用水定额，以适应产业结构调整或技术进步而导致的用水结构和用水水平的变化。在灌溉用水定额编制过程中，应采取先粗后精、先浅后深、逐步完善、逐步提高的方式。

第2章 灌溉用水定额汇编

农业灌溉用水定额作为农田水利工程规划、设计和灌溉用水管理的重要参数，长期以来一直受到水利科学界的重视，各级水利部门开展了大量的灌溉试验工作，取得了丰富的作物灌溉需水量成果，各省（自治区、直辖市）都在总结灌溉经验和灌溉试验的基础上提出了各自行政区域范围内的农业灌溉用水定额，本章对海河流域8个省级行政区的现行农业灌溉用水定额进行梳理并汇编。

2.1 北京市灌溉用水定额

北京市现行的灌溉用水定额为《北京市主要行业用水定额：农业用水》，于2001年11月发布。

2.1.1 北京市农业灌溉分区

北京市农业灌溉分区被划分为山区和平原区两个分区。

北京山区是由北三河山区和永定河山区构成。在行政区划上主要包括平谷区、密云区、怀柔区、昌平区、房山区、门头沟区、延庆区，总面积10 400 km^2。

北京平原区是由北四河下游平原区和大清河淀西平原区构成。在行政区划上主要包括东城区、西城区、朝阳区、丰台区、石景山区、海淀区、通州区、大兴区，总面积6 400 km^2。

2.1.2 北京市灌溉用水定额

2.1.2.1 大田作物灌溉基本用水定额

北京市大田作物灌溉基本基本用水定额见表2-2-1，表中的“经济作物”是指棉花、花生、大豆等油料作物及药材等，“其他作物”是指以春玉米为代表的除水稻、冬小麦、夏玉米外的其他粮食作物及青贮玉米等。

2.1.2.2 蔬菜灌溉基本用水定额

北京市蔬菜灌溉基本用水定额见表2-2-2，表中的“设施蔬菜”是指温室、大棚栽培的蔬菜、瓜类及药材、花卉等高附加值作物。“露地瓜类”是指以地膜为膜覆盖栽培条件为界定标准。夏播露地菜和设施蔬菜为典型茬口的年灌溉定额，即露地蔬菜为一年种三茬，早春：菠菜、水萝卜、油菜；夏播：露地春黄瓜、西红柿、茄子、甜椒、架豆、豇豆等；秋播：大白菜、萝卜、架豆、菠菜等。设施蔬菜为一年种3~4茬。

2.1.2.3 果树灌溉基本用水定额

北京市果树灌溉基本用水定额见表2-2-3。

表 2-2-1　北京市大田作物灌溉基本用水定额

（单位：m^3/亩）

分区	作物	水文年型	喷灌		滴灌（渗灌）		微喷灌（小管出流灌）		管灌		渠道衬砌		土渠灌	
			沙壤土	壤黏土	沙壤土	壤黏土	沙壤土	壤黏土	沙壤土	壤黏土	沙壤土	壤黏土	沙壤土	壤黏土
山区	水稻	50%	—	—	—	—	—	—	—	—	530	500	610	570
		75%	—	—	—	—	—	—	—	—	570	540	670	630
	冬小麦	50%	200	200	—	—	—	—	230	225	285	265	—	—
		75%	220	220	—	—	—	—	250	245	310	290	—	—
	夏玉米	50%	70	70	—	—	—	—	70	70	90	80	—	—
		75%	90	90	—	—	—	—	100	95	120	110	—	—
	经济作物	50%	130	130	—	—	—	—	140	135	170	160	—	—
		75%	170	170	—	—	—	—	170	165	210	190	—	—
	其他作物	50%	110	110	—	—	—	—	120	115	145	135	—	—
		75%	140	140	—	—	—	—	160	155	195	180	—	—
平原区	水稻	50%	—	—	—	—	—	—	—	—	530	500	610	570
		75%	—	—	—	—	—	—	—	—	550	520	640	600
	冬小麦	50%	180	180	—	—	—	—	230	225	285	265	—	—
		75%	210	210	—	—	—	—	260	250	315	290	—	—
	夏玉米	50%	35	35	—	—	—	—	40	40	50	45	—	—
		75%	70	70	—	—	—	—	80	80	100	90	—	—
	经济作物	50%	140	140	—	—	—	—	150	145	190	170	—	—
		75%	160	160	—	—	—	—	170	165	210	190	—	—
	其他作物	50%	90	90	—	—	—	—	100	95	120	110	—	—
		75%	140	140	—	—	—	—	150	145	185	170	—	—

表 2-2-2 北京市蔬菜灌溉基本用水定额

（单位：m^3/亩）

分区	作物	水文年型	喷灌		滴灌（渗灌）		微喷灌（小管出流灌）		管灌		渠道衬砌		土渠灌	
			沙壤土	壤黏土	沙壤土	壤黏土	沙壤土	壤黏土	沙壤土	壤黏土	沙壤土	壤黏土	沙壤土	壤黏土
山区	露地菜	50%	—	—	510	510	540	540	575	560	—	—	—	—
		75%	—	—	520	520	550	550	585	570	—	—	—	—
	露地瓜类	50%	—	—	160	160	170	170	180	175	—	—	—	—
		75%	—	—	190	190	200	200	210	205	—	—	—	—
	设施蔬菜	50%	—	—	520	520	550	550	585	570	—	—	—	—
		75%	—	—	520	520	550	550	585	570	—	—	—	—
平原区	露地菜	50%	—	—	490	490	520	520	550	540	—	—	—	—
		75%	—	—	520	520	550	550	585	570	—	—	—	—
	露地瓜类	50%	—	—	170	170	180	180	190	185	—	—	—	—
		75%	—	—	190	190	200	200	210	205	—	—	—	—
	设施蔬菜	50%	—	—	520	520	550	550	585	570	—	—	—	—
		75%	—	—	520	520	550	550	585	570	—	—	—	—

表 2-2-3　北京市果树灌溉基本用水定额

（单位：m^3/亩）

分区	作物名称		水文年型	喷灌		滴灌（渗灌）		微喷灌（小管出流灌）		管灌		渠道衬砌		土渠灌	
				沙壤土	壤黏土	沙壤土	壤黏土	沙壤土	壤黏土	沙壤土	壤黏土	沙壤土	壤黏土	沙壤土	壤黏土
山区	鲜果	桃	50%	—	—	220	220	240	240	250	245	310	280	—	—
			75%	—	—	70	70	280	280	300	295	370	340	—	—
		苹果、桃	50%	—	—	180	180	195	195	210	205	260	240	—	—
			75%	—	—	220	220	230	230	240	235	300	270	—	—
		其他	50%	—	—	70	70	75	75	80	75	95	90	—	—
			75%	—	—	105	105	110	110	120	115	145	140	—	—
	葡萄		50%	—	—	210	210	225	225	240	235	—	—	—	—
			75%	—	—	240	240	260	260	280	275	—	—	—	—
	干果	柿子	50%	—	—	70	70	90	90	80	75	95	90	—	—
			75%	—	—	110	110	110	110	120	115	145	140	—	—
		板栗	50%	—	—	130	130	140	140	150	145	185	170	—	—
			75%	—	—	160	160	170	170	180	175	220	210	—	—
		其他	50%	—	—	70	70	75	75	80	75	95	90	—	—
			75%	—	—	105	105	110	110	120	115	145	140	—	—

续表 2-2-3

分区	作物名称		水文年型	喷灌		滴灌（渗灌）		微喷灌（小管出流灌）		管灌		渠道衬砌		土渠灌	
				沙壤土	壤黏土	沙壤土	壤黏土	沙壤土	壤黏土	沙壤土	壤黏土	沙壤土	壤黏土	沙壤土	壤黏土
平原区	鲜果	桃	50%	—	—	220	220	240	240	250	245	310	280	—	—
			75%	—	—	270	270	280	280	300	295	370	340	—	—
		苹果、桃	50%	—	—	180	180	195	195	210	205	260	240	—	—
			75%	—	—	220	220	230	230	240	235	300	270	—	—
		其他	50%	—	—	70	70	75	75	80	75	95	90	—	—
			75%	—	—	105	105	110	110	120	115	145	140	—	—
	葡萄		50%	—	—	—	210	210	225	225	240	235	—	—	—
			75%	—	—	—	240	240	260	260	280	275	—	—	—
	干果	柿子	50%	—	—	70	70	90	90	80	75	95	90	—	—
			75%	—	—	110	110	110	110	120	115	145	140	—	—
		板栗	50%	—	—	130	130	140	140	150	145	185	170	—	—
			75%	—	—	160	160	170	170	180	175	220	210	—	—
		其他	50%	—	—	70	70	75	75	80	75	95	90	—	—
			75%	—	—	105	105	110	110	120	115	145	140	—	—

2.2 天津市灌溉用水定额

天津市现行的灌溉用水定额为《天津市农业灌溉综合取水定额》(DB12/T 698—2016),于2016年12月发布。天津市农业灌溉综合取水定额见表2-2-4。

表2-2-4 天津市农业灌溉综合取水定额 (单位:m^3/亩)

农田灌溉面积分类	取水定额
水田	570
水浇地	135
菜田	395
林果地	120
鱼塘	356

2.3 河北省灌溉用水定额

河北省现行的灌溉用水定额为《河北省用水定额:农业用水》(DB13/T 1161.1—2016),于2016年1月9日发布,2016年3月1日实施。

2.3.1 河北省农业灌溉分区

河北省农业灌溉分区共计被划分为7个分区,具体名录见表2-2-5。

表2-2-5 河北省农业灌溉分区

分区名称	分区编号	分区范围
坝上内陆河区	Ⅰ	张北县、沽源县、康保县、尚义县
冀西北山间盆地区	Ⅱ	察北区、塞北区、下花园区、宣化区、张家口桥东区、张家口桥西区、张家口高新区、崇礼区、赤城县、涿鹿县、蔚县、阳原县、怀安县、万全区、宣化区、怀来县
燕山山区	Ⅲ	双桥区、双滦区、营子区、承德县、平泉市、滦平县、隆化县、宽城县、兴隆县、围场县、丰宁县、海港区、山海关区、北戴河区、秦皇岛经济技术开发区、卢龙县、青龙县、迁西县、迁安市
太行山山区	Ⅳ	平山县、井陉县、赞皇县、行唐县、灵寿县、元氏县、鹿泉区、井陉矿区、涞源县、阜平县、涞水县、易县、满城县、顺平县、唐县、曲阳县、邢台县、临城县、内丘县、磁县、武安市、涉县、峰峰矿区

续表 2-2-5

分区名称	分区编号	分区范围
太行山山前平原区	Ⅴ	保定南市区、北市区、新市区、涿州市、徐水区、望都县、定州市、安国市、高碑店市、定兴县、容城县、清苑区、蠡县、博野县、雄县、安新县、高阳县、石家庄长安区、新华区、裕华区、桥西区、高新区、栾城区、藁城区、新乐市、正定县、无极县、晋州市、深泽县、赵县、高邑县、辛集市、邢台市高新区、大曹庄管理区、邢台桥东区、邢台桥西区、柏乡县、任县、南和县、宁晋县、隆尧县、沙河市、邯郸市、鸡泽县、邯山区、成安县、永年区、临漳县、肥乡区
燕山丘陵平原区	Ⅵ	丰润区、丰南区、曹妃甸区、开平区、古冶区、唐山路南区、唐山路北区、玉田县、滦县、遵化市、滦南县、乐亭县、昌黎县、抚宁区、三河市、大厂县、香河县
黑龙港低平原区	Ⅶ	安次区、广阳区、固安县、永清县、霸州市、文安县、大城县、衡水市、安平县、饶阳县、深州市、武强县、武邑县、阜城县、景县、故城县、冀州区、枣强县、滨湖新区、新河县、南宫市、巨鹿县、平乡县、广宗县、清河县、威县、临西县、邱县、曲周县、广平县、大名县、魏县、馆陶县、沧州市新华区、运河区、渤海新区、黄骅市、海兴县、盐山县、孟村县、沧县、青县、任丘市、河间市、肃宁县、献县、南皮县、泊头市、东光县、吴桥县

2.3.2 河北省灌溉用水调节系数

河北省农业灌溉基本用水定额的调节系数见表 2-2-6。

表 2-2-6 河北省农业灌溉基本用水定额调节系数

编号	分区	规模调节系数						工程形式调节系数						水源调节系数	
		地表水			地下水			地表水		地下水					
		>30 万亩	1 万 ~30 万亩	<1 万亩	>200 亩	100 ~ 200 亩	<100 亩	防渗	地面灌溉	小畦灌溉	管道灌溉	微灌	喷灌	地表水	地下水
Ⅰ	坝上内陆河区		1.00		1.10	1.05	1	0.95	1	0.95	0.75	0.50	0.7	1.06	1
Ⅱ	冀西北山间盆地区		1.04		1.10	1.06	1	0.91	1	0.94	0.80	0.50	0.75	1.02	1
Ⅲ	燕山山区	1.06	1.05	1	1.12	1.06	1	0.98	1	0.93	0.90	0.50	0.84	1.12	1
Ⅳ	太行山山区	1.12	1.05	1	1.12	1.05	1	0.95	1	0.94	0.92	0.50	0.85	1.06	1
Ⅴ	太行山山前平原区	1.12	1.05	1	1.09	1.04	1	0.95	1	0.91	0.92	0.50	0.85	1.06	1
Ⅵ	燕山丘陵平原区	1.11	1.10	1	1.10	1.06	1	0.95	1	0.91	0.92	0.50	0.85	1.06	1
Ⅶ	黑龙港低平原区	1.12	1.05	1	1.15	1.07	1	0.92	1	0.95	0.88	0.50	0.83	1.05	1

2.3.3 河北省灌溉用水定额

2.3.3.1 大田作物灌溉基本用水定额

河北省大田作物灌溉基本用水定额见表 2-2-7。

表 2-2-7 河北省大田作物基本用水定额

作物名称	水文年型（%）	土壤质地	灌溉分区	基本用水定额（m^3/亩）
冬小麦	50	沙土	Ⅲ	190
			Ⅳ	170
			Ⅴ	150
			Ⅵ	170
			Ⅶ	170
		壤土	Ⅲ	180
			Ⅳ	160
			Ⅴ	140
			Ⅵ	160
			Ⅶ	165
		黏土	Ⅲ	160
			Ⅳ	150
			Ⅴ	130
			Ⅵ	150
			Ⅶ	140
	75	沙土	Ⅲ	235
			Ⅳ	220
			Ⅴ	210
			Ⅵ	235
			Ⅶ	210
		壤土	Ⅲ	220
			Ⅳ	210
			Ⅴ	200
			Ⅵ	220
			Ⅶ	200
		黏土	Ⅲ	200
			Ⅳ	200
			Ⅴ	180
			Ⅵ	200
			Ⅶ	180

续表 2-2-7

作物名称		水文年型(%)	土壤质地	灌溉分区	基本用水定额(m^3/亩)
水稻	寒冷区水稻	50	沼泽土	Ⅲ	350
	地膜稻				315
	一季稻			Ⅵ	450
	寒冷区水稻	75		Ⅲ	400
	地膜稻				350
	一季稻			Ⅵ	500
春玉米		50	沙土	Ⅰ	100
				Ⅱ	100
				Ⅲ	100
				Ⅵ	100
			壤土	Ⅰ	90
				Ⅱ	90
				Ⅲ	90
				Ⅵ	100
		75	沙土	Ⅰ	120
				Ⅱ	140
				Ⅲ	150
				Ⅵ	160
			壤土	Ⅰ	112
				Ⅱ	135
				Ⅲ	140
				Ⅵ	150
夏玉米		50	沙土	Ⅳ	50
				Ⅴ	50
				Ⅵ	50
				Ⅶ	55
			壤土	Ⅳ	50
				Ⅴ	45
				Ⅵ	45
				Ⅶ	50
		75	沙土	Ⅳ	110
				Ⅴ	110
				Ⅵ	100
				Ⅶ	110
			壤土	Ⅳ	100
				Ⅴ	100
				Ⅵ	90
				Ⅶ	100

续表 2-2-7

作物名称	水文年型(%)	土壤质地	灌溉分区	基本用水定额(m^3/亩)
谷子	50	壤土	Ⅰ、Ⅱ、Ⅲ、Ⅳ、Ⅴ、Ⅵ、Ⅶ	40
	75			60
地膜春花生	50	沙土	Ⅲ	65
			Ⅵ	65
		壤土	Ⅲ	60
			Ⅵ	60
	75	沙土	Ⅲ	145
			Ⅵ	145
		壤土	Ⅲ	135
			Ⅵ	135
大豆	50	壤土	Ⅰ、Ⅱ、Ⅲ、Ⅳ、Ⅴ、Ⅵ、Ⅶ	40
	75			60
马铃薯	50	沙土	Ⅰ	110
		壤土		100
		黏土		90
	75	沙土		160
		壤土		140
		黏土		120
春播棉	50	沙土	Ⅶ	110
		壤土	Ⅶ	100
	75	沙土	Ⅶ	150
		壤土	Ⅶ	140

2.3.3.2 蔬菜灌溉基本用水定额

河北省蔬菜灌溉基本用水定额见表 2-2-8。

表 2-2-8 河北省蔬菜灌溉基本用水定额 (单位:m^3/亩)

作物名称	种植类型	基本用水定额	说明
瓜类(以黄瓜为代表)	露地	400	表内定额值是沟灌和畦灌的平均值,采用滴灌的在此基础上乘以0.8的系数
	棚室	250	
茄科类(以番茄为代表)	露地	360	
	棚室	200	
豆类(以豆角为代表)	露地	250	
	棚室	150	
叶类(以白菜为代表)	露地	300	
	棚室	200	
根类(以白萝卜为代表)	露地	250	
	棚室	150	

2.3.3.3 果树灌溉基本用水定额

河北省果树灌溉基本用水定额见表2-2-9。

表2-2-9 河北省果树灌溉基本用水定额

作物名称	水文年型(%)	灌溉方式	基本用水定额(m^3/亩)
苹果树	50	地面微灌	80
		地面沟灌	120
	75	地面微灌	120
		地面沟灌	150
梨树	50	地面微灌	100
		地面沟灌	150
	75	地面微灌	150
		地面沟灌	210
葡萄	50	地面微灌	70
		地面沟灌	100
	75	地面微灌	100
		地面沟灌	150
桃	50	地面微灌	80
		地面沟灌	120
	75	地面微灌	100
		地面沟灌	140
核桃	50	地面微灌	60
		地面沟灌	100
	75	地面微灌	80
		地面沟灌	140
大枣	50	地面微灌	80
		地面沟灌	120
	75	地面微灌	100
		地面沟灌	140

2.3.3.4 不同灌溉方式下大田作物灌溉基本用水定额

河北省农业灌溉用水定额中所划分的灌溉方式包括采用地表水源的防渗灌溉和土渠灌溉以及采用地下水源的小畦灌溉、管灌、微灌、喷灌。不同灌溉方式下大田作物灌溉基本用水定额见表2-2-10。

表 2-2-10　河北省不同灌溉方式下大田作物灌溉基本用水定额

作物名称	水文年型（%）	土壤质地	灌溉分区	不同灌溉方式下定额值（m³/亩）					
				防渗渠道	土渠	小畦灌溉	管灌	微灌	喷灌
冬小麦	50	沙土	Ⅲ	186	190	177	171	95	160
			Ⅳ	162	170	160	156	85	145
			Ⅴ	143	150	137	138	75	128
			Ⅵ	162	170	155	156	85	145
			Ⅶ	156	170	162	150	85	141
		壤土	Ⅲ	176	180	167	162	90	151
			Ⅳ	152	160	150	147	80	136
			Ⅴ	133	140	127	129	70	119
			Ⅵ	152	160	146	147	80	136
			Ⅶ	152	165	157	145	83	137
		黏土	Ⅲ	157	160	149	144	80	134
			Ⅳ	143	150	141	138	75	128
			Ⅴ	124	130	118	120	65	111
			Ⅵ	143	150	137	138	75	128
			Ⅶ	129	140	133	123	70	116
	75	沙土	Ⅲ	230	235	219	212	118	197
			Ⅳ	209	220	207	202	110	187
			Ⅴ	200	210	191	193	105	179
			Ⅵ	223	235	214	216	118	200
			Ⅶ	193	210	200	185	105	174
		壤土	Ⅲ	216	220	205	198	110	185
			Ⅳ	200	210	197	193	105	179
			Ⅴ	190	200	182	184	100	170
			Ⅵ	209	220	200	202	110	187
			Ⅶ	184	200	190	176	100	166
		黏土	Ⅲ	196	200	186	180	100	168
			Ⅳ	190	200	188	184	100	170
			Ⅴ	171	180	164	166	90	153
			Ⅵ	190	200	182	184	100	170
			Ⅶ	166	180	171	158	90	149

续表 2-2-10

作物名称		水文年型（%）	土壤质地	灌溉分区	不同灌溉方式下定额值（m^3/亩）					
					防渗渠道	土渠	小畦灌溉	管灌	微灌	喷灌
水稻	寒冷区水稻	50	沼泽土	Ⅲ	343	350	325.5	315	175	294
	地膜稻				309	315	293	284	158	265
	一季稻			Ⅵ	428	450	410	414	225	383
	寒冷区水稻	75		Ⅲ	392	400	372	360	200	336
	地膜稻				343	350	326	315	175	294
	一季稻			Ⅵ	475	500	455	460	250	425
春玉米		50	沙土	Ⅰ	95	100	95	75	50	70
				Ⅱ	91	100	94	80	50	75
				Ⅲ	98	100	93	90	50	84
				Ⅵ	95	100	91	92	50	85
			壤土	Ⅰ	86	90	86	68	45	63
				Ⅱ	82	90	85	72	45	68
				Ⅲ	88	90	84	81	45	76
				Ⅵ	95	100	91	92	50	85
		75	沙土	Ⅰ	114	120	114	90	60	84
				Ⅱ	127	140	132	112	70	105
				Ⅲ	147	150	140	135	75	126
				Ⅵ	152	160	146	147	80	136
			壤土	Ⅰ	106	112	106	84	56	78
				Ⅱ	123	135	127	108	68	101
				Ⅲ	137	140	130	126	70	118
				Ⅵ	143	150	137	138	75	128
夏玉米		50	沙土	Ⅳ	48	50	47	46	25	43
				Ⅴ	48	50	46	46	25	43
				Ⅵ	48	50	46	46	25	43
				Ⅶ	51	55	52	48	28	46
			壤土	Ⅳ	48	50	47	46	25	43
				Ⅴ	43	45	41	41	23	38
				Ⅵ	43	45	41	41	23	38
				Ⅶ	46	50	48	44	25	42
		75	沙土	Ⅳ	105	110	103	101	55	94
				Ⅴ	105	110	100	101	55	94
				Ⅵ	95	100	91	92	50	85
				Ⅶ	101	110	105	97	55	91
			壤土	Ⅳ	95	100	94	92	50	85
				Ⅴ	95	100	91	92	50	85
				Ⅵ	86	90	82	83	45	77
				Ⅶ	92	100	95	88	50	83

续表 2-2-10

作物名称	水文年型(%)	土壤质地	灌溉分区	不同灌溉方式下定额值(m^3/亩)					
				防渗渠道	土渠	小畦灌溉	管灌	微灌	喷灌
谷子	50	壤土	Ⅰ	38	40	38	30	20	28
			Ⅱ	36	40	38	32	20	30
			Ⅲ	39	40	37	36	20	34
			Ⅳ	38	40	38	37	20	34
			Ⅴ	38	40	36	37	20	34
			Ⅵ	38	40	36	37	20	34
			Ⅶ	37	40	38	35	20	33
	75		Ⅰ	57	60	57	45	30	42
			Ⅱ	55	60	56	48	30	45
			Ⅲ	59	60	56	54	30	50
			Ⅳ	57	60	56	55	30	51
			Ⅴ	57	60	55	55	30	51
			Ⅵ	57	60	55	55	30	51
			Ⅶ	55	60	57	53	30	50
地膜春花生	50	沙土	Ⅲ	64	65	60	59	33	55
			Ⅵ	62	65	59	60	33	55
		壤土	Ⅲ	59	60	56	54	30	50
			Ⅵ	57	60	55	55	30	51
	75	沙土	Ⅲ	142	145	135	131	73	122
			Ⅵ	138	145	132	133	73	123
		壤土	Ⅲ	132	135	126	122	68	113
			Ⅵ	128	135	123	124	68	115
大豆	50	壤土	Ⅰ	38	40	38	30	20	28
			Ⅱ	36	40	38	32	20	30
			Ⅲ	39	40	37	36	20	34
			Ⅳ	38	40	38	37	20	34
			Ⅴ	38	40	36	37	20	34
			Ⅵ	38	40	36	37	20	34
			Ⅶ	37	40	38	35	20	33
	75		Ⅰ	57	60	57	45	30	42
			Ⅱ	55	60	56	48	30	45
			Ⅲ	59	60	56	54	30	50
			Ⅳ	57	60	56	55	30	51
			Ⅴ	57	60	55	55	30	51
			Ⅵ	57	60	55	55	30	51
			Ⅶ	55	60	57	53	30	50

续表 2-2-10

作物名称	水文年型(%)	土壤质地	灌溉分区	不同灌溉方式下定额值(m^3/亩)					
				防渗渠道	土渠	小畦灌溉	管灌	微灌	喷灌
马铃薯	50	沙土	Ⅰ	105	110	105	83	55	77
		壤土		95	100	95	75	50	70
		黏土		86	90	86	68	45	63
	75	沙土		152	160	152	120	80	112
		壤土		133	140	133	105	70	98
		黏土		114	120	114	90	60	84
春播棉	50	沙土	Ⅶ	101	110	105	97	55	91
		壤土		92	100	95	88	50	83
	75	沙土		138	150	143	132	75	125
		壤土		129	140	133	123	70	116

2.4 河南省灌溉用水定额

河南省现行的灌溉用水定额为《河南省农业用水定额》(DB41/T 958—2014),于2014年9月发布,2014年12月实施。

2.4.1 河南省农业灌溉分区

河南省农业灌溉分区共计划分为5个分区,具体名录见表2-2-11。

表 2-2-11 河南省农业灌溉分区

一级区	二级区	行政区	所包含的县(市、区)
Ⅰ豫北平原区		安阳	安阳市区、内黄、汤阴、滑县
		濮阳	濮阳市区、清丰、南乐、范县、台前、濮阳
		新乡	新乡市区、新乡县、获嘉、长垣、延津、封丘、原阳
		焦作	武陟、温县、孟州
		鹤壁	浚县
Ⅱ豫中、豫东平原	豫东平原区	开封	开封市区、杞县、通许、尉氏、开封县、兰考
		商丘	商丘市区、虞城、柘城、民权、宁陵、睢县、夏邑、永城
		周口	周口市区、扶沟、西华、商水、太康、鹿邑、郸城、淮阳、沈丘、项城
	淮北平原区	驻马店	驻马店市区、确山、泌阳、遂平、西平、上蔡、汝南、平舆、新蔡、正阳
	山前平原区	郑州	郑州市区、新郑、中牟
		平顶山	平顶山市区、叶县、舞钢
		漯河	漯河市区、舞阳、临颍
		许昌	许昌市区、建安区、鄢陵、襄城、禹州、长葛

续表 2-2-11

一级区	二级区	行政区	所包含的县(市、区)
Ⅲ豫北山丘区		安阳	林州、安阳县
		新乡	辉县、卫辉
		焦作	焦作市区、修武、博爱、沁阳
		鹤壁	鹤壁市区、淇县
		济源	济源
Ⅳ豫西山丘区		洛阳	洛阳市区、孟津、新安、栾川、嵩县、汝阳、宜阳、洛宁、伊川、偃师
		三门峡	三门峡市区、渑池、陕县、卢氏、义马、灵宝
		郑州	巩义、荥阳、登封、新密、上街
		平顶山	鲁山、郏县、汝州、宝丰
Ⅴ江淮区	Ⅴ1 南阳盆地区	南阳	南阳市区、南召、方城、西峡、镇平、内乡、淅川、社旗、唐河、新野、桐柏、邓州
	Ⅴ2 淮南区	信阳	信阳市区、息县、淮滨、潢川、光山、固始、商城、罗山、新县

2.4.2 河南省灌溉用水调节系数

河南省农业灌溉基本用水定额的调节系数见表 2-2-12。

表 2-2-12 河南省农业灌溉基本用水定额调节系数

分区	工程类型					取水方式			灌区规模		
	渠道防渗	管道输水	喷灌	微灌	土渠输水	机井提水	机井提水和自流引水	自流引水	大型	中型	小型
Ⅰ	0.88	0.85	0.63	0.50	1.00	0.85	0.87	1.00	1.06	1.03	1.00
Ⅱ1	0.87	0.84	0.62	0.50	1.00	0.84	0.86	1.00	1.07	1.03	1.00
Ⅱ2	0.87	0.83	0.62	0.54	1.00	0.83	0.85	1.00	1.08	1.03	1.00
Ⅱ3	0.85	0.82	0.59	0.50	1.00	0.83	0.85	1.00	1.05	1.02	1.00
Ⅲ	0.87	0.84	0.61	0.51	1.00	0.83	0.85	1.00	1.07	1.03	1.00
Ⅳ	0.85	0.82	0.58	0.52	1.00	0.83	0.85	1.00	1.04	1.02	1.00
Ⅴ1	0.92	0.85	0.65	0.53	1.00	0.87	0.90	1.00	1.04	1.02	1.00
Ⅴ2	0.89	0.84	0.62	0.51	1.00	0.84	0.86	1.00	1.05	1.03	1.00
全省	0.88	0.84	0.62	0.51	1.00	0.84	0.86	1.00	1.06	1.03	1.00

2.4.3 河南省灌溉用水定额

2.4.3.1 大田作物灌溉基本用水定额

河南省大田作物灌溉基本用水定额见表 2-2-13。

表 2-2-13 河南省大田作物灌溉基本用水定额

作物名称	灌溉分区	基本用水定额（m^3/亩）	保证率(%)	说明
小麦	Ⅰ	160	75	冬灌、孕穗、抽穗
	Ⅱ1	170		冬灌、孕穗、抽穗
	Ⅱ2	130		冬灌、孕穗、抽穗
	Ⅱ3	135		冬灌、孕穗、抽穗
	Ⅲ	180		冬灌、孕穗、抽穗
	Ⅳ	190		冬灌、孕穗、抽穗、灌浆
	Ⅴ1	140		冬灌、孕穗、抽穗
	Ⅴ2	0		
玉米	Ⅰ	90		拔节、抽雄
	Ⅱ1	95		拔节、抽雄
	Ⅱ2	90		拔节、抽雄
	Ⅱ3	95		拔节、抽雄
	Ⅲ	115		拔节、抽雄
	Ⅳ	135		拔节、抽雄、灌浆
	Ⅴ1	80		拔节、抽雄
	Ⅴ2	0		
水稻	Ⅰ	640		含泡田水 120 m^3/亩
	Ⅱ1	640		含泡田水 120 m^3/亩
	Ⅱ2	520		含泡田水 120 m^3/亩
	Ⅱ3	600		含泡田水 120 m^3/亩
	Ⅴ1	625		含泡田水 100 m^3/亩
	Ⅴ2	460		含泡田水 100 m^3/亩

续表 2-2-13

作物名称	灌溉分区	基本用水定额（m^3/亩）	保证率（%）	说明
小麦	Ⅰ	120	50	孕穗、抽穗
	Ⅱ1	140		冬灌、孕穗、抽穗
	Ⅱ2	140		冬灌、孕穗、抽穗
	Ⅱ3	140		冬灌、孕穗、抽穗
	Ⅲ	125		冬灌、孕穗、抽穗
	Ⅳ	150		冬灌、孕穗、抽穗、灌浆
	Ⅴ1	135		冬灌、孕穗、抽穗
	Ⅴ2	0		
玉米	Ⅰ	45		拔节
	Ⅱ1	85		拔节、抽雄
	Ⅱ2	45		拔节
	Ⅱ3	85		拔节、抽雄
	Ⅲ	100		拔节、抽雄、灌浆
	Ⅳ	115		拔节、抽雄、灌浆
	Ⅴ1	40		拔节
	Ⅴ2	0		
水稻	Ⅰ	490		含泡田水 120 m^3/亩
	Ⅱ1	490		含泡田水 120 m^3/亩
	Ⅱ2	395		含泡田水 120 m^3/亩
	Ⅱ3	460		含泡田水 120 m^3/亩
	Ⅴ1	480		含泡田水 100 m^3/亩
	Ⅴ2	350		含泡田水 100 m^3/亩
花生	Ⅰ	110	75	
	Ⅱ1	120		
	Ⅱ2	120		
	Ⅱ3	85		
	Ⅴ1	100		
大豆	Ⅰ	120		
	Ⅱ1	125		

续表 2-2-13

作物名称	灌溉分区	基本用水定额（m^3/亩）	保证率(%)	说明
花生	Ⅰ	70	50	
	Ⅱ1	80		
	Ⅱ2	80		
	Ⅱ3	45		
	Ⅴ1	60		
大豆	Ⅰ	80		
	Ⅱ1	85		
棉花	Ⅰ	105	75	
	Ⅱ1	110		
	Ⅱ3	100		
	Ⅴ1	150		
烟叶	Ⅱ3	90		
	Ⅳ	110		
	Ⅴ1	60		
棉花	Ⅰ	55	50	
	Ⅱ1	60		
	Ⅱ3	50		
	Ⅴ1	100		
烟叶	Ⅱ3	40		
	Ⅳ	60		
	Ⅴ1	0		

2.4.3.2 蔬菜灌溉基本用水定额

河南省蔬菜灌溉基本用水定额见表 2-2-14。

表 2-2-14 河南省蔬菜灌溉基本用水定额

作物名称	灌溉分区	不同灌溉方式下定额值(m^3/亩)		保证率（%）	说明
		地面灌溉	微喷灌		
大棚蔬菜	全省综合	480	240	—	—
温室	全省综合	600	300	—	—
黄瓜	全省综合	200	130	75	露地
芹菜	全省综合	230	140	75	露地

续表 2-2-14

作物名称	灌溉分区	不同灌溉方式下定额值(m³/亩)		保证率(%)	说明
		地面灌溉	微喷灌		
油菜	全省综合	100	60	75	露地
西红柿	全省综合	200	120	75	露地
茄子	全省综合	200	140	75	露地
青椒	全省综合	230	100	75	露地
白菜	全省综合	160	100	75	露地
萝卜	全省综合	100	60	75	露地
大葱	全省综合	200	120	75	露地
菠菜	全省综合	200	120	75	露地
大蒜	全省综合	200	120	75	露地
冬瓜	全省综合	120	70	75	露地

2.4.3.3 果树灌溉基本用水定额

河南省果树灌溉基本用水定额见表 2-2-15。

表 2-2-15 河南省果树灌溉基本用水定额

作物名称	灌溉分区	基本用水定额(m³/亩)	保证率(%)
苹果	Ⅳ	140	75
		110	50
油桃	Ⅱ3	160	75
		100	50
猕猴桃	Ⅱ3	250	75
		170	50
桃	Ⅱ3	180	75
		120	50
西瓜	Ⅱ3	95	75
		68	50

2.4.3.4 不同灌溉方式下大田作物灌溉基本用水定额

河南省农业灌溉用水定额中所划分的灌溉方式包括渠道防渗、土渠、管灌、微灌、喷灌。不同灌溉方式下大田作物灌溉基本用水定额见表 2-2-16。

表 2-2-16　河南省不同灌溉方式下大田作物灌溉基本用水定额

作物名称	灌溉分区	保证率（%）	不同灌溉方式下定额值（m^3/亩）				
			渠道防渗	土渠	管灌	微灌	喷灌
小麦	Ⅰ	75	141	160	136	80	101
	Ⅱ1		148	170	143	85	105
	Ⅱ2		113	130	108	70	81
	Ⅱ3		115	135	111	68	80
	Ⅲ		157	180	151	92	110
	Ⅳ		162	190	156	99	110
	Ⅴ1		129	140	119	74	91
	Ⅴ2		0	0	0	0	0
玉米	Ⅰ		79	90	77	45	57
	Ⅱ1		83	95	80	48	59
	Ⅱ2		78	90	75	49	56
	Ⅱ3		81	95	78	48	56
	Ⅲ		100	115	97	59	70
	Ⅳ		115	135	111	70	78
	Ⅴ1		74	80	68	42	52
	Ⅴ2		0	0	0	0	0
水稻	Ⅰ		563	640	544	320	403
	Ⅱ1		557	640	538	320	397
	Ⅱ2		452	520	432	281	322
	Ⅱ3		510	600	492	300	354
	Ⅴ1		575	625	531	331	406
	Ⅴ2		409	460	386	235	285
小麦	Ⅰ	50	106	120	102	60	76
	Ⅱ1		122	140	118	70	87
	Ⅱ2		122	140	116	76	87
	Ⅱ3		119	140	115	70	83
	Ⅲ		109	125	105	64	76
	Ⅳ		128	150	123	78	87
	Ⅴ1		124	135	115	72	88
	Ⅴ2		0	0	0	0	0
玉米	Ⅰ		40	45	38	23	28
	Ⅱ1		74	85	71	43	53
	Ⅱ2		39	45	37	24	28
	Ⅱ3		72	85	70	43	50
	Ⅲ		87	100	84	51	61
	Ⅳ		98	115	94	60	67
	Ⅴ1		37	40	34	21	26
	Ⅴ2		0	0	0	0	0

续表 2-2-16

作物名称	灌溉分区	保证率(%)	不同灌溉方式下定额值(m^3/亩)				
			渠道防渗	土渠	管灌	微灌	喷灌
水稻	Ⅰ	50	431	490	417	245	309
	Ⅱ1		426	490	412	245	304
	Ⅱ2		344	395	328	213	245
	Ⅱ3		391	460	377	230	271
	Ⅴ1		442	480	408	254	312
	Ⅴ2		312	350	294	179	217
花生	Ⅰ	75	97	110	94	55	69
	Ⅱ1		104	120	101	60	74
	Ⅱ2		104	120	100	65	74
	Ⅱ3		72	85	70	43	50
	Ⅴ1		92	100	85	53	65
大豆	Ⅰ		106	120	102	60	76
	Ⅱ1		109	125	105	63	78
花生	Ⅰ	50	62	70	60	35	44
	Ⅱ1		70	80	67	40	50
	Ⅱ2		70	80	66	43	50
	Ⅱ3		38	45	37	23	27
	Ⅴ1		55	60	51	32	39
大豆	Ⅰ		70	80	68	40	50
	Ⅱ1		74	85	71	43	53
棉花	Ⅰ	75	92	105	89	53	66
	Ⅱ1		96	110	92	55	68
	Ⅱ3		85	100	82	50	59
	Ⅴ1		138	150	128	80	98
烟叶	Ⅱ3		77	90	74	45	53
	Ⅳ		94	110	90	57	64
	Ⅴ1		55	60	51	32	39
棉花	Ⅰ	50	48	55	47	28	35
	Ⅱ1		52	60	50	30	37
	Ⅱ3		43	50	41	25	30
	Ⅴ1		92	100	85	53	65
烟叶	Ⅱ3		34	40	33	20	24
	Ⅳ		51	60	49	31	35
	Ⅴ1		0	0	0	0	0

2.5 山西省灌溉用水定额

山西省现行的灌溉用水定额为《山西省用水定额:农业用水定额》(DB41/T 1049.1—2015),于2015年6月发布,2015年7月实施。

2.5.1 山西省农业灌溉分区

山西省农业灌溉分区共计划分为4个分区,具体名录见表2-2-17。

表2-2-17 山西省农业灌溉分区

项目	分区			
	Ⅰ	Ⅱ	Ⅲ	Ⅳ
	晋北区	晋中区	晋东南区	晋南区
县(市、区)名称	朔城区、山阴县、应县、平鲁区、右玉县、怀仁县、忻府区、代县、静乐县、五台县、神池县、岢岚县、河曲县、原平市、繁峙县、定襄县、宁武县、五寨县、偏关县、保德县、大同县、大同城区、南郊区、左云县、广灵县、天镇县、灵丘县、大同矿区、新荣区、浑源县、阳高县	小店区、杏花岭区、万柏林区、阳曲县、娄烦县、迎泽区、尖草坪区、晋源区、古交区、清徐县、阳泉城区、阳泉郊区、平定县、阳泉矿区、盂县、榆次区、祁县、灵石县、介休市、和顺县、寿阳县、太谷县、平遥县、榆社县、左权县、昔阳县、交城县、汾阳市、交口县、离石区、临县、中阳县、兴县、文水县、孝义市、石楼县、方山县、柳林县、岚县	长治县、长治城区、襄垣县、沁县、长子县、平顺县、黎城县、长治郊区、屯留县、武乡县、沁源县、壶关县、潞城市、高平市、晋城城区、沁水县、泽州县、阳城县、陵川县	霍州市、洪洞县、蒲县、永和县、乡宁县、大宁县、安泽县、侯马市、翼城县、汾西县、尧都区、隰县、襄汾县、吉县、古县、浮山县、曲沃县、新绛县、河津市、垣曲县、盐湖区、万荣县、夏县、芮城县、稷山县、绛县、闻喜县、临猗县、平陆县、永济市

2.5.2 山西省灌溉用水调节系数

山西省农业灌溉基本用水定额的调节系数见表2-2-18。

表 2-2-18　山西省农业灌溉基本用水定额调节系数

类别	灌溉工程形式					水源类型		农业灌溉分区			
	渠道防渗	管道输水灌溉	喷灌	微灌	地面灌溉	地下水	地表水	Ⅰ	Ⅱ	Ⅲ	Ⅳ
调整系数	0.96	0.86	0.61	0.54	1.00	0.93	1.00	0.85 ~ 1.10	0.90 ~ 1.10	0.90 ~ 1.05	0.95 ~ 1.20

2.5.3　山西省灌溉用水定额

2.5.3.1　大田作物灌溉基本用水定额

山西省大田作物灌溉基本用水定额见表 2-2-19。

表 2-2-19　山西省大田作物灌溉基本用水定额

作物名称	水文年(%)	定额值(m³/亩)				说明
		Ⅰ	Ⅱ	Ⅲ	Ⅳ	
小麦	50	110	165	145	160	Ⅰ区为春小麦，其余区为冬小麦
	75	135	190	170	180	
玉米	50	100	110	60	* 80	* 表示复播作物
	75	130	150	120	* 120	
谷子	50	90	105	55		
	75	120	140	95		
高粱	50	90	80			
	75	125	115			
豆类	50	60	70	* 40		* 表示复播作物
	75	90	95	* 80		
薯类	50	95	90	60		
	75	120	110	100		
棉花	50		120		115	
	75		170		170	
甜菜	50	120				
	75	140				

2.5.3.2　蔬菜灌溉基本用水定额

山西省蔬菜灌溉基本用水定额见表 2-2-20。

表 2-2-20　山西省蔬菜灌溉基本用水定额

作物名称	水文年(%)	定额值(m³/亩)				说明
		Ⅰ	Ⅱ	Ⅲ	Ⅳ	
#茄果类蔬菜	50	135	150	120	155	#表示微灌
茄果类蔬菜		220	235	190	245	包括西红柿、茄子、西葫芦等
豆类蔬菜		120	125	105	130	包括豆角、扁豆等
叶菜类蔬菜		140	150	115	145	包括茴子白、大白菜等
根茎类蔬菜		110	130	90	135	包括白萝卜、红萝卜、大头菜、莴笋等
#茄果类蔬菜	75	175	185	155	190	#表示微灌
茄果类蔬菜		255	260	220	270	包括西红柿、茄子、西葫芦等
豆类蔬菜		160	165	135	170	包括豆角、扁豆等
叶菜类蔬菜		170	175	145	180	包括茴子白、大白菜等
根茎类蔬菜		150	155	125	160	包括白萝卜、红萝卜、大头菜、莴笋等

2.5.3.3　果树灌溉基本用水定额

山西省果树灌溉基本用水定额见表 2-2-21。

表 2-2-21　山西省果树、牧草灌溉基本用水定额

作物名称	水文年(%)	定额值(m³/亩)				说明
		Ⅰ	Ⅱ	Ⅲ	Ⅳ	
牧草	50	60	60	45		指人工灌溉饲料草场
	75	100	90	75		
果树	50	60	155	75	175	
	75	95	190	120	210	

2.5.3.4　不同灌溉方式下大田作物灌溉基本用水定额

山西省农业灌溉用水定额中所划分的灌溉方式包括渠道防渗、土渠、管灌、微灌、喷灌。不同灌溉方式下大田作物灌溉基本用水定额见表 2-2-22。

表 2-2-22　山西省不同灌溉方式下大田作物灌溉基本用水定额

作物名称	水文年（%）	分区	不同灌溉方式下额定值（m³/亩）				
			渠道防渗	土渠	管灌	微灌	喷灌
小麦	50	Ⅰ	106	110	95	59	67
		Ⅱ	158	165	142	89	101
		Ⅲ	139	145	125	78	88
		Ⅳ	154	160	138	86	98
	75	Ⅰ	130	135	116	73	82
		Ⅱ	182	190	163	103	116
		Ⅲ	163	170	146	92	104
		Ⅳ	173	180	155	97	110
玉米	50	Ⅰ	96	100	86	54	61
		Ⅱ	106	110	95	59	67
		Ⅲ	58	60	52	32	37
		Ⅳ	77	80	69	43	49
	75	Ⅰ	125	130	112	70	79
		Ⅱ	144	150	129	81	92
		Ⅲ	115	120	103	65	73
		Ⅳ	115	120	103	65	73
谷子	50	Ⅰ	86	90	77	49	55
		Ⅱ	101	105	90	57	64
		Ⅲ	53	55	47	30	34
	75	Ⅰ	115	120	103	65	73
		Ⅱ	134	140	120	76	85
		Ⅲ	91	95	82	51	58
高粱	50	Ⅰ	86	90	77	49	55
		Ⅱ	77	80	69	43	49
	75	Ⅰ	120	125	108	68	76
		Ⅱ	110	115	99	62	70

续表 2-2-22

作物名称	水文年(%)	分区	不同灌溉方式下额定值(m^3/亩)				
			渠道防渗	土渠	管灌	微灌	喷灌
豆类	50	Ⅰ	58	60	52	32	37
		Ⅱ	67	70	60	38	43
		Ⅲ	38	40	34	22	24
	75	Ⅰ	86	90	77	49	55
		Ⅱ	91	95	82	51	58
		Ⅲ	77	80	69	43	49
薯类	50	Ⅰ	91	95	82	51	58
		Ⅱ	86	90	77	49	55
		Ⅲ	58	60	52	32	37
	75	Ⅰ	115	120	103	65	73
		Ⅱ	106	110	95	59	67
		Ⅲ	96	100	86	54	61
棉花	50	Ⅱ	115	120	103	65	73
		Ⅳ	110	115	99	62	70
	75	Ⅱ	163	170	146	92	104
		Ⅳ	163	170	146	92	104
甜菜	50	Ⅰ	115	120	103	65	73
	75	Ⅰ	134	140	120	76	85

2.6 山东省灌溉用水定额

山东省现行的灌溉用水定额为《山东省主要农作物灌溉定额》(DB37/T 1640.1—2015),于2015年12月发布,2016年2月实施。

2.6.1 山东省农业灌溉分区

山东省农业灌溉分区共计划分为5个分区,具体名录见表2-2-23。

表 2-2-23　山东省农业灌溉分区

编号	分区	涉及城市	城市所辖县(区)
Ⅰ区	鲁西南	菏泽	牡丹区、开发区、高新区、郓城县、鄄城县、曹县、定陶区、成武县、单县、巨野县、东明县
		济宁	任城区、微山县、鱼台县、嘉祥县、梁山县、金乡县
Ⅱ区	鲁北	德州	德城区、陵城区、乐陵市、禹城市、齐河县、平原县、夏津县、武城县、临邑县、宁津县、庆云县
		聊城	东昌府区、临清市、阳谷县、莘县、茌平县、东阿县、冠县、高唐县、经济技术开发区
		滨州	滨城区、沾化区、无棣县、阳信县、惠民县、博兴县、开发区、北海新区、高新区
		东营	东营区、河口区、广饶县、利津县、垦利区
		济南	济阳县、商河县
		淄博	高青县
Ⅲ区	鲁中	济南	市中区、历下区、天桥区、槐荫区、历城区、长清区、章丘区、平阴县
		济宁	汶上县、泗水县、曲阜市、兖州区、邹城市
		滨州	邹平县
		泰安	泰山区、岱岳区、新泰市、肥城市、宁阳县、东平县
		莱芜	莱城区、钢城区
		淄博	张店区、淄川区、博山区、周村区、临淄区、桓台县、沂源县
		潍坊	奎文区、潍城区、寒亭区、坊子区、临朐县、昌乐县、青州市、寿光市、安丘市、高密市、昌邑市
Ⅳ区	鲁南	临沂	兰山区、罗庄区、河东区、郯城县、兰陵县、莒南县、沂水县、蒙阴县、平邑县、费县、沂南县、临沭县、临沂高新技术产业开发区、临沂经济开发区、临沂市临港产业区
		潍坊	诸城市
		枣庄	市中区、峄城区、薛城区、台儿庄区、山亭区、滕州市、高新区
		日照	东港区、莒县、五莲县、岚山区、经济技术开发区、山海天旅游度假区
		青岛	胶州市
Ⅴ区	胶东	烟台	芝罘区、福山区、牟平区、莱山区、长岛县、龙口市、莱阳市、莱州市、蓬莱市、招远市、栖霞市、海阳市、高新区、开发区、保税港区
		青岛	市南区、市北区、李沧区、黄岛区、崂山区、城阳区、即墨区、平度市、莱西市
		威海	环翠区、文登区、经济技术开发区、火炬高技术产业开发区、临港经济技术开发区、南海新区、荣成市、乳山市

2.6.2 山东省灌溉用水定额

2.6.2.1 大田作物灌溉基本用水定额

山东省大田作物灌溉基本用水定额见表2-2-24。

表2-2-24　山东省大田作物灌溉基本用水定额

作物名称	保证率（%）	栽培方式	灌溉方式	分区净灌溉定额（m^3/亩）					灌区类型	分区毛灌溉定额（m^3/亩）				
				Ⅰ区	Ⅱ区	Ⅲ区	Ⅳ区	Ⅴ区		Ⅰ区	Ⅱ区	Ⅲ区	Ⅳ区	Ⅴ区
小麦	50	露地	地面灌	125	180	170	140	122	井灌区	179	257	243	197	169
									水库/引河（湖、泉）灌区	212	305	288	237	200
									引黄灌区	223	316	298		
			喷灌	100	140	135	130	110		125	175	169	163	138
	75	露地	地面灌	150	200	190	160	160	井灌区	214	286	271	225	222
									水库/引河（湖、泉）灌区	254	339	322	271	262
									引黄灌区	268	351	333		
			喷灌	120	150	150	140	130		150	188	188	175	163
	85	露地	喷灌	130	170	170	160	140		163	213	213	200	175
玉米	50	露地	地面灌	33	70	60	30	30	井灌区	47	100	86	42	42
									水库/引河（湖、泉）灌区	56	119	102	51	49
									引黄灌区	59	123	105		
	75	露地	地面灌	70	100	90	60	90	井灌区	100	143	129	85	125
									水库/引河（湖、泉）灌区	119	169	153	102	148
									引黄灌区	125	175	158		

续表 2-2-24

作物名称	保证率(%)	栽培方式	灌溉方式	分区净灌溉定额(m^3/亩)					灌区类型	分区毛灌溉定额(m^3/亩)				
				Ⅰ区	Ⅱ区	Ⅲ区	Ⅳ区	Ⅴ区		Ⅰ区	Ⅱ区	Ⅲ区	Ⅳ区	Ⅴ区
水稻	75	露地	地面灌			370	425		井灌区			529		
									水库/引河(湖、泉)灌区			627	720	
									引黄灌区			649		
	85					414	445		井灌区			591		
									水库/引河(湖、泉)灌区			702	754	
									引黄灌区			726		
棉花	50	露地	地面灌	115	120	95	90	90	井灌区	164	171	136	127	125
									水库/引河(湖、泉)灌区	195	203	161	153	148
									引黄灌区	205	211	167		
	75			140	150	120	120	120	井灌区	200	214	171	169	167
									水库/引河(湖、泉)灌区	237	254	203	203	197
									引黄灌区	250	263	211		

2.6.2.2 果树灌溉基本用水定额

山东省果树灌溉基本用水定额见表 2-2-25。

表 2-2-25　山东省果树灌溉基本用水定额

作物名称	保证率（%）	栽培方式	灌溉方式	分区净灌溉定额（m^3/亩）					灌区类型	分区毛灌溉定额（m^3/亩）				
				Ⅰ区	Ⅱ区	Ⅲ区	Ⅳ区	Ⅴ区		Ⅰ区	Ⅱ区	Ⅲ区	Ⅳ区	Ⅴ区
葡萄	50	露地	地面灌	115	120	105	100	110	井灌区	164	171	150	141	153
									水库/引河（湖、泉）灌区	195	203	178	169	180
									引黄灌区	205	211	184		
	75	露地	地面灌	145	150	135	130	140	井灌区	207	214	193	183	194
									水库/引河（湖、泉）灌区	246	254	229	220	230
									引黄灌区	259	263	237		
	85	露地	地面灌	180	170	180	150	170	井灌区	257	243	257	211	236
									水库/引河（湖、泉）灌区	305	288	305	254	279
									引黄灌区	321	298	316		
			微灌	150	140	150	125	140		167	156	167	139	156
苹果	50	露地	地面灌	210	215	190	180	200	井灌区	300	307	271	254	278
									水库/引河（湖、泉）灌区	356	364	322	305	328
									引黄灌区	375	377	333		
	75	露地	地面灌	260	270	240	230	250	井灌区	371	386	343	324	347
									水库/引河（湖、泉）灌区	441	458	407	390	410
									引黄灌区	464	474	421		
	85	露地	地面灌	310	320	290	280	300	井灌区	443	457	414	394	417
									水库/引河（湖、泉）灌区	525	542	492	475	492
									引黄灌区	554	561	509		
			微灌	170	175	160	150	160		189	194	178	167	178

续表 2-2-25

作物名称	保证率(%)	栽培方式	灌溉方式	分区净灌溉定额(m³/亩)					灌区类型	分区毛灌溉定额(m³/亩)				
				Ⅰ区	Ⅱ区	Ⅲ区	Ⅳ区	Ⅴ区		Ⅰ区	Ⅱ区	Ⅲ区	Ⅳ区	Ⅴ区
梨	50	露地	地面灌	190	195	170	160	180	井灌区	271	279	243	225	250
									水库/引河(湖、泉)灌区	322	331	288	271	295
									引黄灌区	339	342	298		
	75	露地	地面灌	260	270	240	230	250	井灌区	371	386	343	324	347
									水库/引河(湖、泉)灌区	441	458	407	390	410
									引黄灌区	464	474	421		
	85	露地	地面灌	310	320	290	280	300	井灌区	443	457	414	394	417
									水库/引河(湖、泉)灌区	525	542	492	475	492
									引黄灌区	554	561	509		
			微灌	180	180	165	160	170		200	200	183	178	189

2.7 内蒙古自治区灌溉用水定额

内蒙古自治区现行的灌溉用水定额为《内蒙古自治区行业用水定额》(DB15/T 385—2015),于 2015 年 10 月发布,2015 年 12 月实施。

2.7.1 内蒙古自治区灌溉分区

内蒙古自治区农业灌溉分区共计划分为 4 个分区,具体名录见表 2-2-26。

内蒙古自治区牧草地灌溉分区共计划分为 5 个分区,具体名录见表 2-2-27。

表 2-2-26　内蒙古自治区农业灌溉分区

分区号		分区名	位置	所包括的旗(县、市)
Ⅰ	Ⅰ1	温凉半湿润农业区	大兴安岭东南麓	扎兰屯市、阿荣旗、莫力达瓦达斡尔族自治旗、鄂伦春自治旗、科尔沁右翼前旗、突泉县
	Ⅰ2	温凉半干旱农业区	阴山北麓	太仆寺旗、集宁区、化德县、商都县、兴和县、察哈尔右翼中旗、察哈尔右翼后旗、四子王旗、武川县、乌拉特前旗、固阳县
Ⅱ		温暖半干旱农业区	大兴安岭南麓、西辽河平原、阴山南麓	乌兰浩特市、科尔沁右翼前旗、科尔沁右翼中旗、扎赉特旗、科尔沁左翼中旗、开鲁县、扎鲁特旗、红山区、阿鲁科尔沁旗、巴林左旗、巴林右旗、林西县、克什克腾旗、多伦县、翁牛特旗、松山区、元宝山区、丰镇市、卓资县、凉城县、呼和浩特市辖郊区、土默特左旗、托克托县、和林格尔县、清水河县、包头市辖郊区、土默特右旗、准格尔旗、东胜区
Ⅲ		温暖干旱农业区	内蒙古西部、阴山以南	临河区、五原县、磴口县、乌拉特前旗、乌拉特中旗、乌拉特后旗、杭锦后旗、达拉特旗、鄂托克前旗、杭锦旗、乌审旗、伊金霍洛旗、乌海市
Ⅳ		温热半干旱农业区	西辽河平原、科尔沁坨甸、燕北丘陵	科尔沁区、科尔沁左翼中旗、科尔沁左翼后期、开鲁县、库伦旗、奈曼旗、翁牛特旗、喀喇沁旗、宁城县、敖汉旗

注:1. 有个别旗(县)分属两个不同的农业灌溉区。

2. 部分旗(县)农业生产所占比例很少,且无灌溉资料,故未列入表中,需要时可参考邻近旗(县)。

表 2-2-27　内蒙古自治区牧草地灌溉分区

分区名	所包括旗(县、市)
草甸草原	陈巴尔虎旗、阿荣旗、扎兰屯市、莫力达瓦达斡尔族自治旗、鄂伦春自治旗、扎赉特旗、克什克腾旗、科尔沁右翼前旗北部、东乌珠穆沁旗、西乌珠穆沁旗东部
典型草原	新巴尔虎左旗、陈巴尔虎旗、鄂温克族自治旗、科尔沁右翼中旗、科尔沁左翼中旗、科尔沁左翼后旗、开鲁县、奈曼旗、库伦旗、巴林左旗、巴林右旗、阿鲁科尔沁旗、翁牛特旗、敖汉旗、林西县、阿巴嘎旗、锡林浩特市、正蓝旗、正镶白旗、镶黄旗、太仆寺旗、察哈尔右翼前旗、准格尔旗、伊金霍洛旗、乌审旗、东乌珠穆沁旗和西乌珠穆沁旗西部、科尔沁右翼前旗南部草原区
荒漠草原	新巴尔虎右旗、苏尼特左旗、苏尼特右旗、察哈尔右翼中旗、达拉特旗、东胜区、鄂托克前旗
草原化荒漠	四子王旗、达尔罕茂名联合旗、乌拉特中旗、乌拉特前旗、鄂托克旗、杭锦旗
荒漠	额济纳旗、阿拉善左旗、阿拉善右旗、乌拉特后旗、磴口县

2.7.2　内蒙古自治区灌溉用水定额

2.7.2.1　大田作物灌溉基本用水定额

内蒙古自治区大田作物灌溉基本用水定额见表 2-2-28～表 2-2-31。

表 2-2-28　内蒙古自治区大田作物灌溉基本用水定额

作物名称	灌溉保证率(%)	灌溉方式	定额值(m^3/亩)					说明
			Ⅰ		Ⅱ	Ⅲ	Ⅳ	
			Ⅰ1	Ⅰ2				
水稻	50	地面畦灌	500	527	507	513	533	渠道衬砌
			547	580	553	567	580	土渠灌
	75	地面畦灌	520	547	527	533	553	渠道衬砌
			573	600	573	587	607	土渠灌
春小麦	50	喷灌	103	160	187	220	180	
		管灌	107	167	200	233	193	
		地面畦灌	140	213	247	293	240	渠道衬砌
			167	253	287	340	280	土渠灌
	75	喷灌	140	213	233	267	227	
		管灌	153	233	253	287	240	
		地面畦灌	187	287	313	353	300	渠道衬砌
			220	333	367	413	353	土渠灌

续表 2-2-28

作物名称	灌溉保证率(%)	灌溉方式	定额值(m³/亩)					说明
			Ⅰ		Ⅱ	Ⅲ	Ⅳ	
			Ⅰ1	Ⅰ2				
玉米	50	喷灌	83	147	133	180	120	
		管灌	87	160	147	200	133	
		地面畦灌	107	193	173	240	160	渠道衬砌
			133	233	213	293	193	土渠灌
	75	喷灌	120	187	173	220	160	
		管灌	127	207	193	247	180	
		地面畦灌	153	247	233	293	213	渠道衬砌
			187	300	287	360	260	土渠灌
	85	膜下滴灌	70~81	130~150	130~150	156~180	118~135	
大豆	50	喷灌	53	80	113	133	80	
		管灌	60	87	120	147	87	
		地面畦灌	73	107	147	180	107	渠道衬砌
			93	133	180	220	133	土渠灌
	75	喷灌	103	107	140	160	107	
		管灌	107	113	153	173	120	
		地面畦灌	127	140	187	213	147	渠道衬砌
			160	167	227	253	180	土渠灌

表 2-2-29　内蒙古自治区作物坐(滤)水种灌溉基本用水定额　(单位:m³/亩)

作物	坐水种	滤水种
小麦		5.3
玉米	4	5.7
大豆		5.3

表 2-2-30　内蒙古自治区薯类灌溉基本用水定额　(单位:m³/亩)

名称	地面畦灌		保护地微灌	膜下滴灌
	保护地	大田		
马铃薯	153	167	80	142~162

注:1. 保护地微灌定额及保护地畦灌定额自治区基本相同,故不分区。

2. 大田畦灌调整系数,Ⅰ区为0.8~1.1,Ⅱ区为0.9~1.1,Ⅲ区为1~1.2,Ⅳ区为0.9~1.2。

表 2-2-31　内蒙古自治区经济作物灌溉基本用水定额　（单位：m^3/亩）

作物名称	地面灌	喷灌
油用菜籽	147	120
胡麻	140	113
向日葵	206	160
甜菜	213	173

注：调整系数，Ⅰ区为0.8～1.1，Ⅱ区为0.9～1.1，Ⅲ区为1～1.3，Ⅳ区为0.9～1.2。

2.7.2.2　蔬菜灌溉用水定额

内蒙古自治区蔬菜灌溉基本用水定额见表2-2-32。

表 2-2-32　内蒙古自治区蔬菜灌溉基本用水定额　（单位：m^3/亩）

蔬菜名称	地面畦灌		保护地微灌
	保护地	大田	
黄瓜	193	213	133
西红柿	177	187	127
茄子	190	200	130
青椒	183	193	170
芹菜	190	207	127
油菜	113	123	53
白菜	153	167	73
菠菜	180	193	120
韭菜	117	127	70
大葱	117	127	67
胡萝卜	100	107	63
青萝卜	97	103	60

注：大田畦灌调整系数，Ⅰ区为0.8～1.1，Ⅱ区为0.9～1.1，Ⅲ区为1～1.2，Ⅳ区为0.9～1.2。

2.7.2.3　牧草灌溉用水定额

内蒙古自治区牧草灌溉基本用水定额见表2-2-33。

表 2-2-33　内蒙古自治区牧草灌溉基本用水定额

牧草种类	适应地区	灌溉保证率（%）	地面灌溉（m^3/亩）	喷灌（m^3/亩）	滴灌（m^3/亩）
多年生禾本科牧草	草甸草原	50	200	100	75
		75	225	140	105
		90		175	140
	典型草原	50	250	175	120
		75	300	225	160
		90		270	220
	荒漠草原	50	280	210	160
		75	330	270	200
		90		300	220
多年生豆科牧草	草甸草原	50	150	100	75
		75	200	120	90
		90		150	120
	典型草原	50	160	125	90
		75	200	150	120
		90		210	225
	荒漠草原	50	250	180	140
		75	300	240	200
		90		280	220
一年生禾本科牧草	草甸草原	50	135	100	75
		75	180	120	90
		90		150	120
	典型草原	50	220	125	100
		75	270	175	140
		90		210	160
	荒漠草原	50	200	150	120
		75	250	240	180
		90		270	200
饲料及青贮玉米	草甸草原	50	180	90	80
		75	225	150	120
		90		180	140
	典型草原	50	225	180	150
		75	270	240	200
		90		270	200
	荒漠草原	50	275	240	180
		75	300	270	240
		90		300	270

注：草原化荒漠和荒漠两大分区的饲草料作物灌溉用水定额以荒漠草原为基础取调整系数 1.1 ~ 1.2。

2.8 辽宁省灌溉用水定额

辽宁省现行的灌溉用水定额为《辽宁省行业用水定额》(DB21/T 1237—2015),于2015年5月发布,2015年7月实施。

2.8.1 辽宁省灌溉分区

辽宁省农业灌溉分区共计划分为5个分区,具体名录见表2-2-34。

表2-2-34 辽宁省农业灌溉分区

项目	分区					
	Ⅰ辽西低山丘陵区		Ⅱ辽河中下游平原区	Ⅲ辽北低丘波状平原区	Ⅳ辽东山区	Ⅴ辽南半岛丘陵区
	Ⅰ1	Ⅰ2				
县(市)名称	阜新:市郊区、阜新县、彰武县 朝阳:市郊区、朝阳县、北票市、建平县、凌源市、喀左县	锦州:市郊区、义县、凌海市 葫芦岛:市郊区、兴城市、绥中县、建昌县	沈阳:市郊区、辽中区、新民市 辽阳:市郊区、灯塔市、辽阳县 鞍山:市郊区、台安县、海城市 盘锦:市郊区、盘山县、大洼区 营口:市郊区、大石桥市 锦州:黑山县、北镇市	沈阳:康平县、法库县 铁岭:市郊区、昌图县、开原市、铁岭县、调兵山市、西丰县	丹东:市郊区、东港市、宽甸县、凤城市 鞍山:岫岩县 本溪:市郊区、本溪县、桓仁县 抚顺:市郊区、富顺县、清原县、新宾县	大连:市郊区、庄河市、瓦房店市、普兰店区、长海县 营口:盖州市

2.8.2 辽宁省灌溉用水调节系数

辽宁省农业灌溉基本用水定额的调节系数见表2-2-35,水稻附加水调节系数见表2-2-36。

表 2-2-35　辽宁省灌溉基本用水定额调节系数

工程类型(K1)					取水方式(K2)			灌区规模(K3)		
渠道防渗	管道输水	喷灌	微灌	土壤输水	机井提水	泵站扬水	自流引水	大型	中型	小型
K11	K12	K13	K14	K15	K21	K22	K23	K31	K32	K33
0.91	0.83	0.65	0.55	1.00	0.93	0.94	1.00	1.08	1.05	1.00

表 2-2-36　辽宁省水稻附加水调节系数

分区	Ⅰ	Ⅱ	Ⅲ	Ⅳ	Ⅴ
系数	1.333	1.325	1.349	1.333	1.314

2.8.3　辽宁省灌溉用水定额

2.8.3.1　大田作物灌溉基本用水定额

辽宁省大田作物灌溉基本用水定额见表 2-2-37。

表 2-2-37　辽宁省大田作物灌溉基本用水定额

作物名称	降水频率(%)	分区	基本用水定额(m³/亩)
水稻	50	Ⅰ1	496
		Ⅰ2	388
		Ⅱ	371
		Ⅲ	337
		Ⅳ	317
		Ⅴ	401
	75	Ⅰ1	509
		Ⅰ2	421
		Ⅱ	440
		Ⅲ	415
		Ⅳ	380
		Ⅴ	445

续表 2-2-37

作物名称	降水频率(%)	分区	基本用水定额(m^3/亩)
小麦	50	Ⅰ1	185
		Ⅰ2	92
		Ⅱ	108
		Ⅲ	145
		Ⅳ	108
		Ⅴ	152
	75	Ⅰ1	197
		Ⅰ2	143
		Ⅱ	130
		Ⅲ	160
		Ⅳ	132
		Ⅴ	160
玉米	50	Ⅰ1	107
		Ⅰ2	105
		Ⅱ	58
		Ⅲ	55
		Ⅳ	47
		Ⅴ	58
	75	Ⅰ1	130
		Ⅰ2	120
		Ⅱ	110
		Ⅲ	105
		Ⅳ	86
		Ⅴ	105
谷子	50	Ⅰ1	216
		Ⅰ2	145
		Ⅱ	145
		Ⅲ	156
		Ⅳ	146
		Ⅴ	173
	75	Ⅰ1	243
		Ⅰ2	170
		Ⅱ	173
		Ⅲ	178
		Ⅳ	166
		Ⅴ	205

续表 2-2-37

作物名称	降水频率(%)	分区	基本用水定额（m^3/亩）
高粱	50	Ⅰ1	157
		Ⅰ2	160
		Ⅱ	134
		Ⅲ	136
		Ⅳ	129
		Ⅴ	159
	75	Ⅰ1	183
		Ⅰ2	176
		Ⅱ	156
		Ⅲ	157
		Ⅳ	153
		Ⅴ	178
大豆	50	Ⅰ1	100
		Ⅰ2	39
		Ⅱ	32
		Ⅲ	120
		Ⅳ	84
		Ⅴ	70
	75	Ⅰ1	136
		Ⅰ2	47
		Ⅱ	47
		Ⅲ	163
		Ⅳ	121
		Ⅴ	106
花生	50	Ⅰ1	114
		Ⅰ2	94
		Ⅱ	97
		Ⅲ	64
		Ⅳ	36
		Ⅴ	106

续表 2-2-37

作物名称	降水频率(%)	分区	基本用水定额(m³/亩)
花生	75	Ⅰ1	116
		Ⅰ2	99
		Ⅱ	114
		Ⅲ	85
		Ⅳ	50
		Ⅴ	111
向日葵	50	Ⅰ1	152
		Ⅰ2	134
		Ⅱ	113
		Ⅲ	91
		Ⅳ	101
		Ⅴ	109
	75	Ⅰ1	169
		Ⅰ2	159
		Ⅱ	142
		Ⅲ	138
		Ⅳ	135
		Ⅴ	155
芝麻	50	Ⅰ1	64
		Ⅰ2	48
		Ⅱ	30
		Ⅲ	28
		Ⅳ	23
		Ⅴ	37
	75	Ⅰ1	91
		Ⅰ2	75
		Ⅱ	45
		Ⅲ	47
		Ⅳ	36
		Ⅴ	58

续表 2-2-37

作物名称	降水频率(%)	分区	基本用水定额(m³/亩)
棉花	50	Ⅰ1	113
		Ⅰ2	138
		Ⅱ	65
		Ⅲ	139
		Ⅳ	129
		Ⅴ	158
	75	Ⅰ1	131
		Ⅰ2	173
		Ⅱ	77
		Ⅲ	156
		Ⅳ	151
		Ⅴ	183
甜菜	50	Ⅰ1	192
		Ⅰ2	172
		Ⅱ	150
		Ⅲ	152
		Ⅳ	141
		Ⅴ	148
	75	Ⅰ1	229
		Ⅰ2	222
		Ⅱ	186
		Ⅲ	184
		Ⅳ	170
		Ⅴ	178

2.8.3.2 蔬菜灌溉基本用水定额

辽宁省蔬菜灌溉基本用水定额见表 2-2-38。

表 2-2-38　辽宁省蔬菜灌溉基本用水定额

作物名称	分区		降水频率(%)	基本用水定额(m^3/亩)	说明
绿叶类蔬菜	Ⅰ	Ⅰ1	50	126	复种指数为1.0,绿叶类蔬菜主要包括菠菜、芹菜、茼蒿等
			75	139	
		Ⅰ2	50	101	
			75	121	
	Ⅱ		50	107	
			75	122	
	Ⅲ		50	103	
			75	123	
	Ⅳ		50	101	
			75	114	
	Ⅴ		50	105	
			75	119	
白菜类	Ⅰ	Ⅰ1	50	117	复种指数为1.0,白菜类蔬菜主要包括大白菜、小白菜等
			75	136	
		Ⅰ2	50	102	
			75	126	
	Ⅱ		50	100	
			75	122	
	Ⅲ		50	101	
			75	123	
	Ⅳ		50	88	
			75	107	
	Ⅴ		50	96	
			75	118	

续表 2-2-38

作物名称	分区		降水频率（%）	基本用水定额（m^3/亩）	说明
根菜类	Ⅰ	Ⅰ1	50	94	复种指数为1.0，根菜类蔬菜主要包括萝卜、胡萝卜等
			75	118	
		Ⅰ2	50	84	
			75	110	
	Ⅱ		50	82	
			75	108	
	Ⅲ		50	82	
			75	109	
	Ⅳ		50	74	
			75	95	
	Ⅴ		50	78	
			75	99	
豆类蔬菜	Ⅰ	Ⅰ1	50	135	复种指数为1.0，葱蒜类蔬菜主要包括长豇豆、菜豆等
			75	153	
		Ⅰ2	50	117	
			75	133	
	Ⅱ		50	118	
			75	140	
	Ⅲ		50	119	
			75	141	
	Ⅳ		50	104	
			75	123	
	Ⅴ		50	107	
			75	128	

续表 2-2-38

作物名称	分区		降水频率（%）	基本用水定额（m^3/亩）	说明
瓜类蔬菜	Ⅰ	Ⅰ1	50	131	复种指数为1.0，瓜类蔬菜主要包括黄瓜、冬瓜等
			75	148	
		Ⅰ2	50	116	
			75	131	
	Ⅱ		50	109	
			75	130	
	Ⅲ		50	114	
			75	130	
	Ⅳ		50	105	
			75	121	
	Ⅴ		50	111	
			75	125	
葱蒜类蔬菜	Ⅰ	Ⅰ1	50	135	复种指数为1.0，葱蒜类蔬菜主要包括韭菜、洋葱等
			75	175	
		Ⅰ2	50	138	
			75	160	
	Ⅱ		50	120	
			75	153	
	Ⅲ		50	122	
			75	157	
	Ⅳ		50	112	
			75	138	
	Ⅴ		50	114	
			75	143	

续表 2-2-38

作物名称	分区		降水频率（%）	基本用水定额（m^3/亩）	说明
茄果类蔬菜	Ⅰ	Ⅰ1	50	121	复种指数为 1.0，茄果类蔬菜主要包括番茄、辣椒等
			75	145	
		Ⅰ2	50	112	
			75	127	
	Ⅱ		50	97	
			75	120	
	Ⅲ		50	101	
			75	121	
	Ⅳ		50	86	
			75	105	
	Ⅴ		50	90	
			75	110	
薯芋类蔬菜	Ⅰ	Ⅰ1	50	166	复种指数为 1.0，薯芋蔬菜主要包括马铃薯、甘薯、山药等
			75	192	
		Ⅰ2	50	121	
			75	171	
	Ⅱ		50	128	
			75	166	
	Ⅲ		50	115	
			75	165	
	Ⅳ		50	109	
			75	140	
	Ⅴ		50	114	
			75	146	
设施农业	Ⅰ		—	320	指温室、大棚栽培的蔬菜、瓜类及药材、花卉等作物，复种指数为 1.0
	Ⅱ		—	320	
	Ⅲ		—	320	
	Ⅳ		—	320	
	Ⅴ		—	320	

2.8.3.3 果树与其他农业种植灌溉用水定额

辽宁省果树灌溉基本用水定额见表2-2-39,其他农业种植基本用水定额见表2-2-40。

表2-2-39 辽宁省果树基本灌溉基本用水定额

作物名称	分区		降水频率(%)	基本用水定额(m^3/亩)
苹果、梨	Ⅰ	Ⅰ1	50	211
			75	225
		Ⅰ2	50	124
			75	165
	Ⅱ		50	93
			75	150
	Ⅲ		50	108
			75	160
	Ⅳ		50	81
			75	130
	Ⅴ		50	115
			75	170
葡萄	Ⅰ	Ⅰ1	50	321
			75	333
		Ⅰ2	50	229
			75	267
	Ⅱ		50	207
			75	260
	Ⅲ		50	216
			75	260
	Ⅳ		50	193
			75	240
	Ⅴ		50	238
			75	270
西瓜	Ⅰ	Ⅰ1	50	122
			75	148
		Ⅰ2	50	111
			75	141
	Ⅱ		50	100
			75	119
	Ⅲ		50	106
			75	123
	Ⅳ		50	89
			75	115
	Ⅴ		50	86
			75	109

表 2-2-40　辽宁省其他农业种植基本用水定额

作物名称	分区		降水频率(%)	基本用水定额(m^3/亩)
芦苇、湿地	Ⅰ	Ⅰ1	50	431
			75	463
		Ⅰ2	50	422
			75	453
	Ⅱ		50	369
			75	396
	Ⅲ		50	377
			75	405
	Ⅳ		50	342
			75	368
	Ⅴ		50	362
			75	389
牧草	Ⅰ	Ⅰ1	50	190
			75	213
		Ⅰ2	50	171
			75	194
	Ⅱ		50	177
			75	200
	Ⅲ		50	160
			75	182
	Ⅳ		50	136
			75	155
	Ⅴ		50	158
			75	184

2.8.3.4　不同灌溉方式下大田作物灌溉用水定额

辽宁省农业灌溉用水定额中所划分的灌溉方式包括渠道防渗、土渠、管灌、微灌、喷灌。不同灌溉方式下大田作物灌溉基本用水定额见表 2-2-41。

表 2-2-41　辽宁省不同灌溉方式下大田作物灌溉基本用水定额

作物名称	降水频率(%)	分区	不同灌溉方式下定额值(m^3/亩)				
			渠道防渗	土渠	管灌	微灌	喷灌
水稻	50	Ⅰ1	451	496	412	273	322
		Ⅰ2	353	388	322	213	252
		Ⅱ	338	371	308	204	241
		Ⅲ	307	337	280	185	219
		Ⅳ	288	317	263	174	206
		Ⅴ	365	401	333	221	261
	75	Ⅰ1	463	509	422	280	331
		Ⅰ2	383	421	349	232	274
		Ⅱ	400	440	365	242	286
		Ⅲ	378	415	344	228	270
		Ⅳ	346	380	315	209	247
		Ⅴ	405	445	369	245	289
小麦	50	Ⅰ1	168	185	154	102	120
		Ⅰ2	84	92	76	51	60
		Ⅱ	98	108	90	59	70
		Ⅲ	132	145	120	80	94
		Ⅳ	98	108	90	59	70
		Ⅴ	138	152	126	84	99
	75	Ⅰ1	179	197	164	108	128
		Ⅰ2	130	143	119	79	93
		Ⅱ	118	130	108	72	85
		Ⅲ	146	160	133	88	104
		Ⅳ	120	132	110	73	86
		Ⅴ	146	160	133	88	104
玉米	50	Ⅰ1	97	107	89	59	70
		Ⅰ2	96	105	87	58	68
		Ⅱ	53	58	48	32	38
		Ⅲ	50	55	46	30	36
		Ⅳ	43	47	39	26	31
		Ⅴ	53	58	48	32	38

续表 2-2-41

作物名称	降水频率（%）	分区	不同灌溉方式下定额值（m^3/亩）				
			渠道防渗	土渠	管灌	微灌	喷灌
玉米	75	Ⅰ1	118	130	108	72	85
		Ⅰ2	109	120	100	66	78
		Ⅱ	100	110	91	61	72
		Ⅲ	96	105	87	58	68
		Ⅳ	78	86	71	47	56
		Ⅴ	96	105	87	58	68
谷子	50	Ⅰ1	197	216	179	119	140
		Ⅰ2	132	145	120	80	94
		Ⅱ	132	145	120	80	94
		Ⅲ	142	156	129	86	101
		Ⅳ	133	146	121	80	95
		Ⅴ	157	173	144	95	112
	75	Ⅰ1	221	243	202	134	158
		Ⅰ2	155	170	141	94	111
		Ⅱ	157	173	144	95	112
		Ⅲ	162	178	148	98	116
		Ⅳ	151	166	138	91	108
		Ⅴ	187	205	170	113	133
高粱	50	Ⅰ1	143	157	130	86	102
		Ⅰ2	146	160	133	88	104
		Ⅱ	122	134	111	74	87
		Ⅲ	124	136	113	75	88
		Ⅳ	117	129	107	71	84
		Ⅴ	145	159	132	87	103
	75	Ⅰ1	167	183	152	101	119
		Ⅰ2	160	176	146	97	114
		Ⅱ	142	156	129	86	101
		Ⅲ	143	157	130	86	102
		Ⅳ	139	153	127	84	99
		Ⅴ	162	178	148	98	116

续表 2-2-41

作物名称	降水频率（%）	分区	不同灌溉方式下定额值（m^3/亩）				
			渠道防渗	土渠	管灌	微灌	喷灌
大豆	50	Ⅰ1	91	100	83	55	65
		Ⅰ2	35	39	32	21	25
		Ⅱ	29	32	27	18	21
		Ⅲ	109	120	100	66	78
		Ⅳ	76	84	70	46	55
		Ⅴ	64	70	58	39	46
	75	Ⅰ1	124	136	113	75	88
		Ⅰ2	43	47	39	26	31
		Ⅱ	43	47	39	26	31
		Ⅲ	148	163	135	90	106
		Ⅳ	110	121	100	67	79
		Ⅴ	96	106	88	58	69
花生	50	Ⅰ1	104	114	95	63	74
		Ⅰ2	86	94	78	52	61
		Ⅱ	88	97	81	53	63
		Ⅲ	58	64	53	35	42
		Ⅳ	33	36	30	20	23
		Ⅴ	96	106	88	58	69
	75	Ⅰ1	106	116	96	64	75
		Ⅰ2	90	99	82	54	64
		Ⅱ	104	114	95	63	74
		Ⅲ	77	85	71	47	55
		Ⅳ	46	50	42	28	33
		Ⅴ	101	111	92	61	72
向日葵	50	Ⅰ1	138	152	126	84	99
		Ⅰ2	122	134	111	74	87
		Ⅱ	103	113	94	62	73
		Ⅲ	83	91	76	50	59
		Ⅳ	92	101	84	56	66
		Ⅴ	99	109	90	60	71

续表 2-2-41

作物名称	降水频率(%)	分区	不同灌溉方式下定额值(m³/亩)				
			渠道防渗	土渠	管灌	微灌	喷灌
向日葵	75	Ⅰ1	154	169	140	93	110
		Ⅰ2	145	159	132	87	103
		Ⅱ	129	142	118	78	92
		Ⅲ	126	138	115	76	90
		Ⅳ	123	135	112	74	88
		Ⅴ	141	155	129	85	101
芝麻	50	Ⅰ1	58	64	53	35	42
		Ⅰ2	44	48	40	26	31
		Ⅱ	27	30	25	17	20
		Ⅲ	25	28	23	15	18
		Ⅳ	21	23	19	13	15
		Ⅴ	34	37	31	20	24
	75	Ⅰ1	83	91	76	50	59
		Ⅰ2	68	75	62	41	49
		Ⅱ	41	45	37	25	29
		Ⅲ	43	47	39	26	31
		Ⅳ	33	36	30	20	23
		Ⅴ	53	58	48	32	38
棉花	50	Ⅰ1	103	113	94	62	73
		Ⅰ2	126	138	115	76	90
		Ⅱ	59	65	54	36	42
		Ⅲ	126	139	115	76	90
		Ⅳ	117	129	107	71	84
		Ⅴ	144	158	131	87	103
	75	Ⅰ1	119	131	109	72	85
		Ⅰ2	157	173	144	95	112
		Ⅱ	70	77	64	42	50
		Ⅲ	142	156	129	86	101
		Ⅳ	137	151	125	83	98
		Ⅴ	167	183	152	101	119

续表 2-2-41

作物名称	降水频率(%)	分区	不同灌溉方式下定额值(m³/亩)				
			渠道防渗	土渠	管灌	微灌	喷灌
甜菜	50	Ⅰ1	175	192	159	106	125
		Ⅰ2	157	172	143	95	112
		Ⅱ	137	150	125	83	98
		Ⅲ	138	152	126	84	99
		Ⅳ	128	141	117	78	92
		Ⅴ	135	148	123	81	96
	75	Ⅰ1	208	229	190	126	149
		Ⅰ2	202	222	184	122	144
		Ⅱ	169	186	154	102	121
		Ⅲ	167	184	153	101	120
		Ⅳ	155	170	141	94	111
		Ⅴ	162	178	148	98	116

第3章　总结与展望

本篇对海河流域8个省(自治区、直辖市)的现行农业灌溉用水定额进行了汇总、整理。

3.1　工作总结

灌溉用水定额是反映区域农业用水水平、节水水平的一个衡量尺度,同时也是一种考核指标,是实施最严格水资源管理制度、地方各级政府年度取用水计划、区域水中长期供求计划制订、建设项目水资源论证、用水水平、节水评估和取水许可管理等工作的基础依据。

灌溉定额的空间分布规律是多种复杂、易变的自然地理、社会经济条件综合作用的结果,受到诸如降水量、参考作物腾发量、作物品种、地下水补给条件、土壤类型、水资源条件、农业灌溉发展水平、社会经济发展水平等多种影响因素的综合作用。

灌溉用水定额的确定,不但科学地规范了农作物灌溉的合理用水需求,同时对于区域社会经济结构调整、产业结构优化、建立节水型灌区等都起到了重要的指导作用。制定灌溉用水定额标准,确立用水定额红线,是当前实施最严格水资源管理制度的重要条件。虽然海河流域各省(自治区、直辖市)都制定了农业灌溉用水定额标准,但是现状的灌溉用水定额体系还存在一些问题:

(1)各种定额关系不明确给实际工作带来很多不便。目前,常用的灌溉用水定额有规划定额、设计定额、管理定额等,各种定额之间的相互关系不够明确,在具体的水资源管理工作中主要依据哪些定额的思路不清,造成了灌溉用水定额编制及管理工作的混乱。

(2)定额体系的系统性和先进性仍需提高。完整的定额指标体系应包括参考性的规划定额、指导性的设计定额、强制性的管理定额,涵盖宏观区域综合指标、中观部门的分类指标和微观单项指标等。目前,各省的灌溉用水定额并不完善。同时,现有用水定额主要是针对具体作物的用水定额,缺少指导和规范行业整体的宏观用水定额体系,也缺少地区综合性用水定额体系,用水定额可操作性有待加强。

3.2　工作展望

灌溉用水定额是一个动态指标,其制定、实施和完善也是一个动态过程,随着社会经济的发展,农业灌溉技术不断更新、提高,对部分作物的用水定额进行修订和补充,是科学、系统地规范行业用水定额工作的需要。这项工作需要各方面的努力,需要对农业灌溉用水现状及用水水平具有清晰的了解和总体的把握,需要与水利科技的发展、管理水平的提高相适应。制定灌溉用水定额应作为日常管理工作来抓,及时发现并改进在以往灌溉定额确定中存在的问题和不足，通过定期调整来保证其指标的先进性、合理性和科学性。

编制灌溉用水定额是实施总量控制、定额管理的前提，要围绕着水资源管理工作的需要，不断完善用水定额体系和指标。要针对用水定额存在的主要问题，密切结合灌溉用水定额管理的实际需要，进行补充完善。随着技术进步、经济社会发展水平和水资源条件的变化，适时调整更新灌溉用水定额。

结合区域取水总量控制指标，兼顾辖区内各地区之间的水资源条件和经济社会发展水平以及推进节水型、生态型灌区建设试点的实际需要，改革灌溉用水定额标准一刀切、指标粗放的弊端，探索不同地区、不同标准的灌溉用水定额编制新方法，提高灌溉用水定额的覆盖面，提高灌溉用水定额管理的针对性和实用性。

重点在三个方面加强用水定额管理监督的实施基础：一是加强农业灌溉供用水统计工作，提高对各级各类灌区农业供用水情况统计的全面性和准确性；二是通过资料收集、补充调整、灌溉水利用系数测算等各种手段，全面掌握辖区内农业灌溉用水水平现状及节水潜力；三是加大用水计量实施力度，农业灌溉地表水计量设施安装到斗渠，井灌区用水计量到井口。

北京市的灌溉用水定额均已至今10余年未曾修订更新，按照《灌溉用水定额编制导则》(GB/T 29404—2012)的要求，灌溉用水定额编制成果宜3～5年修订一次。因此，建议有关方面按照《灌溉用水定额编制导则》(GB/T 29404—2012)的要求，组织开展本市行政区域范围内的灌溉用水定额修订工作，以适应农业灌溉事业发展的新要求。在今后的工作中，应切实贯彻执行《灌溉用水定额编制导则》(GB/T 29404—2012)的有关规定。

总之，科学、合理的灌溉用水定额可以鼓励先进用水单位和用水户继续努力，促进后进单位和用水户节约用水、合理用水。应加强并规范灌区水平衡测试工作，建立健全农业供用水网络监测计量系统、管理信息系统，建立相应的基础资料信息系统，不断总结节水经验，修改和完善灌溉用水定额标准，充分发挥灌溉用水定额在农业水资源管理工作中的基石作用，为实现海河流域水资源科学管理提供基础依据。

第3篇

基于分区的海河流域农业节水潜力研究

第1章　绪　论

1.1　研究背景及问题的提出

1.1.1　研究背景

海河流域水资源匮乏,多年平均年水资源总量为370亿 m^3,多年平均水资源可利用总量仅为237亿 m^3。全流域水资源开发利用率高达134%,地表水开发利用程度为76%,大大超过了国际公认的40%的合理上限;平原和山间盆地浅层地下水开发利用率达到126%,处于严重超采状态。

2012年,海河流域共有大型灌区47个,中型灌区306个,农业用水量252亿 m^3,占总用水量的67.77%,其中,农田灌溉用水量221.85亿 m^3,占农业用水量的88.04%;林牧渔业用水量30.15亿 m^3,占农业用水量的11.96%。海河流域现状农业灌溉呈现出用水量大、效率较低、保障率不高、节水潜力巨大等特点。

为了实现以水资源的可持续利用支撑流域社会经济的可持续发展,规模化发展节水灌溉、全面提高农业用水效率是海河流域农业灌溉事业发展的必由之路,是发展现代农业的一项重大战略和根本性措施,是以有限的水资源投入保障流域粮食生产安全的必然选择,而农业用水效率不高的现状从侧面说明了海河流域农业灌溉具有很大的节水潜力。

为了按照自然和经济规律以及水资源开发利用条件来拟定各区域农业水资源高效利用的方向、措施以及管理意见,便于指导海河流域农业节水灌溉的分区管理工作,本书的第1篇和第2篇分别研究了海河流域农业节水分区体系划分和各区域农业灌溉用水定额。

1.1.2　问题的提出

由于降水的时空分布不均,海河流域的农业生产对灌溉的依赖性很大。海河流域水资源短缺的严峻形势对灌溉农业的发展提出了更高要求,即要在农业用水总量基本不增加的条件下提高农业综合生产能力,建设节水型现代农业。实现这一目标的有效措施是实施农业节水灌溉,核心问题是提高灌溉用水的效率和效益。

如何在特定水资源条件约束下提高灌溉用水的效率与效益是农业节水灌溉的核心问题。面对现阶段的用水实践,海河流域农业节水灌溉潜力有多大是一个重要的科学和管理问题,换言之,就是要定量地给出通过采用适宜的节水技术措施所能减少的水量消耗的潜力量值。对于此问题的科学回答可以为有关水行政主管部门开展流域农业节水灌溉管理工作提供重要的方向性指导。

因此,在划分得到海河流域农业节水区划体系的基础上,正确地计算、分析、评价海河流域各分区的农业灌溉节水潜力是衡量用水水平、挖掘节水潜力、考核节水成效的依据，也是农业水资源科学规划、有效管理与合理调配的依据，对于正确理解和对待节水工作、明确各阶段采取的农业节水措施及其相应的节水技术、拟订各分区的节水投资力度和节水发展方案、制定节水政策具有重要的指导意义。

1.2 研究目的、任务与技术路线

1.2.1 研究目的

本篇的目的是在第1篇所划分得到的海河流域农业节水分区体系的基础上，开展分区层面上的农业节水潜力评估，为有关水行政主管部门实施农业节水灌溉管理工作提供参考性指标。

本篇将通过调查研究海河流域不同分区节水农业的发展现状，分析现有各类节水措施的特点和适用性，按照最严格水资源管理制度确定的水资源开发利用的总量与效率控制指标，研究各个分区在规划水平年的不同层次上的农业节水潜力，提出高效节水灌溉发展的体制机制优化建议，为海河流域农业节水工作的宏观决策、分类指导、规划编制、项目审查、工程建设等提供科学基础和参考依据。

1.2.2 研究任务

本篇的研究围绕节水潜力评估这一中心工作来进行，主要任务包括分区自然社会特征分析、分区农业节水现状评价、节水技术措施特点评价、分区节水量值体系确定等四项工作。

1.2.2.1 分区自然社会特征分析

分析各个分区的地形地貌、河流水系、气候特征等自然地理特点，分析各个分区的行政面积、人口数量、GDP等社会经济特征。

1.2.2.2 分区农业节水现状评价

分析各个分区现状农业灌溉面积、种植结构、农业灌溉用水量，分析各分区的现状农业节水灌溉情况，评价各分区节水水平，提出现状存在问题。

1.2.2.3 节水技术措施特点评价

分类评价现有节水技术措施的类型、优缺点及其适用性，提出各分区适宜节水技术措施组合及其优先顺序。

1.2.2.4 分区节水量值体系确定

分析农业节水潜力的三个层次及其定义，明确规划水平年的总量控制和灌溉水利用系数控制指标，计算第一层次、第二层次和第三层次的节水潜力。

1.2.3 技术路线

所谓潜力，即是现状值与期望值的差值。经综合分析，本篇提出，农业节水潜力的定义如下：在保证粮食安全和农业经济效益不降低的前提下，通过各类节水措施的实施而得以从现有农田灌溉水量中减少的水量。据此定义，农业节水潜力由三部分组成，分别为水量输配过程中的节水量、作物吸收利用过程中的节水量、作物种植利用结构中的节水量，本篇分别称为第一层次、第二层次和第三层次上的节水潜力，又可分别简称为工程型、效率型和结构型节水潜力。

本篇研究工作采用实证研究与理论分析相结合的工作思路，通过资料收集、文献调研、数据分析和指标计算，在取水总量控制和用水效率指标约束下，将节水潜力评估与节水措施可能这二者紧密结合，在分析现状实际农业灌溉用水量的基础上，分别计算第一层次、第二层次和第三层次上的节水量，提出科学、合理、实用的分区节水量值体系。

本篇节水潜力评估的现状水平年为2012年，规划水平年为2020年。

本篇研究的技术路线如图3-1-1所示。

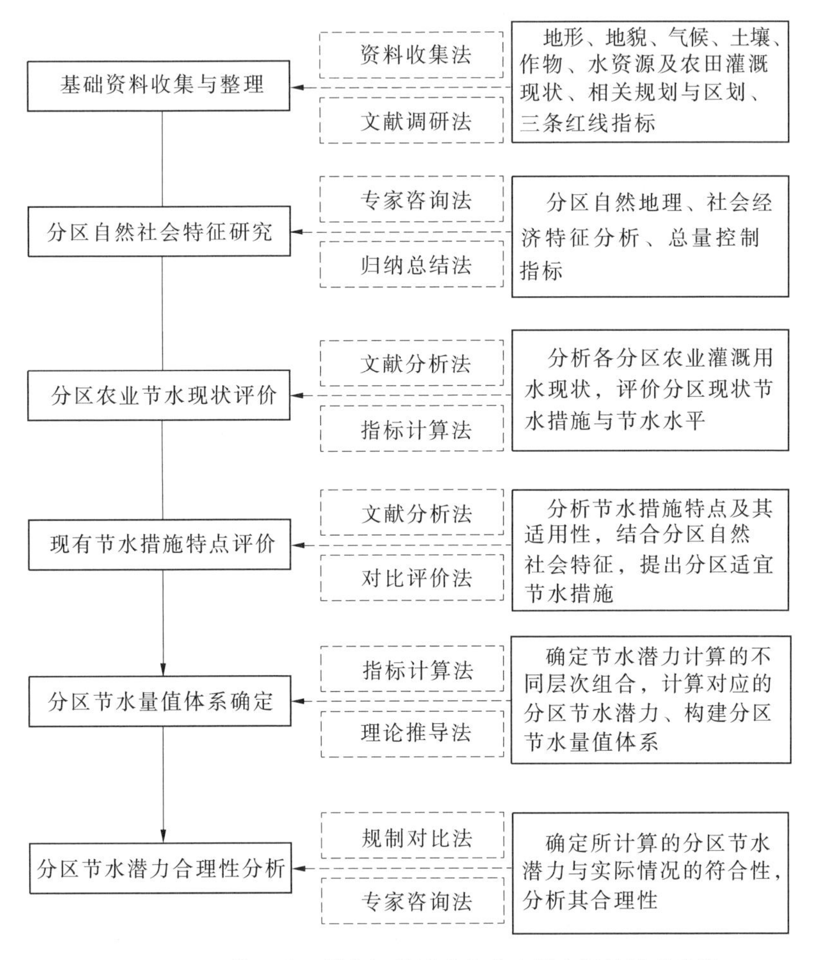

图3-1-1　基于分区的海河流域农业节水潜力评估技术路线

第2章　节水分区概况

本篇节水潜力研究工作的基本单元采用第1篇第4章所划分得到的海河流域农业节水二级分区体系。以下分别介绍各一级区下属的二级分区的自然地理、社会经济和灌溉发展现状。为便于分析，本篇将节水灌溉面积占有效灌溉面积的比例称为节灌比；将喷灌、微灌、管灌、滴灌等高效节水灌溉面积占节水灌溉面积的比例称为高效节灌比。

2.1　山前平原区

2.1.1　冀东平原区

2.1.1.1　自然地理

冀东平原区包括滦河平原和冀东沿海诸河，位于海河流域东北部沿海区域，北起燕山南麓，南至渤海，西邻潮白、蓟运河水系，东与辽河流域相邻。

滦河在流过京山铁路桥之后，进入山前倾斜平原，即滦河平原，继续南流至乐亭县兜网铺入渤海。在滦河下游两侧，有若干条独流入海的小河，统称冀东沿海诸河。滦河干流左侧有17条独流入海河流，由左至右分别为潮河、石河、沙河、新开河、小河子、汤河、新河、戴河、洋河、东沙河、沿沟、饮马河、赵家港沟、泥井沟、刘坨沟、刘台沟、稻子沟，其中洋河和石河较大。滦河干流右侧有15条独流入海河流，由左至右分别为老米河、长河、湖林新河、小河子、石碑新河、大清河、大庄河、小清河、新河、溯河、小青龙河、双龙河、小戟门河、沙河、陡河，其中陡河、沙河、溯河、小清河较大。这些河流大都发源于燕山南麓，流经浅山丘陵之间，纵坡较陡，平原段较短，源短流急，具有山溪性河流特征。

冀东平原区属半湿润大陆性季风气候，多年平均年降水量为610.3 mm，多年平均气温10.7 ℃，极端日最高气温38.7 ℃，极端日最低气温 -23.7 ℃，极端最大风速14.5 m/s，多年平均日照时数7.0 h。

2.1.1.2　社会经济

冀东平原区在行政区划上包括唐山市的路南区、路北区、古冶区、丰南区、开平区、曹妃甸区、滦县、滦南县、乐亭县，秦皇岛市的昌黎县、抚宁区、卢龙县，总面积12 142 km^2，总人口595.2万人，城镇化率67.9%，人均GDP 5.7万元。

冀东平原区主要引蓄水工程有引滦入唐干渠、引青济秦干渠、滦河下游输水总干渠（岩山干渠）、陡河水库、洋河水库、温泉堡水库、石河水库。

2.1.1.3　农业灌溉

冀东平原区现有耕地面积742.36万亩，有效灌溉面积636.98万亩。其中，节水灌溉面积347.26万亩，现状灌溉水利用系数0.45，2020年规划灌溉水利用系数0.68。节灌比0.44，较海河流域平均节灌比0.55低；高效节灌比0.42，略低于海河流域平均高效节灌比0.43。

冀东平原区现有陡河、滦河下游、引青、抚宁洋河等4个大型灌区,设计灌溉面积240.8万亩,有效灌溉面积222.3万亩。

陡河灌区位于陡河下游,丰南区的中部和西部、南部,北靠唐山市郊,南临渤海,东南与唐海县接壤,西与汉沽农场相连。灌区设计灌溉面积75万亩,有效灌溉面积65万亩。

滦河下游灌区地处河北省唐山市南部滨海平原滦河西侧。地理位置为北纬39.1°~39.7°、东经118.2°~119.2°。灌区设计灌溉面积95.8万亩,有效灌溉面积95.8万亩。

引青灌区位于河北省秦皇岛市卢龙县境内,桃林口水库下游4 km,南北呈狭长地带,位于东经118°49′~119°08′、北纬39°43′~40°10′。灌区设计灌溉面积38万亩,有效灌溉面积31万亩。

抚宁洋河灌区位于秦皇岛市抚宁区、昌黎县境内,地处东经119°06′03″~119°26′28″、北纬39°38′15″~39°58′30″。灌区设计灌溉面积32万亩,有效灌溉面积30.5万亩。

2.1.2 北京平原区

2.1.2.1 自然地理

北京平原区是由在北京市行政区域范围内的北四河下游平原和大清河淀西平原区构成。永定河在三家店出官厅山峡之后即进入平原区,与潮白河、蓟运河、北运河等源出燕山的北三河的下游平原区连为一体,统称为北四河下游平原区。北京市境内的大清河淀西平原区主要是由北拒马河的支流大石河、小清河的山前平原区构成。

北京平原区属半湿润大陆性季风气候,多年平均年降水量为556.0 mm,多年平均气温12.3 ℃,极端日最高气温41.9 ℃,极端日最低气温-27.4 ℃,极端最大风速13.3 m/s,多年平均日照时数7.3 h。

2.1.2.2 社会经济

北京平原区在行政区划上主要包括东城区、西城区、朝阳区、丰台区、石景山区、海淀区、通州区、大兴区,总面积6 400 km^2,总人口1 813.57万人,城镇化率90.3%,人均GDP 7.7万元。

北京平原区主要引水工程有京密引水渠、南水北调中线干渠等。

2.1.2.3 农业灌溉

北京平原区现有耕地面积255.16万亩,有效灌溉面积250.06万亩。其中,节水灌溉面积237.11万亩,现状灌溉水利用系数0.69,2020年规划灌溉水利用系数0.7。节灌比0.86,较海河流域平均节灌比0.55高;高效节灌比0.77,也较海河流域平均高效节灌比0.43高,是海河流域节水灌溉发展水平较高的区域。

2.1.3 天津平原区

2.1.3.1 自然地理

天津平原区是由在天津市行政区域内的北四河下游平原和大清河淀东平原区构成。永定河在三家店出官厅山峡之后即进入平原区,与潮白河、蓟运河、北运河等源出燕山的北三河的下游平原区连为一体,统称为北四河下游平原区。天津市境内的大清河淀东平原区主要由大清河下游平原区、独流减河平原区构成。

天津平原区属半湿润大陆性季风气候，多年平均年降水量为558.3 mm，多年平均气温12.6 ℃，极端日最高气温40.5 ℃，极端日最低气温 -20.0 ℃，极端最大风速12.3 m/s，多年平均日照时数7.1 h。

2.1.3.2 社会经济

天津平原区在行政区划上主要包括中心城区、东丽区、西青区、津南区、北辰区、静海区、武清区、宝坻区、滨海新区，总面积11 193 km^2，总人口1 255.99万人，城镇化率80.9%，人均GDP 7.2万元。

天津平原区主要引蓄水工程有南水北调中线干渠、、北大港水库、团泊洼水库。

2.1.3.3 农业灌溉

天津平原区现有耕地面积590.74万亩，有效灌溉面积462.26万亩。其中，节水灌溉面积345.08万亩，现状灌溉水利用系数0.66，2020年规划灌溉水利用系数0.68。节灌比0.70，较海河流域平均节灌比0.55高；高效节灌比0.44，略高于海河流域平均高效节灌比0.43。

天津平原区现有大型灌区1个，即里自沽灌区。里自沽灌区位于天津市宝坻区潮白新河两岸，灌区设计灌溉面积为50万亩，有效灌溉面积31万亩。

2.1.4 冀中南平原区

2.1.4.1 自然地理

冀中南平原区由在河北省行政区域范围内的北四河下游平原、大清河淀西平原、大清河淀东平原、子牙河平原以及河北省邯郸市行政区域范围内的漳卫河平原与徒骇马颊河平原构成。永定河在三家店出官厅山峡之后即进入平原区，与潮白河、蓟运河、北运河等源出燕山的北三河的下游平原区连为一体，统称为北四河下游平原区。大清河由南、北两支组成，北支主要为南拒马河、白沟河，汇流后称为大清河，再入白洋淀；南支主要有潴龙河、唐河、漕河、瀑河、萍河、府河、孝义河等，汇入白洋淀，再入东淀，东淀为大清河南、北两支汇合后的缓洪区。子牙河是由滹沱河与滏阳河汇流而成的，滹沱河在黄壁庄进入华北平原，滏阳河在京广铁路桥进入华北平原区。漳卫河平原是由漳河平原、卫河平原构成的。漳河在观台进入平原区；卫河发源于山西省陵川县夺火岭，在河北省馆陶县徐万仓与漳河汇流，始称卫运河，山区段较短。徒骇河、马颊河是独流入海的河流。

冀中南平原区属半湿润大陆性季风气候，多年平均年降水量为515.9 mm，多年平均气温13.1 ℃，极端日最高气温42.9 ℃，极端日最低气温 -23.0 ℃，极端最大风速12.3 m/s，多年平均日照时数6.9 h。

2.1.4.2 社会经济

冀中南平原区在行政区划上主要包括唐山市的丰南区、玉田县，廊坊市的安次区、广阳区、固安县、永清县、香河县、大城县、文安县、大厂县、三河市、霸州市，保定市的满城县、清苑区、涞水县、徐水区、定兴县、高阳县、容城县、望都县、安新县、蠡县、博野县、雄县、涿州市、定州市、安国市、高碑店市，石家庄市的藁城市、栾城县、正定县、高邑县、深泽县、赞皇县、无极县、元氏县、赵县、辛集市、晋州市、新乐市，衡水市的桃城区、武强县、饶阳县、安平县、深州市,沧州市的青县、肃宁县、河间市、任丘市、献县,邯郸市的邯山区、临漳县、大名县、永年区、鸡泽县、魏县,邢台市的邢台县、柏乡县、隆尧县、任县、南和县、宁晋县、沙河市。总面积 51 546 km^2,总人口 3 578.29 万人,城镇化率 43.6%,人均 GDP 2.7 万元。

冀中南平原区主要引蓄水工程有南水北调中线干渠、朱庄水库、野沟门水库、岳城水库、东武仕水库、岗南水库、黄壁庄水库、安各庄水库。

2.1.4.3 农业灌溉

冀中南平原区现有耕地面积 4 528.32 万亩,有效灌溉面积 3 983.62 万亩。其中,节水灌溉面积2 179.74 万亩,现状灌溉水利用系数 0.54,2020 年规划灌溉水利用系数 0.67。节灌比 0.56,较海河流域平均节灌比 0.55 略高;高效节灌比 0.54,较海河流域平均高效节灌比 0.43 高。

冀中南平原区现有大型灌区 7 个,分别为魏县军留灌区、朱野灌区、易水灌区、房涞涿灌区、沙河灌区、石津灌区、漳滏河灌区。

魏县军留灌区位于河北省魏县境内,地处北纬 36°3′00″~36°12′30″、东经 114°55′30″~150°7′24″。设计灌溉面积 35 万亩,有效灌溉面积 33 万亩。

朱野灌区位于河北省南部、太行山东麓低山丘陵和山前平原区,西起两水库下游中低山丘陵区,东至京广铁路西侧平原,南、北边界范围以大沙河北岸和白马河南岸为界。地处东经 113°22′~113°28′、北纬 36°57′~37°22′,是以朱庄水库和野沟门水库为主要水源的大型灌区。设计灌溉面积 30.7 万亩,有效灌面积 30.7 万亩。

易水灌区位于保定市北部,灌区北邻北易水,南依瀑河,东至白洋淀,西靠太行山脉。地理位置为东经 115°20′~115°46′、北纬 39°02′~39°20′。设计灌溉面积 63 万亩,有效灌溉面积 52 万亩。

房涞涿灌区位于大清河支流拒马河出山口的下游,南、北拒马河两岸。北起燕山山脉的军都山南麓,东至京广铁路,南至高碑店市北,西至太行山麓。设计灌溉面积 35 万亩,有效灌溉面积 26 万亩。

沙河灌区位于保定市南部,灌区范围西起王快水库,东临白洋淀,南至沙河、潴龙河,北界沙河。地理位置为东经 114°30′~116°00′、北纬 38°18′~38°47′。设计灌溉面积 76 万亩,有效灌溉面积 69 万亩。

石津灌区地处东经 114°19′~116°30′、北纬 37°30′~38°18′,位于滹沱河与滏阳河之间。设计灌溉面积 244.23 万亩,有效灌溉面积 195.25 万亩。

漳滏河灌区位于河北省邯郸市东南部,西起岳城水库,东至卫运河,南邻漳河,北达邯(郸)邢(台)边界。设计灌溉面积 304.5 万亩,有效灌溉面积 201 万亩。

2.2 中部及东部滨海平原区

2.2.1 邯郸平原区

2.2.1.1 自然地理

邯郸平原区是由在邯郸市行政区域范围内的黑龙港运东平原构成的。黑龙港河是漳河、滹沱河故道,有东支、中支、西支、本支之分,该区域统称黑龙港流域。流域内的南运河南北纵贯,将全流域分为运西、运东两部分。黑龙港运东流域内较大的排水河道有滏东排河、南排河、北排河、沧浪渠、廖家湾排水渠、新石碑河、大浪淀排水渠、宣惠河等。

邯郸平原区属半湿润大陆性季风气候,多年平均年降水量为525.9 mm,多年平均气温13.7 ℃,极端日最高气温42.2 ℃,极端日最低气温-20.4 ℃,极端最大风速10.3 m/s,多年平均日照时数6.5 h。

2.2.1.2 社会经济

邯郸平原区在行政区划上主要包括成安县、肥乡区、邱县、广平县、馆陶县、曲周县,总面积2 695 km^2,总人口197.83万人,城镇化率56.0%,人均GDP 1.6万元。

2.2.1.3 农业灌溉

邯郸平原区现有耕地面积249.96万亩,有效灌溉面积209.97万亩。其中,节水灌溉面积88万亩,现状灌溉水利用系数0.41,2020年规划灌溉水利用系数0.65。节灌比0.42,较海河流域平均节灌比0.55低;高效节灌比0.41,较海河流域平均高效节灌比0.43略低,是今后推进海河流域农业节水灌溉工作的重点地区之一。

邯郸平原区现有大型灌区1个,即漳滏河灌区。漳滏河灌区位于河北省邯郸市东南部,西起岳城水库,东至卫运河,南邻漳河,北达邯(郸)邢(台)边界。灌区总土地面积493.6万亩,设计灌溉面积304.5万亩,有效灌溉面积201万亩。控制范围涉及邯郸平原区的曲周、成安、广平、肥乡、馆陶、邱县等县(区)。

2.2.2 邢台衡水平原区

2.2.2.1 自然地理

邢台衡水平原区是由在邢台市和衡水市行政区域范围内的黑龙港运东平原构成的。黑龙港河是漳河、滹沱河故道,有东支、中支、西支、本支之分,该区域统称黑龙港流域。流域内的南运河南北纵贯,将全流域分为运西、运东两部分。黑龙港运东流域内较大的排水河道有滏东排河、南排河、北排河、沧浪渠、廖家湾排水渠、新石碑河、大浪淀排水渠、宣惠河。

邢台衡水平原区属半湿润大陆性季风气候,多年平均年降水量为482.4 mm,多年平均气温13.3 ℃,极端日最高气温42.7 ℃,极端日最低气温-22.1 ℃,极端最大风速12.5 m/s,多年平均日照时数6.9 h。

2.2.2.2 社会经济

邢台衡水平原区在行政区划上主要包括枣强县、武邑县、故城县、景县、阜城县、冀州区、巨鹿县、新河县、广宗县、平乡县、威县、清河县、临西县、南宫市,总面积9 708 km^2,总人口534.47万人,城镇化率33.1%,人均GDP1.3万元。

邢台衡水平原区主要引水工程有河北省引黄总干渠。

2.2.2.3 农业灌溉

邢台衡水平原区现有耕地面积665.46万亩,有效灌溉面积510.80万亩。其中,节水灌溉面积314.1万亩,现状灌溉水利用系数0.56,2020年规划灌溉水利用系数0.69。节灌比0.53,较海河流域平均节灌比0.55略低;高效节灌比0.53,较海河流域平均高效节灌比 0.43 高，是今后推进海河流域农业节水灌溉工作的重点地区之一。

2.2.3 沧州平原区

2.2.3.1 自然地理

沧州平原区是由在沧州市行政区域范围内的黑龙港运东平原构成的。黑龙港河是漳河、滹沱河故道，有东支、中支、西支、本支之分，该区域统称黑龙港流域。流域内的南运河南北纵贯，将全流域分为运西、运东两部分。黑龙港运东流域内较大的排水河道有滏东排河、南排河、北排河、沧浪渠、廖家湾排水渠、新石碑河、大浪淀排水渠、宣惠河。

沧州平原区属半湿润大陆性季风气候，多年平均年降水量为 582.8 mm，多年平均气温 11.7 ℃，极端日最高气温 41.8 ℃，极端日最低气温 -19 ℃，极端最大风速 14 m/s，多年平均日照时数 7.1 h。

2.2.3.2 社会经济

沧州平原区在行政区划上主要包括沧县、东光县、海兴县、盐山县、南皮县、吴桥县、孟村县、泊头市、黄骅市，总面积 10 041 km^2，总人口 472.51 万人，城镇化率 42.2%，人均 GDP 2.8 万元。

沧州平原区主要引蓄水工程有河北省引黄总干渠、大浪淀水库、杨埕水库。

2.2.3.3 农业灌溉

沧州平原区现有耕地面积 608.42 万亩，有效灌溉面积 425.89 万亩。其中，节水灌溉面积 338.16 万亩，现状灌溉水利用系数 0.52，2020 年规划灌溉水利用系数 0.73。节灌比 0.7，较海河流域平均节灌比 0.55 高；高效节灌比 0.65，较海河流域平均高效节灌比 0.43 高。该区域在中部及东部滨海平原一级分区中属于节水水平较高的区域。

2.3 南部引黄平原区

2.3.1 漳卫河平原区

2.3.1.1 自然地理

漳卫河平原区是由河南省安阳市、鹤壁市、新乡市、焦作市、濮阳市行政范围内的漳卫河平原构成的，是河南省黄河以北引黄灌区的一部分。漳卫河平原由漳河平原、卫河平原构成。漳河上有两源，北源为清漳河，南源为浊漳河，清漳河和浊漳河在合漳村汇合后始称漳河，在观台进入平原区。卫河发源于山西省陵川县夺火岭，在河北省馆陶县徐万仓与漳河汇流，始称卫运河，山区段较短。

漳卫河平原区属半湿润大陆性季风气候，多年平均年降水量为 570.9 mm，多年平均气温 14.2 ℃，极端日最高气温 43.2 ℃，极端日最低气温 -19.2 ℃，极端最大风速 16.5 m/s，多年平均日照时数 6.1 h。

2.3.1.2 社会经济

漳卫河平原区在行政区划上主要包括河南省安阳市的安阳县、内黄县、汤阴县、滑县、龙安区，鹤壁市的浚县、淇县、淇滨区，新乡市的辉县市、卫辉市、获嘉县，焦作市的修武县、武陟县、博爱县。总面积 7 589 km^2，总人口 777.59 万人，城镇化率 50.5%，人均 GDP 2.5 万元。

漳卫河平原区主要引蓄水工程有共产主义渠、人民胜利渠、南水北调中线干渠、双泉水库、彰武水库、南海水库、盘石头水库、汤河水库、琵琶寺水库、要街水库、狮豹头水库、塔岗水库、石门水库、宝泉水库、群英水库等。

2.3.1.3 农业灌溉

漳卫河平原区现有耕地面积 975.62 万亩，有效灌溉面积 790.51 万亩。其中，节水灌溉面积 390.33 万亩，现状灌溉水利用系数 0.53，2020 年规划灌溉水利用系数 0.7。节灌比 0.53，较海河流域平均节灌比 0.55 略低；高效节灌比 0.43，与海河流域平均高效节灌比 0.43 持平。该区域节水灌溉发展水平为海河流域平均水平。

漳卫河平原区现有大型灌区 7 个，分别为群库灌区、武嘉灌区、安阳县跃进渠灌区、渠村引黄灌区、人民胜利渠灌区、漳南灌区、南小堤引黄灌区。

群库灌区位于辉县市域东、北、西、中部的太行山麓山间盆地及山前冲积倾斜平原，东经 113°20′～113°57′、北纬 35°17′～35°50′。设计灌溉面积 50.4 万亩，有效灌溉面积 31.7 万亩。

武嘉灌区位于东经 113°10′～113°18′、北纬 35°10′～35°20′。设计灌溉面积 36 万亩，实际灌溉面积 16.8 万亩。

安阳县跃进渠灌区位于安阳县西部丘陵区，西连林州市，东接安阳市，南界鹤壁市，北界漳河与河北省毗邻。设计灌溉面积 30.5 万亩，有效灌溉面积 18.5 万亩。

渠村引黄灌区位于濮阳市西部，南起黄河，北抵卫河及省界，西至滑县境内黄庄河及市界，东与南小堤引黄灌区毗邻，涉及濮阳县、华龙区、清丰县、南乐县和安阳市的滑县五县(区)，地理坐标为东经 114°49′～115°18′、北纬 35°22′～36°10′。设计灌溉面积 74.13 万亩，有效灌溉面积 57 万亩。

人民胜利渠灌区位于河南省黄河北岸，东经 113°31′～114°25′、北纬 35°00′～35°30′。其地域主要包括新乡、焦作、安阳三市的新乡县、新乡市郊、原阳县、获嘉县、延津县、卫辉市、武陟县、滑县共七县一市郊。设计灌溉面积 145.84 万亩，实际灌溉面积 85 万亩。

漳南灌区北依漳河，南界淤泥河、永通河，西起彰武、汤河水库，东至卫河，东西长 68 km，南北宽 40 km，设计灌溉面积 120 万亩，有效灌溉面积 93.62 万亩。

南小堤引黄灌区位于濮阳市东部，涉及濮阳县、清丰县、南乐县、华龙区三县一区。灌区南北长 85 km，东西宽约 33 km，设计灌溉面积 48.21 万亩，有效灌溉面积 41.95 万亩。

2.3.2 徒骇马颊河区

2.3.2.1 自然地理

徒骇马颊河区是由山东省德州市、聊城市、滨州市、东营市、济南市以及河南省濮阳市行政范围内的徒骇马颊河平原构成，是山东省黄河以北引黄灌区的全部以及河南省黄河以北引黄灌区的一部分。徒骇河发源于山东省聊城市莘县古云乡文明寨村东，于沾化区套儿河口注入渤海。马颊河发源于河南省濮阳县澶州坡，于无棣县黄瓜岭流入渤海。

徒骇马颊河区属半湿润大陆性季风气候，多年平均年降水量为 553.7 mm，多年平均气温 12.8 ℃，极端日最高气温 43.4 ℃，极端日最低气温 -27 ℃，极端最大风速 16.5 m/s，多年平均日照时数 7.2 h。

2.3.2.2 社会经济

徒骇马颊河区在行政区划上主要包括山东省德州市的陵县、禹城市、乐陵市、临邑县、平原县、夏津县、武城县、庆云县、宁津县、齐河县，聊城市的冠县、莘县、阳谷县、东阿县、茌平县、高唐县、临清市，滨州市的沾化区、惠民县、阳信县、无棣县、博兴县、邹平县，东营市的河口区、利津县，济南市的商河县、济阳县，总面积 32 647 km^2，总人口 1 770.39 万人，城镇化率 45.6%，人均 GDP 2.9 万元。

徒骇马颊河区主要引蓄水工程有位山干渠、南水北调东线一期、丁东水库、丁庄水库、大屯水库、新高津河水库、相家河水库、龙门水库、谭庄水库、闫围子水库、秦台水库等。

2.3.2.3 农业灌溉

徒骇马颊河区现有耕地面积 2 857.91 万亩，有效灌溉面积 2 470.70 万亩。其中，节水灌溉面积 648.9 万亩，现状灌溉水利用系数 0.55，2020 年规划灌溉水利用系数 0.65。节灌比 0.25，较海河流域平均节灌比 0.55 低；高效节灌比 0.13，较海河流域平均高效节灌比 0.43 低。节水灌溉潜力巨大，是今后推进海河流域农业节水灌溉工作的重点地区之一。

徒骇马颊河区现有大型灌区 13 处，全部为引黄灌区，分别为邢家渡灌区、营子涵引河灌区、王庄灌区、潘庄灌区、李家岸灌区、位山灌区、彭楼灌区、陶城铺灌区、郭口灌区、簸箕李灌区、白龙湾灌区、韩墩灌区、小开河灌区。

邢家渡灌区范围包含山东省济南市、天桥区、济阳县、商河县，属于海河流域徒骇马颊河水系，地处东经 116°52′~117°27′、北纬 36°47′~37°32′，设计灌溉面积 118 万亩，有效灌溉面积 96 万亩。

营子涵引河灌区范围涉及山东省济南市商河县，地处东经 116°58′45″~117°26′05″、北纬 37°06′25″~37°31′40″，设计灌溉面积 42 万亩，有效灌溉面积 42 万亩。

王庄灌区范围涉及山东省东营市，位于东经 118°12′53″~118°44′19″、北纬 37°35′20″~38°2′19″，设计灌溉面积 98 万亩，有效灌溉面积 68.78 万亩。

潘庄灌区范围位于东经 115°45′24″~117°24′、北纬 36°24′25″~38°00′32″，设计灌溉面积 357 万亩，有效灌溉面积 324.68 万亩。

李家岸灌区位于德州市东部，范围涉及齐河、临邑、陵县、宁津、乐陵和庆云等 6 县（市、区）的全部或部分，设计灌溉面积 230 万亩，有效灌溉面积 215.38 万亩。

位山灌区地处东经 115°16′~116°30′、北纬 35°47′~37°03′，设计灌溉面积 540 万亩，有效灌溉面积 423.48 万亩。

彭楼灌区范围涉及山东省聊城市莘县、冠县，属于海河流域马颊徒骇河水系，位于东经 115°22′~115°44′、北纬 35°46′~36°25′。灌区设计灌溉面积 200 万亩，有效灌溉面积 88.49 万亩。

陶城铺灌区位于东经 115°39′~116°06′、北纬 35°55′~36°19′，设计灌溉面积 114.3 万亩，有效灌溉面积 90.91 万亩。

郭口灌区位于东经 116°16′~116°23′、北纬 36°16′′~36°30′，设计灌溉面积 37.20 万

亩,有效灌溉面积 32.79 万亩。

簸箕李灌区位于东经 117°14′37″～117°58′44″、北纬 37°7′41″～38°14′57″,设计灌溉面积 118 万亩,有效灌溉面积 77 万亩。

白龙湾灌区位于东经 117°11′～117°40′、北纬 37°06′～37°35′,设计灌溉面积 35 万亩,有效灌溉面积 32.12 万亩。

韩墩灌区设计灌溉面积 96 万亩,有效灌溉面积 90 万亩。

小开河灌区位于东经 117°42′～118°04′、北纬 37°17′～38°03′,设计灌溉面积 110 万亩,有效灌溉面积 115 万亩。

2.4 北部燕山区

2.4.1 北部山区

2.4.1.1 自然地理

北部山区是由滦河上游流域构成的。滦河发源于河北省丰宁县巴彦图古尔山南麓的大古道沟,上游称闪电河,两岸山地起伏缓和,多沼泽湿地,蜿蜒流淌,经内蒙古自治区正蓝旗转向东,经多伦县境至白城子有黑风河汇入,至大河口有土力根河汇入后称大滦河,由外沟门子又进入河北省丰宁县境内,两岸崇山峻岭,起伏颇殊,峡谷盆地相间,至郭家屯镇西屯汇入小滦河后始称滦河,河流蜿蜒于燕山峡谷之间。北部山区在地质构造上属于华北台地的一部分,地层发育和大地构造演化的历史悠久,构造单元为内蒙古背斜、燕山沉积带。

北部山区属半干旱大陆性季风气候,多年平均年降水量为 380.2 mm,多年平均气温 2.3 ℃,极端日最高气温 36.8 ℃,极端日最低气温 -39.8 ℃,极端最大风速 15.5 m/s,多年平均日照时数 8.3 h。

2.4.1.2 社会经济

北部山区在行政区划上主要包括河北省沽源县,内蒙古自治区正蓝旗、多伦县,总面积 7 876 km^2,总人口 22.46 万人,城镇化率 46.3%,人均 GDP 4.6 万元。

北部山区主要蓄水工程有闪电河水库、西山湾水库、大河口水库等。

2.4.1.3 农业灌溉

北部山区现有耕地面积 129.16 万亩,有效灌溉面积 28.94 万亩。其中,节水灌溉面积 24.72 万亩,现状灌溉水利用系数 0.48,2020 年规划灌溉水利用系数 0.7。节灌比 0.70,较海河流域平均节灌比 0.55 高;高效节灌比 0.63,较海河流域平均高效节灌比 0.43 高。

2.4.2 北京山区

2.4.2.1 自然地理

北京山区是由北三河山区构成的。北三河是蓟运河、潮白河和北运河的统称,三条河均发源于燕山山区。蓟运河发源于河北省兴隆县青灰岭南麓,至宝坻区张古庄与州河汇流成蓟运河。北运河发源于北京市昌平区。潮白河由潮河、白河汇流而成,潮河发源于河北省丰宁县黄旗镇,白河发源于河北省沽源县九龙泉。

北京山区属半湿润大陆性季风气候,多年平均年降水量为661.3 mm,多年平均气温10.8 ℃,极端日最高气温41.1 ℃,极端日最低气温 -24 ℃,极端最大风速8.2 m/s,多年平均日照时数7.3 h。

2.4.2.2 社会经济

北京山区在行政区划上主要包括北京市平谷区、密云区、怀柔区、昌平区,总面积6 294 km^2,总人口72.1万人,城镇化率50%,人均GDP 3.3万元。

北京山区主要引蓄水工程有京密引水渠、密云水库、海子水库、白河堡水库、遥桥峪水库、大水峪水库、怀柔水库、西峪水库、十三陵水库等。

2.4.2.3 农业灌溉

北京山区现有耕地面积44.25万亩,有效灌溉面积26.97万亩。其中,节水灌溉面积38.49万亩,现状灌溉水利用系数0.69,2020年规划灌溉水利用系数0.7。节灌比0.86,较海河流域平均节灌比0.55高;高效节灌比0.76,较海河流域平均高效节灌比0.43高,是海河流域节水水平较高的区域。

北京山区现有大型灌区1个,即海子灌区。海子灌区位于北京市平谷区中部,地处东经116°55′~117°24′,北纬40°02′~40°22′,设计灌溉面积30.4万亩,有效灌溉面积30.4万亩。

2.4.3 天津山区

2.4.3.1 自然地理

天津山区是由州河和泃河山区构成的。州河和泃河都是蓟运河的支流,分别发源于河北省兴隆县青灰岭南麓和兴隆县孤山子乡,州河和泃河在天津市宝坻区张古庄汇流成蓟运河。

天津山区属半湿润大陆性季风气候,多年平均年降水量为678.6 mm,多年平均气温11.5 ℃,极端日最高气温40.5 ℃,极端日最低气温 -25.7 ℃,极端最大风速9 m/s,多年平均日照时数7.2 h。

2.4.3.2 社会经济

天津山区在行政区划上主要为天津市蓟州区,总面积1 590 km^2,总人口96万人,城镇化率41.6%,人均GDP 2.0万元。

天津山区主要引蓄水工程有引滦入津干渠、于桥水库。

2.4.3.3 农业灌溉

天津山区现有耕地面积72.24万亩,有效灌溉面积57.07万亩,其中,节水灌溉面积46.97万亩,现状灌溉水利用系数0.65,2020年规划灌溉水利用系数0.7。节灌比0.74,较海河流域平均节灌比0.55高;高效节灌比0.55,较海河流域平均高效节灌比0.43高,是海河流域节水水平较高的区域,今后应着重发展高效节水灌溉技术。

2.4.4 中东部山区

2.4.4.1 自然地理

中东部山区是由北三河山区和滦河山区构成的。北三河是蓟运河、潮白河和北运河的统称，三条河均发源于燕山山区。蓟运河发源于河北省兴隆县青灰岭南麓，至宝坻区张古庄与州河汇流成蓟运河。北运河发源于北京市昌平区。潮白河由潮河、白河汇流而成，潮河发源于河北省丰宁县黄旗镇，白河发源于河北省沽源县九龙泉。滦河在郭家屯以下进入燕山峡谷区，在郭家屯以下依次有兴州河、伊逊河、白河、武烈河、老牛河、柳河、瀑河等支流汇入，至潘家口穿越长城，出潘家口库区后有潵河汇入，出大黑汀水库，经罗家屯龟口峡进入冀东平原。

中东部山区属半湿润大陆性季风气候，多年平均年降水量为568.7 mm，多年平均气温8.3 ℃，极端日最高气温40.2 ℃，极端日最低气温 -24.9 ℃，极端最大风速7.3 m/s，多年平均日照时数7.5 h。

2.4.4.2 社会经济

中东部山区在行政区划上主要包括河北省张家口市的赤城县，承德市的承德县、丰宁县、兴隆县、滦平县、宽城县、围场县、隆化县、平泉市，唐山市的丰南区、丰润区、遵化市、迁安市、迁西县，丰宁县，辽宁省朝阳市的凌源市、建昌县，总面积50 803 km^2，总人口672.89万人，城镇化率32.9%，人均GDP 2.5万元。

中东部山区主要引蓄水工程有引滦入津工程、引滦入唐工程、潘家口水库、大黑汀水库、桃林口水库、庙宫水库、黄土梁水库、窟窿山水库、般若院水库、上关水库、邱庄水库、水胡同水库等。

2.4.4.3 农业灌溉

中东部山区现有耕地面积732.13万亩，有效灌溉面积390.83万亩。其中，节水灌溉面积270万亩，现状灌溉水利用系数0.53，2020年规划灌溉水利用系数0.68。节灌比0.55，与海河流域平均节灌比0.55持平；高效节灌比0.44，较海河流域平均高效节灌比0.43略高，该区域节水灌溉发展水平为海河流域平均水平。

2.5 西北部太行山区

2.5.1 大同朔州山区

2.5.1.1 自然地理

大同朔州山区是由山西省大同市、朔州市、忻州市行政区域内的永定河册田水库以上山区和册田水库至三家店区间山区构成的。永定河发源于山西高原北部，在北京市门头沟三家店以上为山区，以断陷盆地和断块山脉为主体，属燕山、阴山、恒山和太行山余脉。桑干河和洋河在河北省怀来县夹河村汇合后称永定河。

大同朔州山区属半干旱大陆性季风气候，多年平均年降水量为416.8 mm，多年平均气温7.3 ℃，极端日最高气温38.3 ℃，极端日最低气温 -40.4 ℃，极端最大风速15 m/s，多年平均日照时数 7.5 h。

2.5.1.2 社会经济

大同朔州山区在行政区划上主要包括山西省大同市的南郊区、新荣区、天镇县、阳高县、浑源县、左云县，朔州市的怀仁县、应县、山阴县、宁武县。总面积 18 605 km^2，总人口 469.1 万人，城镇化率 53.7%，人均 GDP 2.8 万元。

大同朔州山区主要蓄水工程有东榆林水库、镇子梁水库、册田水库、恒山水库、十里河水库、下米庄水库、赵家窑水库、孤峰山水库等。

2.5.1.3 农业灌溉

大同朔州山区现有耕地面积 950.8 万亩，有效灌溉面积 367.39 万亩。其中，节水灌溉面积 219.2 万亩，现状灌溉水利用系数 0.56，2020 年规划灌溉水利用系数 0.68。节灌比 0.58，较海河流域平均节灌比 0.55 略高；高效节灌比 0.38，较海河流域平均高效节灌比 0.43 低，今后应大力发展高效节水灌溉技术。

大同朔州山区现有大型灌区 2 处，分别为桑干河灌区和册田灌区。

桑干河灌区范围涉及山西省朔州市的山阴县和应县，位于东经 112°41′～113°51′、北纬 39°21′～39°31′，设计灌溉面积 36 万亩，有效灌溉面积 27.3 万亩。

册田灌区范围涉及山西省大同市的大同、阳高两县，位于东经 113°30′～114°15′、北纬 39°45′～40°10′，设计灌溉面积 30.04 万亩，有效灌溉面积 13.65 万亩。

2.5.2 乌兰察布山区

2.5.2.1 自然地理

乌兰察布山区是由内蒙古自治区乌兰察布市行政区域内的永定河册田水库以上山区和册田水库至三家店区间山区构成的。永定河发源于山西高原北部，在北京市门头沟三家店以上为山区，以断陷盆地和断块山脉为主体，属燕山、阴山、恒山和太行山余脉。桑干河和洋河在河北省怀来县夹河村汇合后称永定河。乌兰察布山区是桑干河支流饮马河与洋河支流东洋河的源头区。

乌兰察布山区属半干旱大陆性季风气候，多年平均年降水量为 403.6 mm，多年平均气温 5.1 ℃，极端日最高气温 36.5 ℃，极端日最低气温 -37.5 ℃，极端最大风速 12 m/s，多年平均日照时数 7.6 h。

2.5.2.2 社会经济

乌兰察布山区在行政区划上主要包括内蒙古自治区乌兰察布市的丰镇市、兴和县，总面积 5 626 km^2，总人口 79.29 万人，城镇化率 46.2%，人均 GDP1.5 万元。

乌兰察布山区主要蓄水工程有友谊水库、巨宝庄水库、九龙湾水库、鄂卜坪水库、皂火口水库等。

2.5.2.3 农业灌溉

乌兰察布山区现有耕地面积 208.94 万亩，有效灌溉面积 94.02 万亩。其中，节水灌溉面积 48.12 万亩，现状灌溉水利用系数 0.51，2020 年规划灌溉水利用系数 0.65。节灌比 0.66，较海河流域平均节灌比 0.55 高；高效节灌比 0.59，较海河流域平均高效节灌比 0.43 高。

2.5.3 张家口山区

2.5.3.1 自然地理

张家口山区是由河北省张家口市行政区域内的册田水库至三家店区间山区构成的。永定河发源于山西高原北部，在北京市门头沟三家店以上为山区，以断陷盆地和断块山脉为主体，属燕山、阴山、恒山和太行山余脉。桑干河和洋河在河北省怀来县夹河村汇合后称永定河。

张家口山区属半干旱大陆性季风气候，多年平均年降水量为398.7 mm，多年平均气温8.5 ℃，极端日最高气温40.8 ℃，极端日最低气温 -26 ℃，极端最大风速11 m/s，多年平均日照时数7.9 h。

2.5.3.2 社会经济

张家口山区在行政区划上主要包括河北省张家口市的尚义县、万全区、阳原县、蔚县、怀安县、宣化区、怀来县、崇礼区、涿鹿县，总面积17 662 km^2，总人口311.8万人，城镇化率51.6%，人均GDP 2.5万元。

张家口山区主要蓄水工程有友谊水库、壶流河水库、响水堡水库、西洋河水库等。

2.5.3.3 农业灌溉

张家口山区现有耕地面积604.94万亩，有效灌溉面积284.32万亩。其中，节水灌溉面积156.32万亩，现状灌溉水利用系数0.55，2020年规划灌溉水利用系数0.7。节灌比0.50，较海河流域平均节灌比0.55略低；高效节灌比0.25，较海河流域平均高效节灌比0.43低，今后应大力发展高效节水灌溉技术。

张家口山区现有大型灌区5个，分别为通桥河灌区、涿鹿县桑干河灌区、宣化区洋河灌区、万全区洋河灌区、壶流河灌区。

通桥河灌区位于张家口市南郊，灌区北起张家口市高新区南郊老鸦庄镇，南至洋河北岸，西起腰站堡，东到沙岭子镇，地处北纬40°42′~40°57′、东经114°50′~114°59′，设计灌溉面积31.66万亩，有效灌溉面积6.75万亩。

涿鹿县桑干河灌区位于涿鹿县桑干河两岸，北部以桑干河、洋河盆地为主，南部是涿鹿县境内桑干河各较大支流出口的冲洪积扇，地处东经114°55′~115°31′、北纬40°19′~40°26′，设计灌溉面积34.5万亩，有效灌溉面积32.8万亩。

宣化区洋河灌区东邻赤城、涿鹿两县，西与张家口市区和怀安县毗邻，南与阳原、蔚县接壤，北依崇礼区，以长城为界，地处东经114°43′~115°26′、北纬40°10′~40°48′，设计灌溉面积34.88万亩，有效灌溉面积30.88万亩。

万全区洋河灌区东邻张家口市，西、北以明长城为界，与尚义县、张北县接壤，南以洋河为界与怀安县隔河相望。洋河灌区位于万全区洋河北部丘陵到河川的过渡区，地理坐标为北纬40°40′~41°00′、东经114°20′~114°50′，设计灌溉面积34.98万亩，有效灌溉面积30.98万亩。

壶流河灌区位于蔚县盆地中西部的壶流河两岸，灌溉工程西起山西省广灵县与河北省蔚县交界的暖泉镇，南至蔚县北口峪，北至蔚县北水泉镇，东至蔚县西合营镇，地处东经114°12′~115°04′、北纬39°44′~40°11′，设计灌溉面积36.0万亩，有效灌溉面积31.7万亩。

2.6 西部太行山区

2.6.1 北京山区

2.6.1.1 自然地理

北京山区是由北京市行政区域内的册田水库至三家店区间山区、大清河山区构成的。永定河发源于山西高原北部，在北京市门头沟三家店以上为山区，以断陷盆地和断块山脉为主体，属燕山、阴山、恒山和太行山余脉。桑干河和洋河在河北省怀来县夹河村汇合后称永定河，随即进入官厅水库。北京市境内的大清河山区主要是拒马河及其支流小清河、大石河所在的山区。

北京山区属半湿润大陆性季风气候，多年平均年降水量为645.2 mm，多年平均气温10.8 ℃，极端日最高气温39.3 ℃，极端日最低气温 -18.3 ℃，极端最大风速9.8 m/s，多年平均日照时数7.9 h。

2.6.1.2 社会经济

北京山区在行政区划上主要包括北京市的房山区、门头沟区、延庆区，总面积4 106 km^2，总人口75.52万人，城镇化率50%，人均GDP 2.9万元。

北京山区主要引蓄水工程有胜天渠、斋堂水库、大宁水库、崇青水库、天开水库、官厅水库等。

2.6.1.3 农业灌溉

北京山区现有耕地面积34.14万亩，有效灌溉面积15.93万亩。其中，节水灌溉面积13.76万亩，现状灌溉水利用系数0.69，2020年规划灌溉水利用系数0.7。节灌比0.86，较海河流域平均节灌比0.55高；高效节灌比0.76，较海河流域平均高效节灌比0.43高。该区域是海河流域节水灌溉水平较高的地区。

2.6.2 邯郸山区

2.6.2.1 自然地理

邯郸山区是由河北省邯郸市行政区域内的太行山区构成，属于漳河流域山区和滏阳河支流洺河山区。

邯郸山区属半湿润大陆性季风气候，多年平均年降水量为540.5 mm，多年平均气温12.5 ℃，极端日最高气温40.4 ℃，极端日最低气温 -18.3 ℃，极端最大风速10 m/s，多年平均日照时数6.9 h。

2.6.2.2 社会经济

邯郸山区在行政区划上主要包括邯郸市的涉县、磁县、武安市，总面积4 663 km^2，总人口248.59万人，城镇化率47.5%，人均GDP 3.8万元。

邯郸山区主要引蓄水工程有白芨一道渠、白芨二道渠、大跃峰渠、小跃峰渠、岳城水库、东武仕水库、青塔水库、车谷水库、四里岩水库等。

2.6.2.3 农业灌溉

邯郸山区现有耕地面积132.46万亩，有效灌溉面积85.21万亩。其中，节水灌溉面积45.9万亩，现状灌溉水利用系数0.51，2020年规划灌溉水利用系数0.69。节灌比0.57，较海河流域平均节灌比0.55高；高效节灌比0.28，较海河流域平均高效节灌比0.43低，今后应大力发展高效节水灌溉技术。

邯郸山区现有大型灌区2处，分别为磁县跃峰灌区、邯郸跃峰灌区。

磁县跃峰灌区位于河北省磁县西南部，是引漳河水灌溉的拦河坝式自流灌区，设计灌溉面积36万亩，有效灌溉面积33.5万亩。

邯郸跃峰灌区位于东经113°45′~114°30′、北纬36°17′~36°40′，行政区划包括邯郸市峰峰矿区全部及涉县、磁县、武安市、邯山区一部分，设计灌溉面积48万亩，有效灌溉面积30.53万亩。

2.6.3 中南部山区

2.6.3.1 自然地理

中南部山区是由山西省晋中市、长治市、阳泉市、忻州市、大同市，河北省保定市、石家庄市、邢台市，河南省安阳市、新乡市、焦作市行政区域内的太行山区构成的，属于漳河、卫河、滹沱河、滏阳河、大清河流域的山区部分。

中南部山区属半湿润大陆性季风气候，多年平均年降水量为522.6 mm，多年平均气温9.5 ℃，极端日最高气温37.8 ℃，极端日最低气温-23.4 ℃，极端最大风速8.8 m/s，多年平均日照时数7.3 h。

2.6.3.2 社会经济

中南部山区在行政区划上主要包括山西省晋中市的榆社县、和顺县、左权县、昔阳县，长治市的长治县、襄垣县、长子县、屯留县、壶关县、黎城县、平顺县、武乡县、沁县、沁源县、潞城市，阳泉市的郊区、盂县、平定县，忻州市的代县、繁峙县、定襄县、五台县、宁武县、原平市，大同市的灵丘县、广灵县，河北省保定市的阜平县、涞源县、唐县、顺平县、易县、曲阳县，石家庄市的行唐县、鹿泉区、井陉县、灵寿县、平山县，邢台市的临城县、内丘县，河南市安阳市的林州市，新乡市的辉县市，总面积62 004 km^2，总人口1672.98万人，城镇化率37.7%，人均GDP 2.2万元。

中南部山区主要引蓄水工程有红旗渠、跃进渠、五一渠、官座岭渠、岳城水库、安各庄水库、龙门水库、西大洋水库、王快水库、口头水库、横山岭水库、燕川水库、岗南水库、黄壁庄水库、临城水库、野沟门水库、朱庄水库、四里岩水库、口上水库、塔岗水库、石门水库、汤河水库、彰武水库、南海水库、盘石头水库、要街水库、群英水库、宝泉水库、陶清河水库、申村水库、屯降水库、漳泽水库、后湾水库、关河水库、圪芦河水库、月岭山水库、云竹水库、石匣水库、郭庄水库、白草坪水库、米家寨水库、观上水库、下茹越水库、孤山水库等。

2.6.3.3 农业灌溉

中南部山区现有耕地面积2 509.18万亩，有效灌溉面积958.95万亩。其中，节水灌溉面积719.48万亩，现状灌溉水利用系数0.5，2020年规划灌溉水利用系数0.65。节灌比0.53，较海河流域平均节灌比0.55略低；高效节灌比0.37，较海河流域平均高效节灌比0.43低，今后应大力发展高效节水灌溉技术。

中南部山区现有大型灌区7处，分别为磁唐河灌区、冶河灌区、井陉绵河灌区、滹沱河灌区、红旗渠灌区、群库灌区、安阳县跃进灌区。

磁唐河灌区位于保定市西南部，范围西起西大洋水库，东至京广铁路及界河，南界唐河，北至唐县、顺平两县南部山麓边缘，地理坐标为东经114°48′～115°15′、北纬38°38′～38°55′，设计灌溉面积70万亩，有效灌溉面积42.5万亩。

冶河灌区位于石家庄市西部丘陵平原衔接地带，设计灌溉面积42.54万亩，有效灌溉面积39.9万亩。

井陉绵河灌区西起山西省平定县，东至鹿泉市境内，南界井陉县张河湾，北与平山县接壤，地理坐标为北纬37°42′～38°13′、东经113°48′～114°18′，设计灌溉面积38.5万亩，有效灌溉面积32.5万亩。

滹沱河灌区范围涉及山西省忻府区、定襄县、原平市，设计灌溉面积40万亩，有效灌溉面积32.5万亩。

红旗渠灌区位于河南省林州市境内，西依太行山，东与安阳市毗邻，南临淇河灌区，北以漳河为界，灌区共涉及林州市16个乡(镇)，设计灌溉面积54万亩，实际灌溉面积41万亩。

群库灌区位于辉县市域东、北、西、中部的太行山麓山间盆地及山前冲积倾斜平原，地理坐标为东经113°20′～113°57′，北纬35°17′～35°50′，设计灌溉面积50.4万亩，有效灌溉面积31.7万亩。

安阳县跃进灌区位于河南省安阳县西部丘陵区，西连林州市，东接安阳市，南界鹤壁市，北界漳河与河北省毗邻，设计灌溉面积30.5万亩，有效灌溉面积18.5万亩。

第3章　节水灌溉技术及应用

节水灌溉措施是根据作物需水规律和当地供水条件，为充分、有效地利用自然降水和灌溉水，获取农业的最佳经济效益、社会效益和生态环境效益而采取的多种措施的总称。其根本目的是通过采取水利、农艺、管理等措施，最大限度地减少在取水、输水、配水、灌水直至作物耗水过程中的无效损失水量，提高水的利用效率。节水灌溉具有丰富的内涵，它包括水资源的合理开发利用、输配水过程的节水、田间灌溉过程的节水、用水管理节水以及农艺节水增产技术等。

农业灌溉节水措施主要包括工程措施和非工程措施两大类。工程措施主要包括渠道防渗措施、管道输水措施、喷灌措施和微灌措施。工程措施的主要目的是提高灌溉水的利用效率，部分工程措施，例如滴灌、膜下灌等，还可以降低无效耗水，降低作物需水量。非工程措施主要包括作物灌溉制度的改进，如节水丰产型灌溉制度、非充分灌溉和调亏灌溉制度等，农艺节水措施，如秸秆覆盖保水技术、抗旱节水作物品种选育等，以及管理节水措施，如水源调配、完善量水设施、调整水价，按量收费等。非工程措施的主要作用是降低田间无效蒸发。工程措施和非工程措施的主要内容和节水效果见表3-3-1。

表3-3-1　农业节水技术措施及其特点

节水技术		节水重点
工程措施	渠道防渗	减少输水过程中的渗漏损失和蒸发损失，提高渠系水利用系数
	管道输水	减少田间输水过程中的渗漏损失和蒸发损失，提高输配水效率
	改进地面灌溉	提高田间灌溉水有效利用系数，缩短灌水时间，提高灌水均匀度
	喷灌	提高田间灌溉水有效利用系数，改善农田小气候
	滴灌	提高田间灌溉水有效利用系数，降低土面无效蒸发
非工程措施	改进灌溉制度	降低无效蒸发和奢侈蒸发
	秸秆覆盖	降低土面无效蒸发
	抗旱节水作物品种选择	减少作物耗水量
	加强用水管理	减少无效损失，提高灌溉水有效利用系数

3.1　工程措施

为了减少输水过程中的损失，建立不易透水的防护层，进行防渗处理，既可以减少水的渗漏损失,又可加快输水速度,提高灌溉效率,是我国目前应用最广泛的节水技术之一,是实施节水灌溉的基本措施。

3.1.1 渠道衬砌

渠道衬砌与防渗工程技术是减少渠道输水渗漏损失,提高渠系水利用系数的工程技术措施,是我国目前应用最广泛的节水灌溉工程技术措施。渠道衬砌与防渗以后,可以极大地减少农业灌溉用水的浪费,具有显著的节水效益。渠道衬砌与防渗技术主要特点可总结如下:

(1)减少渠道渗漏损失,节省灌溉用水量,更高效地利用水资源。

(2)提高渠床的抗冲刷能力,防止渠岸坍塌,增加渠床的稳定性。

(3)减小渠床糙率,增大渠道流速,提高渠道输水能力。

(4)减少渠道渗漏对地下水的补给,有利于控制地下水位上升,防止土壤盐碱化及沼泽化的产生。

(5)防止渠道长草,减少泥沙淤积,节约工程维修费用。

(6)降低灌溉成本,提高灌溉效益。

3.1.2 管灌

低压管道输水灌溉,简称管灌,是以管道代替明渠输水灌溉的一种工程形式。它通过一定的压力将灌溉水由分水设施输送到田间,直接由管道分水口分水进入田间沟畦,以满足农作物的需水要求。低压管道输水技术主要特点可总结如下:

(1)节水、节能。管道输水系统有效地防止了水的渗漏与蒸发损失,其输水过程中水的有效利用率可达90%以上,而土渠输水灌溉的有效利用率只有50%左右。因此,低压管道输水灌溉可大大提高水的利用率。

(2)省工、省地。采用管道输水灌溉,管道基本上代替了田间渠系,可以大量节省土地,对于海河流域土地资源紧缺,人均耕地1亩左右(全国人均耕地约1.5亩)的现实来说,低压管道输水灌溉具有显著的社会效益和经济效益。

(3)增产、增收。低压管道输水灌溉出水口流量较大,系统所需的压力较低,相应的输水管道管径较大,管道一般不会发生堵塞。管道输水比土渠输水快,供水及时,可缩短轮灌周期,改善田间灌水条件,有利于适时灌溉,能及时有效地满足作物生长期的需水要求,从而实现增产、增收。

(4)便于管理。低压管道输水灌溉由于是有压供水,在避免跑水漏水的同时,可适应较复杂的地形,使原来土渠难以达到灌溉的地块实现灌溉。管道输水灌溉替代土渠输水之后,不但节省管理用工,还减小了劳动强度,方便农民管水用水。

3.1.3 喷灌

喷灌是喷洒灌溉的简称,是利用水泵加压或自然落差将水通过压力管道输送到田间,经喷头喷射到空中,形成细小的水滴,均匀喷洒到农田上,为作物正常生长提供必要水分条件的一种先进灌水方法。喷灌技术主要特点可总结如下:

(1)省水。喷灌可以控制喷水量和均匀性,避免产生地面径流和深层渗漏损失,使水的利用率大为提高,一般比地面灌溉节省水量 30% ~50%,省水还意味着节省动力,降低灌水成本。

(2)省工。喷灌便于实现机械化、自动化,可以大量节省劳动力。喷灌取消了田间的输水沟渠,不仅有利于机械作业,而且大大减少了田间劳动量。据统计,喷灌所需的劳动量仅为地面灌溉的 1/5,同时,喷灌还可以结合施入化肥和农药。

(3)提高土地利用率。采用喷灌时,无须田间的灌水沟渠和畦埂,比地面灌溉更能充分利用耕地,提高土地利用率,一般可增加耕种面积 7% ~10%。

(4)增产。喷灌便于严格控制土壤水分,使土壤湿度维持在作物生长最适宜的范围。而且在喷灌时能冲掉植物茎叶上的尘土,有利于植物呼吸和光合作用。另外,喷灌对土壤不产生冲刷等破坏作用,从而保持土壤的团粒结构,使土壤疏松多孔,通气性好,因而有利于增产,特别是使蔬菜增产效果更为明显。

(5)适应性强。喷灌对各种地形适应性强,不需要像地面灌溉那样平整土地,在坡地和起伏不平的地面均可进行喷灌,特别是在土层薄、透水性强的砂质土,非常适合采用喷灌。此外,喷灌不仅适应所有大田作物,而且对于各种经济作物、蔬菜、草场都可以获得很好的经济效果。

(6)投资较高。与传统地面灌溉相比,喷灌增加了压力管道、阀门、喷头等田间灌水设备,在水源处需要用水泵来加压,喷灌设备对耐压的要求也较高,因而喷灌系统的投资较高。目前,固定管道式喷灌系统需投资 1 000 ~1 500 元/亩,半固定管道式喷灌系统需投资 400 ~600 元/亩 ,绞盘式喷灌机需投资 500 ~800 元/亩,大型喷灌机组需投资 800 ~1 200 元/亩。

(7)喷灌受风和空气湿度影响大。当风速在 5.5 ~7.9 m/s(四级风)以上时,能吹散水滴,使灌溉均匀性大大降低,飘移损失也会增大。空气湿度过低时,蒸发损失加大。试验表明,当风速小于 4.5 m/s(三级风)时,蒸发飘移损失小于10%;当风速增至 9 m/s 时,损失达 30%。经实测,在相对湿度为 30% ~62%、风速为 0.24 ~6.39 m/s 的情况下,喷洒水损失为 7% ~28%。

(8)耗能较大,费用较高。为了使喷头运转和达到灌水均匀,必须给水一定压力,除自压喷灌系统外,喷灌系统都需要加压,消耗一定的能源,运行和管理费用较高,喷头易堵塞。

3.1.4 微灌

微灌又称局部灌溉技术,是按照作物需求,通过管道系统与安装在末级管道上的灌水器,将水和作物生长所需的养分以较小的流量,均匀、准确地直接输送到作物根部附近土壤的一种灌水方法。微灌按照灌水器出水形态,可分为滴灌、微喷灌、涌泉灌等类型。

滴灌是利用专门的灌溉设备,灌溉水以水滴状流出浸润作物根区土壤的灌水方法,可分为地表滴灌和地下滴灌。地表滴灌通过末级管道(称为毛管)上的灌水器,即滴头,将压力水以间断或连续的水流形式灌到作物根区附近土壤表面的灌水形式;地下滴灌将水直接施到地表下的作物根区,其流量与地表滴灌相接近,可有效减少地表蒸发,是目前最为节水的一种灌水形式。

微喷灌简称微喷，是利用直接安装在毛管上或与毛管连接的灌水器，即微喷头，将压力水以喷洒状的形式喷洒在作物根区附近的土壤表面的一种灌水形式。微喷灌还具有提高空气湿度，调节田间小气候的作用。但在某些情况下，例如草坪微喷灌，属于全面灌溉，严格来讲，它不完全属于局部灌溉的范畴，而是一种小流量灌溉技术。

涌泉灌是利用稳流器稳流和小管分散水流实施灌溉的灌水方法。涌泉灌的流量一般与微喷灌流量相当。微灌技术是一种将机械化、自动化灌溉有机结合起来的现代农业技术，是促进区域农村经济发展、增加农民收入、加快农业现代化步伐的重大技术之一，是现代化农业的重要组成部分。

微灌技术的主要特点可总结如下：

(1)省水。微灌可按作物需水要求适时、适量地灌水，仅湿润根区附近的土壤，因而显著减少了灌水损失。

(2)省工。微灌是管网供水，操作方便，劳动效率高，而且便于自动控制，因而可明显节省劳力；同时，微灌是局部灌溉，大部分地表保持干燥，减少了杂草的生长，也就减少了用于除草的劳力和除草剂费用；肥料和药剂可通过微灌系统与灌溉水一起直接施到根系附近的土壤中，不需人工作业。

(3)节能。微灌灌水器的工作压力一般为 50 ~ 150 kPa，比喷灌低得多，又因微灌比地面灌省水，对提水灌溉来说意味着减少了能耗。

(4)灌水均匀。微灌系统能够做到有效地控制每个灌水器的出水流量，因而灌水均匀度高，一般可达 85% 以上。

(5)增产。微灌能适时、适量地向作物根区供水供肥，为作物根系活动层土壤创造良好的水、热、气、养分环境，因而可实现高产稳产，提高产品质量。

(6)对土壤和地形的适应性强。微灌采用压力管道将水输送到每棵作物的根部附近，可以在任何复杂的地形条件下有效工作。但是，微灌系统投资一般要远高于地面灌，且灌水器出口很小，易被水中的矿物质或有机物质堵塞，如果使用维护不当，会使整个系统无法正常工作，甚至报废。

3.1.5 地面灌

地面灌是指利用沟畦等地面设施对作物进行灌水，水流沿地面流动，边流动边入渗的灌溉方法，也称重力灌水方法。按照灌溉水向田间输送的形式及湿润土壤的方式，地面灌可分为畦灌、沟灌、淹灌和漫灌，其中畦灌和沟灌为节水灌溉技术。

畦灌是用田埂将灌溉土地分隔成一系列小畦。灌水时，将水引入畦田后，在畦田上形成很薄的水层，沿畦长方向流动，在流动过程中主要借重力作用逐渐湿润土壤。

沟灌是在作物行间开挖灌水沟，水从输水沟进入灌水沟后，在流动的过程中主要借毛细管作用湿润土壤。和畦灌比较，其明显的优点是不会破坏作物根部附近的土壤结构，不导致田面板结，能减少土壤蒸发损失，适用于宽行距的中耕作物。

淹灌是用田埂将灌溉土地划分成许多格田，灌水时，使格田内保持一定深度的水层，借重力作用温润土壤，主要适用于水稻田。

漫灌是在田间不做任何沟埂，灌水时任其在地面漫流，借重力渗入土壤，是一种比较粗放的灌水方法。灌水均匀性差,水量浪费较大。

上述灌水方法都有其一定的适用范围,在选择时主要应考虑到作物、地形、土壤和水源等条件。对于水源缺乏地区,应优先采用滴灌、渗灌、微喷灌和喷灌;在地形坡度较陡且地形复杂及土壤透水性大的地区,应考虑采用喷灌;在地形平坦、土壤透水性不大的地方,为了节约投资,可考虑用畦灌、沟灌或淹灌。对于宽行作物,可用沟灌;对于密植作物,则以采用畦灌为宜;对于果树和瓜类等,可用滴灌;对于水稻田,则主要用淹灌。各种灌水方法的使用条件及优缺点如表 3-3-2 和表 3-3-3 所示。

表 3-3-2　各种灌水方法适用条件

灌水方法		作物	地形	水源	土壤
地面灌溉	畦灌	密植作物(小麦、谷子等)、牧草、某些蔬菜	坡度均匀,坡度不超过 0.2%	水量充足	中等透水性
	沟灌	宽行作物(棉花、玉米等)、某些蔬菜	坡度均匀,坡度不超过 2% ~5%	水量充足	中等透水性
	淹灌	水稻	平坦或局部平坦	水量丰富	透水性小,盐碱土
	漫灌	牧草	较平坦	水量充足	中等透水性
喷灌		经济作物、蔬菜、果树	各种坡度均可,尤其适用于复杂地形	水量较少	适用于各种透水性土壤,尤其是透水性大的土壤
局部滴灌	渗灌	根系较深的作物	平坦	水量缺乏	透水性较小
	滴灌	果树、瓜类、宽行作物	较平坦	水量极其缺乏	适用于各种透水性
	微喷灌	果树、花卉、蔬菜	较平坦	水量缺乏	适用于各种透水性

表 3-3-3　各种灌水方法优缺点比较

灌水方法		水的利用率	灌水均匀性	不破坏土壤的团粒结构	对土壤透水性的适应性	对地形的适应性	改变空气湿度	结合施肥	结合冲洗盐碱土	基建与设备投资	平整土地的土方工程量	田间工程占地	能源消耗量	管理用劳力
地面灌溉	畦灌	中	中	差	中	差	中	中	中	中	差	差	优	差
	沟灌	中	中	中	中	差	中	中	中	中	差	差	优	差
	淹灌	中	中	差	差	差	中	中	优	中	差	差	优	差
	漫灌	差	差	差	差	差	中	差	中	优	优	中	优	差
喷灌		优	优	优	优	优	优	中	差	差	优	优	差	中
局部灌溉	渗灌	优	优	优	差	中	差	中	差	差	中	优	中	优
	滴灌	优	优	优	优	中	差	优	差	差	中	优	中	优
	微喷灌	优	优	优	优	中	优	优	差	差	中	优	中	优

3.2 农艺措施

按照节水机制，可以将农艺节水措施划分为保墒节水类措施，提高光合效率、减少无效蒸腾蒸发类措施，或者这两类措施的结合。保墒节水类措施主要包括耕作保墒、覆盖保墒、化学保墒等；提高光合效率、减少无效蒸腾蒸发类措施主要包括化学调控、土肥措施、调整作物布局、应用抗旱新品种等。

3.2.1 耕作保墒技术

传统的耕作保墒技术主要有耙耱保墒技术、镇压保墒技术、中耕保墒技术，这些技术在干旱地区、干旱年份的节水保水效果是很明显的。采用深耕松土、镇压、耙耱保墒、中耕除草等改善土壤结构等耕作方法，可以疏松土壤，增大活土层，增强雨水入渗速度和入渗量，减少降水径流损失，切断毛细管，减少土壤水分蒸发，使土壤水的利用效率显著提高。根据天然降水的季节分布情况，为了使降水最大限度地蓄于"土壤水库"之中，尽量减少农田径流损失，需要因地制宜地采取适宜的耕作措施，同时提高灌溉用水的田间利用率。

传统的畜力耕翻土地，一般耕地深度只有 10 ~ 15 cm，耕层以下是坚实的犁底层，限制了土壤蓄水能力；采用机耕和畜力套耕法，分期分层逐年加深耕层，或推广深松犁，深松深度可达 40 cm 以上，打破犁底层，加深了耕层疏松土壤厚度，增加了土壤蓄水量。

耙耱保墒技术主要是碎土、平地，以减少表土层内的大孔隙，减少土壤水分蒸发，达到保墒目的。镇压是指碎土及压紧土壤表层，具有保墒和提墒作用，在冬季土壤冻结的时候进行，效果较好。中耕保墒的主要作用是松土、锄草、切断土壤毛细管、防止土壤板结，从而减少水分蒸发，增加降水入渗能力，雨后 2 ~ 3 天及时中耕，有利于保墒。

我国北方地区有 4 种成熟的耕作保墒措施，即山西省运城市闻喜县东官庄总结的"四早三多"耕作技术体系，山西省吉县晋庄总结的"秋耕壮垡，三墒整地"深耕耕作技术体系，河南省豫北地区的深松加其他耕作措施，宁夏宁南山区的五墒耕作法等。

"四早三多"耕作技术体系即早灭茬、早深耕、早细犁、早带耙，多浅犁、多细犁、多耙地。经试验，土壤蓄水量可比常规耕作法多 325 m^3/hm^2，合 21 m^3/亩、32.5 mm。

"秋耕壮垡、三墒整地"深耕耕作技术体系方法的要点是深中耕蓄墒，结合秋耕翻，采用"一炮轰"施肥法进行施肥（简称秋耕壮垡）；春季不翻耕，采用耙耕保墒、浅耕塌墒和镇压提墒（简称三墒整地）。

五墒耕作法即"早耕深耕多蓄墒，过伏合口保底墒，雨后耙耱少耗墒，冬春打耱防跑墒，适时早播用冻墒"，其核心是适墒耕作。

镇压耙耱保墒节水措施、雨后或灌后适时锄地和中耕松土的保墒节水措施，其中每一种措施的保墒节水效果都是有限的，在实际应用中都应和深松中耕措施结合起来作为一个完整的技术体系来使用。少耕免耕这种方法一般要与秸秆覆盖、薄膜覆盖技术结合使用，单纯使用这一方法也有一定的蓄水保墒作用。

3.2.2 覆盖保墒技术

农田覆盖是一项人工调控土壤—作物系统的水分条件的栽培技术，是降低农田水分无效蒸发蒸腾、提高水分生产率的一项有效的农业措施之一。利用覆盖技术可以抑制土壤水分蒸发，减少地表径流，蓄水保墒，提高地温，培肥地力，改善土壤物理性状，抑制杂草和病虫害，促进作物的生长发育，提高水分利用效率。覆盖材料可以就地取材，可以利用作物的残茬、秸秆、塑料薄膜等。

秸秆覆盖是利用作物的秸秆、干草等覆盖在土壤表面以达到预期的节水效果，华北地区多采用麦秸、麦糠、玉米秸等。海河流域实行冬小麦－夏玉米套种模式的地区，多利用小麦残茬作为玉米的覆盖物。

地膜覆盖可以阻断土壤水分的垂直蒸发，使水分横向迁移，增大了水分蒸发的阻力，可以有效抑制土壤水分的无效蒸发，抑蒸力可达80%以上。薄膜的抑蒸保墒效应可以促进土壤—作物—大气连续体中的水分有效循环，增加了耕层土壤储水量，有利于作物利用深层水分，改善作物吸收水分条件、水热条件和生长状况，有利于土壤矿物质养分的吸收利用。海河流域应用地膜覆盖较多的大田作物主要是玉米和棉花。海河流域地膜覆盖棉花基本上都是采用膜上灌溉方式。

化学覆盖保墒是利用高分子化学物质加工而成的乳剂，喷洒到土壤表面，形成一层覆盖膜，防止水分子通过以达到抑制土壤水分蒸发的目的。化学乳剂分为蒸发抑制剂、土面增温保墒剂、水分吸收剂等。由于资金投入较大，化学覆盖技术的应用推广不易，在生产实践中应用很少。

3.2.3 水肥耦合技术

水肥耦合技术是通过对土壤肥力的测定，建立以水、肥、作物产量为核心的耦合模型，合理施肥，培肥地力，以肥调水，以水促肥，充分发挥水肥协同效应和激励机制，提高作物抗旱能力和水分利用效率。水肥耦合技术是未来发展高效精准农业、无土栽培农业、农业工厂化生产的关键核心技术。但是，由于土壤和光照条件的变异性很大，水肥耦合试验技术的试验结果很难大面积推广。

本篇不考虑水肥耦合技术的节水效果。

3.2.4 节水栽培技术

节水栽培技术包括两个方面：一是选用节水抗旱型作物品种，二是调整作物种植结构和布局。不同作物、同种作物的不同品种，对环境的要求和适应能力都有一系列的生理生态和形态差异。因此，只有环境与作物品种的生理生态和遗传特性相适应时，才能充分发挥品种的优良特性与产量潜力，合理利用水土光热资源。节水栽培技术的具体做法为：根据降水的时空分布特征、地下水资源、水利工程现状，合理调整作物布局，增加需水量与降水量时空耦合性好的作物，增加耐旱、水分利用效率高的作物品种；调整作物种植制度，使之与水分条件相适应；调整播期，使作物生育期耗水与降水相耦合，提高作物对降水的有效利用量，减免干旱的影响。如在海河平原区，春夏播种作物的需水和降水的耦合关系较好、生长期降水量占年降水量60%以上的作物,尤其以棉花最高,达82%,其次是夏玉米、春玉米等作物。节水高产型作物品种是指具有节水、抗逆、高产、水分利用效率高的作物品种。不同作物种类的水分利用效率存在很大差异,作物品种对水分亏缺的适应性和水分利用效率的差异,是对作物品种选择和布局搭配的重要依据之一。冬小麦是海河流域,尤其是海河平原区的主要种植作物,也是灌溉用水的耗用大户,其品种的主要筛选指标包括种子吸水力强、叶面积小、气孔对水分胁迫反应敏感,根系发达,分蘖力中等,成穗率高,生长发育冬前壮、中期稳、后期不早衰,籽粒灌浆速度快、强度大、穗大粒多,抗旱、抗寒、抗病、抗热风等。玉米也是海河流域主要的种植作物,其品种的主要筛选指标包括出苗快而齐,苗期生长健壮,中后期光合势强,株型紧凑,籽粒灌浆速度快,耐旱、抗病、抗倒伏,产量高而稳,籽粒品质好,生育期适合于当地种植制度。

本篇只考虑作物种植结构调整的节水潜力,不考虑品种差异引起的节水潜力。

3.2.5 化学调控技术

植物吸收的水分中有90%以上是由植株表面的蒸腾作用而消耗的,通过光合作用而直接用于生长发育的水分不到1%,即作物存在奢侈蒸腾。因此,降低植株体的蒸腾耗水量称为节水的重要环节。

作物蒸腾的化学调控技术的目的是保持供应作物的水分不过度消耗,改善作物的水分状况,不致使作物受水分胁迫的危害,不影响作物光合作用的物质积累,提高作物产量和水分利用效率。我国近年来推广的旱地龙的主要成分是黄腐殖酸,主要品种有FA旱地龙、新一代旱地龙、青山旱地龙等,在西北干旱地区应用较多,在海河流域应用较少。本篇不考虑化学调控技术的节水潜力。

3.3 管理措施

研究节水管理机制,推行科学的灌溉管理措施是发展节水灌溉的一项重要内容。农业节水管理措施包括工程技术和社会经济两个方面。工程技术类管理措施主要包括改进工程管理,如水源工程管理、骨干工程管理、田间工程管理等,改进灌溉制度,如高产节水灌溉制度、限额灌溉制度、调亏灌溉制度、灌溉预报等;社会经济类包括节水与水资源管理的法律法规、水价与水费、管理体制与机制、农业技术服务、产品营销与市场经营等。

从节水灌溉这一角度来说,其管理技术主要包括实施节水灌溉制度、灌溉预报技术、灌区量水测水技术、信息化管理技术等。

3.3.1 节水灌溉制度

节水灌溉制度是相对于传统灌溉制度而言的。传统灌溉制度是根据充分满足作物最高产量下的全生育期各阶段的需水量而设计的。田间土壤水分下限控制指标一般定为田间持水量的70%,少数生长阶段定为75%~80%。基于上述理论,冬小麦单产6 000 kg/hm^2,田间需水量达5 000~5 500 kg/hm^2;夏玉米单产7 500 kg/hm^2,田间需水量为4 000~4 500 m^3/hm^2,结果是高产而不省水。农作物灌溉试验和科学研究均表明,土壤水分虽然是作物生命活动的基本条件,作物在农田中的一切生理、生化过程都是在土壤水的介入下进行的。但是,作物对水分的需求有一定的适宜范围,超过适宜范围的供水量除增加深层渗漏损失外,还大量增加作物的奢侈蒸腾和土面无效蒸发损失。

节水灌溉制度可分为非充分灌溉和调亏灌溉两类。非充分灌溉是在供水能力不能充分满足一定条件下的作物需水量时所采取的一种常规做法。非充分灌溉把低于正常水平的供水量安排在作物对水分需求相对更敏感的时期,以争取在整体上取得较高的产量。非充分灌溉的适宜的土壤水分指标远比充分灌溉时的标准低。调亏灌溉的基本概念不同于传统的充分灌溉,也有别于非充分灌溉或限额灌溉。非充分灌溉放弃单产最高,追求一个地区总产量最高,即在水分限制的条件下,舍弃部分单产量,追求总产量,这是在一个灌区供水不足的情况下经常采用的一种灌溉方式;调亏灌溉是舍弃作物总产量最高,追求经济产量(籽粒或果实)最高。调亏灌溉主要是根据作物的遗传和生理生态特性,在其生育期内的某些阶段,人为地主动施加一定程度的水分胁迫,造成水分亏缺,调节其光合产物向不同组织器官的分配,调控作物地上和地下生长动态,促进生殖生长,控制营养生长,从而提高经济产量,舍弃有机合成物总量,达到节水高效、高产优质和增加灌溉面积的目的。由于调亏灌溉是在作物适度缺水的条件下进行的,要充分利用调亏灌溉技术,必须要有准确的墒情预报、降水预报和灌溉决策技术以及先进的灌水技术和完善的灌溉系统,否则以适度缺水为目的的调亏灌溉就可能会发展成为严重缺水,从而对作物产量造成较大影响,得不偿失。

水稻科学灌溉节水技术主要是指稻田的高效水分管理和实现水分调节所采用的灌水方法。由于各地水资源、土壤、气象及耕作制度的差异,水稻高产节水灌溉技术具有明显的区域性特征,重点推广的技术包括浅湿灌溉技术、控制灌溉技术和水稻旱植技术。水稻浅湿灌溉技术即浅水和湿润反复交替、适时落干,浅湿干灵活调节的一种间歇灌溉模式。水稻控制灌溉技术是指在水稻返青后的各生育阶段,田面不再建立水层,根据水稻生理生态需水特点,以土壤含水量作为控制指标,确定灌水时间和定额,从而促进和控制水稻生长,较大幅度地减少了水稻生理生态需水量,达到节水高产的目的。水稻旱植技术包括水稻旱种技术和水稻覆膜旱管技术。水稻覆膜旱管技术区别于以往任何一种水稻节水灌溉技术,改变了传统的水稻栽培模式,又区别于水稻旱种技术。水稻覆膜旱管技术是指在旱育秧的基础上分垄,移栽后覆膜旱管,整个大田期内的田面没有水层,根据根层土壤含水量的下限指标和土壤表层地温来确定灌水时间。该技术可将水稻的生态需水量降到最低程度。

3.3.2 灌溉预报技术

农田墒情监测与灌溉预报是节水灌溉管理措施的重要内容,是作物适时、适量灌溉,实现节水增产、高效利用有限水资源的基础,是现代精准农业的重要组成部分,可以为水资源合理配置、灌溉供水决策提供科学依据。

灌溉预报分为长期和短期两种形式。长期预报是利用播种时测得的土壤含水量为初始含水量,根据作物不同生长阶段和不同水文年份的地下水补给量、有效降水、作物需水量,预报在整个生育阶段所需要的灌水次数、灌水时间及灌溉水量。短期预报是利用播种时测得的土壤含水量作为初始土壤含水量,以旬、月或生育阶段为时间段进行预报,逐次推算,直到作物成熟。

3.3.3 量水测水技术

量水测水是节水灌溉管理工作的重要内容之一,大力推广量水测水技术,不仅能够为水费和水资源费征收提供依据,提高社会节水意识,促进节约用水,也可以为灌溉工程的规划、设计和管理提供第一手资料。量水测水网点可以分为基本网点和辅助网点两大类,基本网点包括引水渠渠首、配水渠渠首、分水渠渠首,辅助网点包括平衡点和专用点。常用的灌区量水测水设施有水工建筑物、特设设备、流速仪、水尺等。

本篇不考虑调亏灌溉的节水潜力,只考虑非充分灌溉的节水潜力,水稻节水潜力采用控制灌溉技术进行评价,不考虑灌溉预报技术的节水潜力。

各种单项非工程节水措施的组合即为非工程节水综合措施。各种组合式的非工程节水措施的节水效果,一般都明显大于其单项措施的作用,但是并不等同于各单项措施节水量的叠加。

从提高作物水分利用效率及节约灌溉用水来讲,非工程措施与工程措施相比,投资少、见效快,但是费工费时,在实际应用时,要综合考虑。

3.4 节水模式

华北平原区是海河流域主要的粮食生产基地。冀东平原区和冀中南平原区地处燕山、太行山山前平原,浅层地下水几乎全部为淡水,地下水补给条件较好,区域内大中城市密集,非农业用水量大且需求增长迅速,同时存在污染问题,这都加剧了水资源的紧缺程度。山前平原坡度较大,一般不存在排水问题,没有盐渍化危险,粮食单产水平较高,种植业产出水平及农村社会经济水平等均居海河流域前列。

中部及东部滨海平原区一级分区所包含的邯郸平原区、邢台衡水平原区和沧州平原区的浅层地下水多为微咸水、咸水,深层水补给条件较差,灌溉水可利用量远不能满足作物生长需求。由于长期超采地下水,地下水位下降明显,形成了宁柏隆、衡水、南宫、沧州等地下水漏斗。本区域应注重发展利用微咸水、咸水的灌溉技术,深层承压水只能在特别干旱的年份用于保苗等关键性抗旱灌溉。本区域地势低平,排水条件差,盐渍化威胁较大,在选取灌溉方式时要特别加以考虑。本区域农业生产条件较差,生产水平较低,粮食单产和种植业产出水平居海河平原区末位。

南部引黄平原区所包含的漳卫河平原区和徒骇马颊河区是河南、山东两省在黄河以北的引黄灌区,以山前倾斜平原和黄泛平原为主,灌溉水源主要是黄河水,是典型的井渠结合灌区,是海河流域重要的粮食生产基地,农业粮食单产和种植业产出水平较高。

其余各山区均位于燕山、太行山山区,农业生产的自然条件欠佳。

3.4.1 冀东平原区

冀东平原区的土壤质地较轻,灌水渗漏严重,为提高灌溉水的利用效率,推荐的综合配套节水技术模式分别为高标准管道输配水系统 + 配套农艺措施 + 灌溉设备承包制、喷灌 + 配套农艺措施 + 喷灌机具统管统配、设施栽培 + 微灌。

3.4.1.1　**高标准管道输配水系统 + 配套农艺措施 + 灌溉设备承包制**

此模式的内容如下：

(1)二级管道输水，支管间距 50 m，出水口间距 45 m，每亩管道数 9.3 m，畦田规格长 50 m，宽 2 m。

(2)冬小麦足墒播种，当地秸秆还田量大，要浇好封冻水，晚浇冬后起身水，本分区较冀中南平原区、中部及东部滨海平原区、南部引黄平原区的降水偏多，要充分利用天然降水，补好拔节—孕穗水、抽穗—扬花水、灌浆水。

(3)对于冬小麦，要施足有机肥（粗肥 5 m^3/亩），稳 N（纯 N，15 ~ 18 kg/亩），增 P（P_2O_5，12 ~ 15 kg/亩），补钾（KCl，8 ~ 10 kg/亩），配 Zn（$ZnSO_4$，1 ~ 2 kg/亩），氮肥一半做底肥，一半做追肥，其余肥料全部作为底肥。

(4)对于冬小麦，选用抗逆性强的高产品种，如京冬 8 号、京冬 6 号、京 411 等，规范拌种，适时播种，精确播量。

(5)对于夏玉米，间播套种或复种，保证全苗，密度适宜，适时追肥。

(6)对于春花生，推广地膜覆盖技术，浇足底墒，遇旱浇开花结荚水，遇涝及时排水。

(7)机井、灌溉设备由个人承包，承包户按照与村委会签订的协议，维修好设备，保证灌溉季节正常运行，挨户排队，以亩定量（水量），计时收费（包括基本电价、设备折旧和承包户管理费），做到既能适时、适量灌溉，又要节约用水，村委会保证用电供应。

3.4.1.2　**喷灌 + 配套农艺措施 + 喷灌机具统管统喷**

此模式的内容如下：

(1)在本区域内的经济较发达、农业生产水平较高、农业生产经营管理统分结合工作基础好的地区，为适应现代化农业的要求，可以采用此模式，发展半固定管道式或全移动管道式喷灌。

(2)对于冬小麦，要有一个合理的群体结构，晚喷冬后第一水，控制 1 ~ 2 节间的茎秆长度，预防后期倒伏。

(3)对于夏玉米，要抢墒播种，可先喷后播，也可先播后喷，灌水定额可较小，以能保证出苗为准。

(4)当风力达到 3.4 ~ 5.4 m/s 时，要随时调整喷灌支管和喷头间距，顺风向喷头间距为喷头射程的 1.3 ~ 1.1 倍，垂直风向为喷头射程的 0.8 ~ 0.6 倍；当风速大于 5.4 m/s 时，要停止喷洒作业。

(5)喷灌机具由村委会统管，组织浇地，实施喷灌作业，按亩次收费。

(6)其他水肥管理措施与模式 1 相同。

3.4.1.3　**设施栽培 + 微灌**

对于蔬菜温室、花卉塑料大棚，采用微灌，既节约水量、提高灌水质量，又可减少病虫害，错季蔬菜不降低地温，可提早上市。虽然一次性投入较大，但经济效益高，可节水 50% 以上，节电 30%，不失为一种节水高效的模式。

3.4.2 冀中南平原区

冀中南平原区是海河流域粮食主产区，推荐的综合配套节水技术模式分别为管道输水小畦灌溉 + 配套农艺措施 + 机井统管统灌、喷灌 + 配套农艺措施 + 喷灌机具统管统喷。

3.4.2.1 管道输水小畦灌溉 + 配套农艺措施 + 机井统管统灌

此模式的内容如下：

(1)井泵、管道、畦田合理配套，二级管道输水，亩管道长度 7 m，小畦灌溉，方畦每亩 12 ~ 22 个畦，长畦每亩 6 ~ 12 个畦。

(2)冬小麦足墒播种，实行节水型灌溉制度和实时灌溉技术，一般不浇返青水，控制无效分蘖，浇好拔节水，视降水情况浇孕穗水、灌浆水，亩次灌水量 40 ~ 50 m^3。

(3)配方施肥，亩施粗肥 3 ~ 5 m^3、N 15 ~ 16 kg、P_2O_5 12 kg、$K_2O_5$7.5 kg、Zn 1 ~ 2 kg，P、K、Zn 及粗肥作为底肥一次施入，氮肥 40% ~ 50% 作为底肥，拔节期结合灌水追 40% ~ 50%，孕穗期追 10% 或不施。

(4)对于冬小麦，要优选良种，规范拌种，适当晚播。精细播种，冬前促、早春控、中后期水肥攻穗，及时除草灭病虫。

(5)据统计，夏玉米播种期有 50% 年份的天然降水能满足出苗需水，生育期内的降水基本能满足需水要求，要抢墒播种，选优质种保全苗，密度适宜，充分利用天然降水，追施苗肥、穗肥、粒肥(三次追肥，N 15 ~ 18 kg/亩)，干旱年份可浇出苗水或拔节抽雄水，及时除虫。

(6)机井、灌溉设备集体统管，及时维修，井长负责实施灌溉，按照预定灌水方案，用户按顺序浇地，计时定量，以量(电表计量)收费，做到既适时灌溉又节约用水。

3.4.2.2 喷灌 + 配套农艺措施 + 喷灌机具统管统喷

在城市近郊区和经济较发达的农村，经营管理体制统分结合较好的地区或农场，可采用此模式。此模式的内容如下：

(1)半固定管道式喷灌或固定式喷灌。

(2)足墒播种，也可先播后喷以达到足墒为基准，晚喷冬后第一水，不喷灌浆后期水，预防倒伏。一般情况下喷 4 ~ 5 次水，即拔节、抽穗、扬花后期、灌浆中期，喷水 25 ~ 30 m^3/(亩·次)，秸秆还田大的地方可以实施冬喷，以密实土壤，促使秸秆早腐烂。

(3)以水送肥，结合拔节期喷水追 N 7 kg/亩。

(4)夏玉米要抢墒播种或播后喷洒确保全苗，蹲苗以后视降水情况，及时灌溉和施肥。

(5)喷灌机具由村委会向县水利抗旱服务站租赁，组织村浇地队实施喷洒。

3.4.3 中部及东部滨海平原区

中部及东部滨海平原区的浅层地下水水质较差，深层淡水资源贫乏，推荐的综合节水技术模式为咸淡水混浇 + 管道输水小畦灌溉 + 配套农艺措施 + 机井灌溉设备统管统浇、喷灌 + 配套农艺措施 + 喷灌机具统管统喷。

3.4.3.1 咸淡水混浇+管道输水小畦灌溉+配套农艺措施+机井灌溉设备统管统浇

此模式的内容如下:

(1)充分利用当地微咸水资源,实行咸(浅机井微咸水)淡(深机井淡水)混浇,混合水的矿化度可为2~2.5 g/L,灌溉棉花时,矿化度可适当高一些,可为2.5~3.0 g/L。

(2)二级管道输水(地下固定管道配地上小白龙直接入畦),小畦灌溉,亩畦数6~10个,棉花实行膜上灌溉。

(3)推广耐旱和穗重型品种,如冬小麦71-3/4011、棉花8930。

(4)冬小麦要保证群体规模,稳定提高粒重,适时播种(每晚播一天,增播量0.5~0.75 kg/亩,N增加0.25~0.3 kg/亩)。冬前群体小于60万茎蘖数的,要浇起身水,并追肥;大于60万茎蘖数的,浇要拔节水。根据天气情况,实施灌溉决策,浇好抽穗水、灌浆水,保证穗大粒饱。

(5)推广冬小麦窄行种植技术,减少田间无效蒸发。

(6)对于棉花,要浇好出苗水;对于夏玉米,要贴茬播种,保全苗,并视天气和降水情况,及时补充灌溉。

(7)机井、灌溉设施由村委会统管,井长负责浇地,挨户排队按顺序灌溉,以量(电表计量)收费,做到节约用水,浇好地。

3.4.3.2 喷灌+配套农艺措施+喷灌机具统管统喷

在深机井灌区,为扩大灌溉面积,发展喷灌既可省水又可省电,在统分结合管理水平较好的村庄可采用此模式,内容如下:

(1)采用半固定管道式或管道移动式喷灌,可增加土地利用率5%~7%,扩大浇地面积,经济效益好。

(2)实时喷灌作业要考虑风速的影响,风速达到3.4~5.4 m/s时,顺风向喷头间距为喷头射程的1.3~1.1倍,垂直风向为喷头射程的0.8~0.6倍;大于5.4 m/s时,要停止喷灌作业。

(3)喷灌设备集体统管,浇地队实施喷灌作业。

(4)其余同模式1。

3.4.4 南部引黄平原区

南部引黄平原区的主要水源是引黄水,泥沙含量较大,适宜的节水技术模式为:

(1)渠道衬砌+小畦灌溉+井渠结合+配套农艺措施。

(2)深井喷灌+配套农艺措施+喷灌及设备统管统喷。

其余措施参考冀中南平原区。

3.4.5 北部燕山区

北部燕山区适宜的节水技术模式为:

(1)管道输水+渠道衬砌+配套农艺措施。

(2)微灌+配套农艺措施。

(3)喷灌+配套农艺措施+喷灌机具统管统喷。

其余措施参考冀东平原区。

3.4.6 西北部太行山区

西北部太行山区既有山丘区，又有山间盆地，适宜的节水技术模式为：

(1)渠道衬砌+配套农艺措施。

(2)管道输水+配套农艺措施。

(3)喷灌+配套农艺措施。

其余措施参考冀东平原区。

3.4.7 西部太行山区

西部太行山区既有山丘区，又有山间盆地，该区域的适宜节水技术模式为：

(1)渠道衬砌+配套农艺措施。

(2)管道输水+配套农艺措施。

(3)喷灌+配套农艺措施。

其余措施参考冀中南平原区。

总之，农业节水技术模式的推广要因地制宜，要重视经济因素在技术和管理措施推广中的驱动作用和制约作用。

第4章　基于分区的节水潜力研究

农业灌溉节水潜力是在一定的发展阶段,通过一定的节水成本投入,落实某种农业节水措施,以提高农业灌溉用水标准,从而可能减少的灌溉耗水量和用水量。节水潜力的大小不仅与用水现状有关,更重要的是体现投资力度、节水模式、用水结构等相关因素的综合作用,是一种可能的"最大"或"潜在"的节水量。

传统意义上的农业节水灌溉潜力通常是指提高灌溉水有效利用系数(灌溉效率)后,从灌溉取水水源少取的水量,其值的大小主要是现状用水量与未来"节水模式"下的可能用水量之间的差值,这部分节水量,通常也称为灌溉工程节水量或灌溉取水节水量。但实际上,从引水口所引取的灌溉水量主要有3个去向,作物蒸腾和土面蒸发以及浅层蒸发的蒸散量,地表和地下水回归水量以及流入海洋、沼泽或其他区域而无法利用的水量。针对灌溉来水的最终去向,可区分为可回收水量和不可回收水量。因此,灌溉取水的节水量中也包含了这3部分。由于可回收利用部分的水量最终也会被再利用,只有减少的不可回收水量才属于真正意义上的节水量,此即"真实节水"概念的内涵所在。

4.1　计算理论与方法

由于灌溉系统自身及其所处的区域/流域水资源系统的空间尺度性、结构复杂性、时程滞后性等诸多原因,农业节水潜力具有尺度性,即具有不同空间尺度的灌溉系统的农业节水潜力是不同的,其实质是由于灌溉水资源的重复利用问题在不同的空间尺度上具有不同的逻辑细节、表现形式和考虑方式。

本篇研究认为,真实节水潜力应该包括区域不可回收水量和回归水中没有被利用的水量两部分。对于回归水重复利用率高的区域,由于回归水中未重复利用水量很小,因此用耗水节水量作为真实节水潜力是可行的;但是对于回归水重复利用率较低的区域,耗水节水潜力只是真实节水潜力的一部分,并不能完全代替真实节水潜力。节水潜力的计算必须从取水、耗水和回归水3个方面综合考虑,才能真实地认识区域农业用水状况,指导农业节水措施的实施。基于这种考虑,本篇提出农业理论节水潜力的概念,并对其计算方法进行推导。

4.1.1　节水潜力计算

4.1.1.1　理论净灌溉需水量

将作物土壤层作为研究对象,建立土壤水量平衡概念模型,如图3-4-1所示。本节考虑了各种可能出现的水量要素,建立水量平衡方程如下:

$$\Delta W_{土壤} = (P - R_p - S_p) + (I_{gross} - R_i - S_i) + (R_{pr} + S_{pr}) + (R_{ir} + S_{ir}) + G_R - ET_f - L_s + W_{in} \tag{3-4-1}$$

式中：$\Delta W_{土壤}$ 为土壤含水量的变化量；P 为冠层截流后到达地面的降水量；R_p 为降水产生的地表径流；S_p 为降水产生的深层渗漏；I_{gross} 为理论毛灌溉需水量；R_i 为灌溉产生的地表径流；S_i 为灌溉产生的深层渗漏；R_{pr} 和 S_{pr} 分别为降水产生的地表径流和深层渗漏的重复利用量；R_{ir} 和 S_{ir} 分别为灌溉产生的地表径流和深层渗漏的重复利用量；G_R 为地下水补给（不包括灌溉和降水渗入地下水的水量对土壤的补给）；ET_f 为满足作物正常生长所需的蒸腾蒸发量，即作物需水量；L_s 为土壤水侧向流出研究区域的水量；W_{in} 为其他入流项，如从研究区域外进入研究区域土壤层的引水量或入流量等。

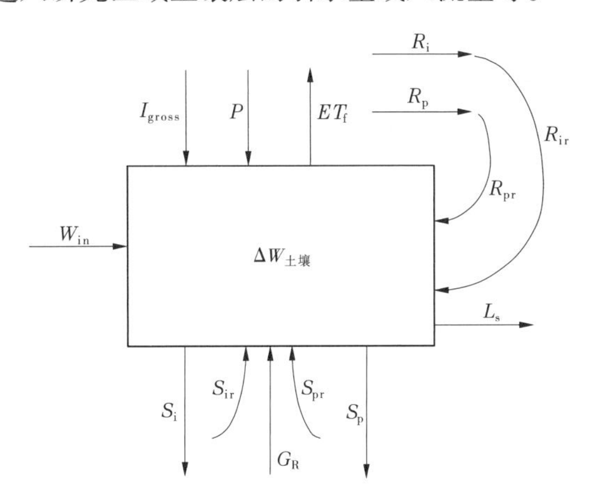

图 3-4-1　土壤水量平衡概念模型

对式(3-4-1)进行变换，得

$$ET_f\beta_{ET} + L_s + \Delta W_{土壤} - (P - R_p - S_p) - (R_{pr} + S_{pr}) - G_R - W_{in} = (I_{gross} - R_i - S_i) + (R_{ir} + S_{ir}) \tag{3-4-2}$$

由式(3-4-2)可知，等式的右边是灌溉有效供水量，反过来讲，等式的右边是净灌溉需水量，记为理论净灌溉需水量 I_{net}。假设降水的回归水重复利用量为传统的降水损失乘以降水回归水利用系数 β_p，记为 $(R_{pr} + S_{pr}) = (R_p + S_p)\beta_p$，则理论净灌溉需水量为

$$\begin{aligned}I_{net} &= ET_f\beta_{ET} + L_s + \Delta W_{土壤} - (P - R_p - S_p) - (R_{pr} + S_{pr}) - G_R - W_{in} \\ &= ET_f\beta_{ET} + L_s + \Delta W_{土壤} - (P - R_p - S_p) - (R_p + S_p)\beta_p - G_R - W_{in} \\ &= ET_f\beta_{ET} + L_s + \Delta W_{土壤} - P_e - (P - P_e)\beta_p - G_R - W_{in}\end{aligned} \tag{3-4-3}$$

式中：ET_f 为充分灌溉条件下的作物潜在蒸腾蒸发量，即作物正常需水量；β_{ET} 为作物经济灌溉系数；P_e 为有效降水量。

当计算时段为年时，土壤含水量的变化 $\Delta W_{土壤}$ 很小，可以忽略不计，土壤层水分运动以垂向为主，因此土壤层的水分侧向流出量 L_s 一般较小，也可以忽略不计，则理论净灌溉需水量可简化为

$$I_{net} = ET_f\beta_{ET} - P_e - (P - P_e)\beta_p - G_R - W_{in} \tag{3-4-4}$$

4.1.1.2　理论毛灌溉需水量

假设灌溉回归水重复利用量为传统的灌溉损失乘以灌溉回归水利用系数 β_i，记为

$$I_{net} = (I_{gross} - R_i - S_i) + (R_{ir} + S_{ir}) = (I_{gross} - I_{loss}) + I_{loss}\beta_i \tag{3-4-5}$$

式中：I_{gross} 为理论毛灌溉需水量；I_{loss} 为灌溉损失量。

由于 $I_{loss}=I_{gross}(1-\eta_i)$，其中 η_i 为灌溉水利用系数，则式(3-4-5)可改写为

$$I_{net}=[I_{gross}-I_{gross}(1-\eta_i)]+I_{gross}(1-\eta_i)\beta_i \tag{3-4-6}$$

将式(3-4-6)进一步简化，可得

$$I_{gross}=\frac{I_{net}}{\beta_i(1-\eta_i)+\eta_i} \tag{3-4-7}$$

式(3-4-7)可以变换为

$$I_{gross}=\frac{I_{net}}{\beta_i+\eta_i(1-\beta_i)} \tag{3-4-8}$$

4.1.1.3 理论节水潜力的定义

式(3-4-7)中的理论毛灌溉需水量不是传统意义上的毛灌溉节水量，它是考虑了作物需水量、降水和灌溉回归水的重复利用情况下的理论毛灌溉需水量。

减少理论毛灌溉需水量属于真实节水的范畴，因此实现节水必须从以下几个方面加以考虑：

(1)减少 β_{ET}，进行充分灌溉时，$\beta_{ET}=1$，实施合理的非充分灌溉，可以在保持作物高产的同时减少作物蒸腾蒸发量，从而减少 β_{ET}。

(2)增加 β_p，通过各种措施提高降水损失的重复利用率，即增加降水回归水利用系数 β_p。

(3)增加 β_i，由式(3-4-7)可知，通过节水措施减少灌溉水的无效损失，提高灌溉损失水量的重复利用率，可以达到节水目的。但是节水潜力的大小会受到灌溉水利用系数的影响，当灌溉水利用系数很高时，传统的灌溉损失本来很少，未被利用的灌溉回归水就更少，因此节水空间很小。当灌溉水利用系数较低时，则采用该方法节水空间较大。

(4)增加 η_i，由式(3-4-8)可知，通过渠系防渗及管理等措施，提高灌溉水利用系数可以节水。该系数同样受到灌溉回归水利用系数 β_i 的影响。当 β_i 接近于或等于1时，灌溉损失水量基本被重复利用，通过提高 η_i 来实施节水的效果较差或不能节水；只有等 β_i 较小时，增加 η_i 的节水效果才比较明显。

综上所述，理论毛灌溉需水量综合考虑了多种因素，它是理论意义上的真实需水量。通过节水措施实现理论毛灌溉需水量的减少量是理论意义上的真实节水潜力，本篇称为农业理论节水潜力。具体的含义为：农业理论节水潜力是一定水平年、一定区域范围内，在保证作物产量的基础上，综合实施各种节水措施前后的理论毛灌溉需水量的差值。它是多种因素共同作用的结果，反映了区域真实节水潜力，是节水灌溉管理及实施节水措施必要性的重要依据。通过减少作物蒸腾蒸发量(减少 $ET_f\beta_{ET}$ 的值)得到的节水量称为农业耗水理论节水潜力。同理，从提高回归水重复利用和灌溉水利用系数的角度得到的节水量分别称为农业回归水理论节水潜力和农业取水理论节水潜力。它们反映了不同节水措施实施后的节水潜力的大小，是各种节水措施的节水潜力估算和节水改造实施的重要依据。

4.1.1.4 理论节水潜力计算公式

实施节水措施后的理论毛灌溉需水量为

$$I'_{net}=ET_f\beta'_{ET}-P_e-(P-P_e)\beta'_p-G_R-W_{in} \tag{3-4-9}$$

$$I'_{gross} = \frac{I'_{net}}{\beta'_{i}(1 - \eta'_{i}) + \eta'_{i}} \tag{3-4-10}$$

式中：I'_{net} 和 I'_{gross} 分别为实施节水措施后的理论净灌溉需水量和理论毛灌溉需水量；β'_{ET}、β'_{p}、β'_{i} 和 η'_{i} 分别为实施节水措施后的作物经济需水系数、降水回归水利用系数、灌溉回归水利用系数和灌溉水利用系数。

则农业理论节水潜力 ΔW 为

$$\Delta W = I_{gross} - I'_{gross} \tag{3-4-11}$$

基于如下假设，将式(3-4-4)和式(3-4-7)从灌区尺度推广到流域尺度上：在流域尺度上考虑，降水损失形成的回归水重复利用量为零，即认为降水损失所形成的地表水和地下水的回归水是被农业生产系统以外的生活、工业或生态系统加以利用而未回归到农业系统中得以重复利用，因而 $\beta_{p} = 0$。灌溉损失水量的重复利用量为零，即认为灌溉损失所形成的地表水和地下水的回归水是被农业生产系统以外的生活、工业或生态系统加以利用而未回归到农业生产系统中得以重复利用，因而 $\beta_{i} = 0$。对于回归水重复利用率高的区域，由于回归水中未重复利用水量很小，因此用耗水节水量作为真实节水潜力是可行的。但是对于回归水重复利用率较低的区域，耗水节水潜力只是真实节水潜力的一部分，并不能完全代替真实节水潜力。

基于上述假设，式(3-4-4)变为

$$I_{net} = ET_{f}\beta_{ET} - P_{e} - G_{R} \tag{3-4-12}$$

式(3-4-7)变为：

$$I_{gross} = \frac{I_{net}}{\eta_{i}} \tag{3-4-13}$$

式(3-4-11)变为

$$\Delta W = I_{gross} - I'_{gross} = \frac{ET_{f}\beta_{ET} - P_{e} - G_{R}}{\eta_{i}} - \frac{ET'_{f}\beta'_{ET} - P'_{e} - G'_{R}}{\eta'_{i}} \tag{3-4-14}$$

在本篇研究中，不考虑地下潜水对作物补给作用的变化，也不考虑降水有效利用系数的变化，则式(3-4-11)变为

$$\Delta W = I_{gross} - I'_{gross} = \frac{ET_{f}\beta_{ET} - P_{e} - G}{\eta_{i}} - \frac{ET'_{f}\beta'_{ET} - P_{e} - G}{\eta'_{i}} \tag{3-4-15}$$

式(3-4-15)即为本篇所采用的基本计算公式，其节水潜力计算的基准是现状年的作物灌溉需水量，而非现状年的作物实际灌溉水量，主要是考虑从作物本身生长对水分的需求出发来探索未来节水潜力更有意义，且现状年作物实际灌溉水量组成复杂、灌溉对作物蓄水的满足程度差异较大，受经济因素和农民灌溉意愿的影响较大，缺乏统计数据，难以衡量，用于计算缺乏实际可行性。

由式(3-4-15)可知，区域农业节水潜力的来源主要有以下两个方面（基于节水灌溉的实际可操作性，本篇不考虑调亏灌溉等改变作物经济灌溉系数 β_{ET} 的节水措施）：

(1)改变 η_{i} 的值，即提高灌溉水利用系数。通过一定的节水技术工程措施，直接减少农业用水过程中的水量损失，从而减少对水资源的直接消耗量，本篇称之为节水的第一层次，即工程型节水潜力。

（2）改变 ET_f 的值，即降低农作物潜在需水量。降低作物潜在需水量的途径有两个：

第一个途径是：在第一层次节水的基础上，通过施加其他的节水措施，提高作物将环境要素转化为粮食干物质的转化效率，使得单位用水量所产出的干物质数量有明显增加，即通过提高水分生产效率来减少对水资源的总需求量，本篇称为节水的第二层次，即效率型节水潜力。这主要是通过提高作物水分利用效率来实现的。作物水分利用效率可以表示为单位用水量所产出的干物质数量，即

$$W_{UE}(\text{水分利用效率}) = \frac{Y_D(\text{干物质数量})}{W_U(\text{用水量})} \tag{3-4-16}$$

则有

$$W_U = \frac{Y_D}{W_{UE}} \tag{3-4-17}$$

从式（3-4-17）可知，一般地，用水量与产量成正比，与水分利用效率成反比。因此，提高作物水分利用效率具有明显的减少用水量的作用。鉴于不同措施的实践效果，在开展第二层次节水潜力评价时，Y_D 取为现状作物产量数值。在这个意义上来看，第二层次节水潜力就是在保证现有灌溉面积上的干物质总量不变的基础上，依靠田间农艺节水技术措施使作物潜在需水量减少的数值。

第二个途径是：在确保粮食安全和农民收入不降低的前提下，改变作物种植结构，通过需水侧的需水作物种类的结构性变化来减少作物潜在需水量，进而减少灌溉需水量，本篇称为节水的第三层次，即结构型节水潜力。

综上所述，本篇所定义的第一层次、第二层次和第三层次节水潜力，即工程型、效率型和结构型节水潜力，其计算公式分别如下所述：

（1）工程型节水潜力：

$$W_{\text{工程}} = \frac{I_{\text{需}}}{\eta_1} - \frac{I_{\text{需}}}{\eta_2} \tag{3-4-18}$$

式中：η_1 和 η_2 分别为采用节水技术前后的工程型水分利用系数，即灌溉水利用系数；$I_{\text{需}}$ 为分区的作物净灌溉需水量，取决于作物的蒸腾蒸发量 ET、降水 P、降水有效利用系数 α、地下水利用量 G 以及作物种植面积 A：

$$I_{\text{需}} = \sum_{i=1}^{n} A_i(ET_i - P\alpha - G) \tag{3-4-19}$$

式中：i 为分区内的作物种类；ET_i 为第 i 种作物的需水量，即潜在蒸腾蒸发量。

（2）效率型节水潜力：

$$W_{\text{效率}} = \frac{\Delta ET}{\eta_1} = \frac{I_{\text{需}}(\varphi_1 + \varphi_2 - \varphi_1\varphi_2)}{\eta_1} \tag{3-4-20}$$

式中：φ_1 为通过调整作物生理过程所能产生的农田耗水减少的百分比；φ_2 为通过采用滴灌等节水灌溉措施，耙耱镇墒、秸秆覆盖等农艺措施所能使得农田耗水减少的百分比；$I_{\text{需}}$ 为分区的作物净灌溉需水量，见式（3-4-19）；η_1 为现状年的灌溉水利用系数。

（3）结构型节水潜力：

$$W_{\text{结构}} = \frac{I_{\text{规需}} - I_{\text{现需}}}{\eta_1} = \frac{\sum_{i=1}^{n}(A_{i\text{规}} - A_{i\text{现}})(ET_i - P\alpha - G)}{\eta_1} \tag{3-4-21}$$

式中：$I_{规需}$ 为分区规划水平年的作物灌溉需水量；$I_{现需}$ 为分区现状水平年的作物灌溉需水量；i 为分区内的作物种类；$A_{i规}$ 为规划水平年的第 i 种作物的种植面积；$A_{i现}$ 为现状水平年的第 i 种作物的种植面积；ET_i 为第 i 种作物的需水量，即潜在蒸腾蒸发量；η_1 为现状年的灌溉水利用系数。

4.1.2 作物需水量计算

由式(3-4-18)～式(3-4-21)可知，计算农业节水潜力时需要用到的主要参变量是作物全生育期的需水量、有效降水量和地下水可利用量。

目前，计算作物需水量的方法主要有田间试验法、红外遥感技术、作物模型法、作物系数法等。其中，田间试验法一般采用大型蒸渗仪对作物耗水量进行测定，因仪器造价较高，观测范围有限，该方法的应用较为局限，只适合于单点测试。红外遥感技术借助遥感影像相关波段进行反演，能够获取大范围、长时段的作物耗水数据，但是由于遥感影像质量和分辨率以及下垫面情况的复杂性，该方法的准确性尚待提高。作物模型法和作物系数法均是基于一定的气息和土壤资料等数据来模拟作物的生长过程，并依此计算作物的蒸发蒸腾量(需水量)，这两种方法的计算原理与作物实际生长过程吻合较好，计算精度较高。其中，作物系数法是 1998 年由联合国粮农组织(FAO)推荐的，该方法首先基于 Penman-Monteith 公式计算参考作物腾发量，然后通过作物系数估算作物需水量，是目前计算作物需水量应用最为普遍的方法。该方法以能量平衡和水汽扩散理论为基础，既考虑了作物的生理特征，又考虑了空气动力学参数的变化，具有较为充分的理论依据和较高的计算精度。

4.1.2.1 Penman-Monteith 公式

1998 年，FAO 推荐的计算参考作物腾发量的 Penman-Monteith 公式，既考虑了作物的生理特征，又考虑了空气动力学参数的变化，其具体形式为：

$$ET_0 = \frac{0.408\Delta(R_n - G) + \gamma \dfrac{900u_2(e_s - e_a)}{T + 273}}{\Delta + \gamma(1 + 0.34u_2)} \tag{3-4-22}$$

式中：ET_0 为参考作物腾发量，mm/d；Δ 为饱和水汽压—温度曲线上的斜率，kPa/℃；R_n 为植物冠层表面净辐射，MJ/(m^2·d)；G 为土壤热通量，MJ/(m^2·d)，逐日计算 $G=0$；γ 为湿度计常数，kPa/℃；u_2 为 2 m 高处的风速，m/s；e_s、e_a 分别为饱和水汽压和实际水汽压，kPa；T 为日平均气温，℃。

采用式(3-4-22)计算逐日 ET_0 时所使用的数据包括气象站点的高程、纬度、风速测量高度等地理坐标数据，以及日最高气温、日最低气温、日平均气温、日平均风速、日平均相对湿度和日照时数等气象观测数据。

4.1.2.2 作物系数

作物系数是作物需水量与同期参考作物腾发量的比值，是作物自身生理学特性的反映，它与作物的种类、品种、生育期、作物群体叶面积等因素有关。作物系数主要随着作物生育阶段的变化而变化，而且由于实际作物的需水量与参考作物腾发量两者受气象因素的影响是同步的。因此，在同一产量水平下，不同水文年份的作物系数是相对稳定的。

作物潜在需水量与参考作物腾发量的关系为

$$ET = k_c ET_0 \quad (3\text{-}4\text{-}23)$$

式中：ET 为作物需水量，mm/d；k_c 为作物系数；ET_0 为参考作物腾发量，mm/d。

4.1.2.3 有效降水量

田间降水可能以植物截留、填注、地表径流或深层渗漏的形式损失，能够保存在作物根系层中的用于满足作物腾发需要的那部分水量称为有效降水量。

有效降水量与降水特性、气象条件、土地和土壤特性、土壤水分状况、地下水埋深、作物特性和覆盖状况以及农业耕作管理措施等因素有关。对有效降水量的田间测定，包括降水量、地表径流损失、深层渗漏损失，以及由作物蒸腾、蒸发所吸收的土壤水分等的田间量测定。通常采用经验的降水有效利用系数 α 计算有效降水量，它和次降水量有关。

4.1.2.4 地下水补给量

地下水补给量是指地下水借助土壤毛细管作用上升至作物根系吸水层而被作物利用的水量，其数值与地下水埋深、土壤性质、作物种类及耗水强度等因素有关，一般按照下述公式进行计算：

$$D = ET \times a \quad (3\text{-}4\text{-}24)$$

其中，ET 为作物需水量。a 的取值为：当地下水埋深<1 m 时，a 取 0.5；当地下水埋深在 1~1.5 m 时，a 取 0.4；当地下水埋深在 1.5~2.0 m 时，a 取 0.3；当地下水埋深在 2.0~3.0 m 时，a 取 0.2；当地下水埋深在 3~3.5 m 时，a 取 0.1；当地下水埋深大于 3.5 m 时，不考虑地下水补给量。

4.2 节水潜力评估

按照 4.1 节所述的式(3-4-18)~式(3-4-21)进行海河流域分区农业节水潜力评估。

4.2.1 有效灌溉面积和种植结构

为计算需要，在本篇中，除特别注明外，以下所述及的有效灌溉面积是指各类作物在其播种面积中得到有效灌溉的播种面积，是通常意义上的有效灌溉面积与复种指数的乘积。

海河流域各分区的现状主要作物有效灌溉面积见表 3-4-1。从表 3-4-1 中可知，在现有的 1.6 亿亩主要作物的有效灌溉面积上，夏玉米种植面积最大，为 5 776.5 万亩；其次是冬小麦，为 5 687 万亩；再次是蔬菜，为 2 381.9 万亩；第四是棉花，为 1 159.5 万亩；第五是春玉米，为 819.7 万亩；第六是水稻，为 140.1 万亩；最少的是春小麦，为 58.2 万亩。

据统计，小麦和玉米的灌溉用水量占海河流域现状农业用水量的 75%以上。

作为用水大户，农业灌溉用水量占海河平原区用水总量的 70%~80%，一直被认为是地下水过度开采的主要因素。特别是在冬小麦生育期，有效降水量远远低于实际耗水量，降水满足率很低，水分对冬小麦生长起着显著的制约作用，地下水灌溉成为其稳产高产的重要保障。相比之下，玉米因为其生育期在夏、秋两季，降水量较为集中，与海河流域降水量的年内分布匹配性较好，对地下水和地表水灌溉的需求相对较小。据统计，1998年以

表 3-4-1　海河流域现状作物有效灌溉面积

一级分区	二级分区	有效灌溉面积(万亩)						
		冬小麦	春小麦	夏玉米	春玉米	棉花	水稻	蔬菜
山前平原区	冀东平原区	53.4	0	218.1	0	5.1	70.4	152.0
	北京平原区	12.6	0	34.5	0	0	0	34.3
	天津平原区	131.7	0	55.4	0	18.3	24.0	89.7
	冀中南平原区	1 695.2	0	1 953.5	0	187.1	14.0	851.4
中部及东部滨海平原区	邯郸平原区	148.4	0	120.9	0	91.6	0	50.5
	邢台衡水平原区	329.5	0	313.2	0	283.0	0	80.5
	沧州平原区	251.8	0	281.1	0	64.2	1.0	24.6
南部引黄平原区	漳卫河平原区	1 054.1	0	662.3	0	20.6	0	177.5
	徒骇马颊河区	1 797.1	0	1 608.8	0	465.7	0	508.5
北部燕山区	北部山区	0	2.3	0	1.6	0	0	16.5
	北京山区	11.8	0	0	63.4	0	0	27.4
	天津山区	15.8	0	0	25.4	15.3	1.5	33.2
	中东部山区	0	44.6	0	431.5	0.6	25.5	158.0
西北部太行山区	大同朔州山区	0	0	0	161.6	0	0	51.2
	乌兰察布山区	0	6.3	0	26.1	0	0	8.7
	张家口山区	0	5.0	0	110.1	0	2.6	35.9
西部太行山区	北京山区	7.8	0	7.1	0	0	0	6.3
	邯郸山区	45.7	0	52.1	0	4.8	1.1	8.6
	中南部山区	132.1	0	469.5	0	3.2	0	67.1
合计		5 687	58.2	5 776.5	819.7	1 159.5	140.1	2 381.9

来的十余年间,华北平原冬小麦的播种面积出现一定程度的减少,长期以来占主导地位的冬小麦-夏玉米一年两熟耕作制度在部分地区已演变为春玉米/夏玉米一年一熟制,夏玉米的播种面积不断增加。与冬小麦相比,玉米的生育期恰好是年内降水丰水期,水分亏缺量相对较小,灌溉水量也较小,因此冬小麦播种面积的减少必然会节约一部分灌溉水资源量,所节约的这部分灌溉水资源量既与减少的播种面积有关,也与两种耕作制度下的作物生育期的水分亏缺量有关。

海河流域各分区的节水均不能满足冬小麦的需水,且需灌溉的水量较大,整体优势不太明显,近年来种植规模比较稳定,因而可以根据水情适当压缩冬小麦的种植面积。玉米的降水利用率和效益都比较高,对于发展节水农业意义重大。海河平原区的玉米种植已经具有较大规模，且近年来种植规模比较稳定。目前，玉米的市场前景较好，可作为动物饲料和工业原料。因而，应将玉米作为海河平原区重点发展的作物，并着重提高其单产。棉花较适应海河平原区的降水分布情况，近年来，平原区的棉花种植面积和单产都有较大增幅，是海河流域较有发展潜力的作物，但棉花价格近年来波动较大且费工，应以稳定种植面积为宜。

水稻需水量较大，除冀东平原区和天津平原区可保留一定面积的水稻种植外，海河流域其余各分区宜不再种植水稻，以节约灌溉用水。

综上所述，在有效灌溉面积保持不变的前提下，本篇提出的规划水平年各分区种植结构见表3-4-2，其中适当缩减了冬小麦种植面积，缩减了水稻种植面积，增加了夏玉米和春玉米的种植面积。

表3-4-2　海河流域规划水平年各类作物的有效灌溉面积　（单位：万亩）

一级分区	二级分区	有效灌溉面积(万亩)						
		冬小麦	春小麦	夏玉米	春玉米	棉花	水稻	蔬菜
山前平原区	冀东平原区	43.4	0	248.1	0	5.1	50.4	152.0
	北京平原区	10.0	0	37.1	0	0	0	34.3
	天津平原区	111.7	0	75.4	0	18.3	24.0	89.7
	冀中南平原区	1 545.2	0	2 113.5	0	187.1	4.0	851.4
中部及东部滨海平原区	邯郸平原区	138.4	0	130.9	0	91.6	0	50.5
	邢台衡水平原区	314.5	0	328.2	0	283.0	0	80.5
	沧州平原区	236.8	0	296.1	0	64.2	1.0	24.6
南部引黄平原区	漳卫河平原区	904.1	0	812.3	0	20.6	0	177.5
	徒骇马颊河区	1 647.1	0	1 758.8	0	465.7	0	508.5
北部燕山区	北部山区	0	2.0	0	1.9	0	0	16.5
	北京山区	10.0	0	0	65.2	0	0	27.4
	天津山区	13.8	0	0	28.4	15.3	0.5	33.2
	中东部山区	0	45.6	0	441.5	0.6	5.5	158.0
西北部太行山区	大同朔州山区	0	0	0	161.6	0	0	50.0
	乌兰察布山区	0	5	0	27.4	0	0	8.7
	张家口山区	0	5.0	0	112.7	0	0	35.9
西部太行山区	北京山区	6.0	0	8.9	0	0	0	6.3
	邯郸山区	43.7	0	55.2	0	4.8	0	8.6
	中南部山区	122.1	0	479.5	0	3.2	0	67.1
合计		4 767.3	56.3	6 030	721.3	1 098.8	91.1	2 310.7

4.2.2 作物灌溉定额

作物灌溉需水量作为农田水利工程规划、设计和灌溉用水管理的重要参数,长期以来一直受到水利科学界的重视,各级水利部门开展了大量的灌溉试验工作,取得了丰富的作物灌溉需水量成果,各省(自治区、直辖市)都提出了各自行政区域范围内的农业灌溉用水定额,本篇予以直接引用。由于天津市农业用水定额只有50%降水频率下的灌溉需水量值,故本篇统一选取各省(自治区、直辖市)50%降水频率下的作物灌溉定额作为本次评估工作的需水量基准,即式(3-4-19)和式(3-4-21)中的 $(ET_i - P\alpha - G)$ 的值采用各省级行政区的灌溉定额。海河流域各分区的50%降水频率下的作物灌溉定额见表3-4-3。

表3-4-3 海河流域各分区农作物灌溉定额(50%频率)

一级分区	二级分区	灌溉定额(m³/亩)						
		冬小麦	春小麦	夏玉米	春玉米	棉花	水稻	蔬菜
山前平原区	冀东平原区	160	—	45	—	100	450	200
	北京平原区	160	—	45	—	100	—	200
	天津平原区	200	—	80		100	600	200
	冀中南平原区	140		45		100	450	200
中部及东部滨海平原区	邯郸平原区	165	—	50	—	100	—	200
	邢台衡水平原区	165	—	50	—	100	—	200
	沧州平原区	165	—	50	—	100	450	200
南部引黄平原区	漳卫河平原区	135	—	60	—	70	—	200
	徒骇马颊河区	135	—	70	—	120	—	200
北部燕山区	北部山区	—	240	—	90	—	—	160
	北京山区	160	—	90	—	—	—	160
	天津山区	160	—	—	90	100	350	160
	中东部山区	—	240	—	90	100	350	160
西北部太行山区	大同朔州山区	—	—	—	100	—	—	160
	乌兰察布山区	—	240	—	170	—	—	160
	张家口山区	—	110	—	90	—	350	160
西部太行山区	北京山区	160	—	50	—	—	—	160
	邯郸山区	160	—	50	—	120	350	160
	中南部山区	160	—	110	—	120	—	160

4.2.3 灌溉水利用系数与节灌比

海河流域各农业节水分区的现状水平年和规划水平年的灌溉水利用系数、现状水平年尚未实施节水灌溉措施的有效灌溉面积比例见表 3-4-4。

表 3-4-4 海河流域各分区灌溉水利用系数

一级分区	二级分区	现状水平年灌溉水利用系数	规划水平年灌溉水利用系数	现状水平年尚未实施节水灌溉比例
山前平原区	冀东平原区	0.45	0.68	0.54
	北京平原区	0.69	0.70	0.14
	天津平原区	0.66	0.68	0.30
	冀中南平原区	0.54	0.67	0.46
中部及东部滨海平原区	邯郸平原区	0.41	0.65	0.58
	邢台衡水平原区	0.56	0.69	0.47
	沧州平原区	0.52	0.73	0.30
南部引黄平原区	漳卫河平原区	0.53	0.70	0.49
	徒骇马颊河区	0.55	0.65	0.73
北部燕山区	北部山区	0.48	0.70	0.25
	北京山区	0.69	0.70	0.14
	天津山区	0.65	0.70	0.26
	中东部山区	0.53	0.68	0.42
西北部太行山区	大同朔州山区	0.56	0.68	0.41
	乌兰察布山区	0.51	0.65	0.34
	张家口山区	0.55	0.70	0.50
西部太行山区	北京山区	0.69	0.70	0.14
	邯郸山区	0.51	0.65	0.51
	中南部山区	0.50	0.65	0.42

4.2.4 农艺措施节水潜力

第二层次节水潜力，即效率型节水潜力，主要是通过采取田间覆盖、耕作保墒、非充分灌溉等非工程措施来进行节水。覆盖措施可显著减少作物的耗水量。在华北地区，冬小麦和春小麦在种植期间，由于覆盖材料的缺乏，较少采用覆盖技术，因此冬小麦和春小麦在生长期间的 $\varphi_2 = 0$；本篇中，冬小麦节水主要考虑通过采用耕作保墒和非充分灌溉来进行，取冬小麦需水量的 10% 来作为灌溉节水量。华北平原区的小麦，现在一般均采用联合收割机进行收割。在收割过程中，一般只将小麦籽粒带走，而剩余的秸秆会残留在土壤表面。由于华北平原区一般采用冬小麦/夏玉米的连作制度,因此在夏玉米生长期间,一般有小麦的秸秆和残茬覆盖。根据文献资料,在小麦残茬覆盖条件下,夏玉米的耗水量会降低 10%~20%;地膜覆盖可使得棉花和春玉米的耗水量降低 13%~18%,本篇采用 15% 作为夏玉米采用残茬覆盖或地膜覆盖的节水量、春玉米和棉花采用地膜覆盖的节水量;春小麦采用耕作技术,节水量取 15%作为节水量;采用控制灌溉技术可使得水稻的耗水量降低 30%~45%,本篇取 30%作为控制灌溉技术的节水量;设施蔬菜节水灌溉技术主要有膜下沟灌、膜下滴灌、膜下渗灌,喷灌、微灌等,膜下沟灌可节水 30%,还能节电、节肥,同时地膜还阻止了水分蒸发,降低棚内湿度,减少发病率 30%~50%,具有投资小、操作简单的优点,便于大面积推广应用,本篇采用膜下沟灌的节水量作为蔬菜的节水量,即节水 30%。本篇主要考虑采用覆盖等节水措施来提高作物水分利用率,暂时不考虑改变作物生理结构来节水,即 $\varphi_1 = 0$。

本篇在计算第二层次节水潜力时,假定以上所述的节水措施应用于各类作物的现状尚未实施节水灌溉的全部有效灌溉面积上。

值得指出的是,滴灌、喷灌等高效节水灌溉措施在提高灌溉水利用系数的同时,也通过减少土壤湿润面积而相应减少了作物需水量中的棵间蒸散量,即滴灌、微灌等工程措施也可以产生与农艺节水措施类似的减少作物净灌溉需水量的作用。因此,若各分区在用以实现第一层次节水潜力的工程措施中采用了滴灌、喷灌等高效节水措施,则第一层次节水潜力和第二层次节水潜力之间是具有重复量的,二者不能简单相加,重复量的大小与滴灌、喷灌等高效节灌措施在工程措施中所占比重成正比。

4.2.5 节水潜力评估

基于 4.2.1 部分~4.2.4 部分的基础数据和参数设定,按照式(3-4-18)~式(3-4-21),分别计算海河流域各农业节水分区的第一层次(工程型)、第二层次(效率型)、第三层次(结构型)的节水潜力,分别见表 3-4-5~表 3-4-8。从表中可知,海河流域农业节水潜力中,工程型节水潜力最大,结构型节水潜力次之,效率型节水潜力最小,分别为 43.83 亿 m^3、12.46 亿 m^3、7.49 亿 m^3。

海河流域各一级分区及其下属的各个二级分区的工程型、效率型和结构型节水潜力分别见图 3-4-2~图 3-4-29。从图中可知:

(1)就工程型节水潜力而言,最大的一级分区是南部引黄平原区,为 22.07 亿 m^3;最大的二级分区是徒骇马颊河区,为 17.16 亿 m^3。

(2)就效率型节水潜力而言,最大的一级分区是南部引黄平原区,为 3.38 亿 m^3;最大的二级分区是徒骇马颊河区,为 2.68 亿 m^3。

(3)就结构型节水潜力而言,最大的是一级分区是山前平原区,为 5.85 亿 m^3;最大的二级分区是冀中南平原区,为 3.39 亿 m^3。

(4)就全流域而言,工程型节水潜力最大,为 43.83 亿 m^3;结构型节水潜力次之,为 12.46 亿 m^3;效率型节水潜力最小,为 7.49 亿 m^3。

(5)今后一个时期内,海河流域农业节水灌溉管理工作的重点区域是引黄平原区和山前平原区;在豫北和鲁北的引黄平原区,重点措施宜为实施渠道衬砌和高效节灌,辅之以井渠结合和渠系水量优化调度措施，以提高灌溉水利用系数，挖掘工程型节水潜力；燕山、太行山山前的冀东、冀中山前平原区的重点措施宜为加大农业种植结构调整力度，实施土地休耕，挖掘结构型节水潜力。

表 3-4-5　海河流域分区工程型节水潜力　（单位：亿 m^3）

一级分区	二级分区	节水潜力
山前平原区	冀东平原区	3.28
	北京平原区	0
	天津平原区	0.13
	冀中南平原区	8.60
	分区小计	12.01
中部及东部滨海平原区	邯郸平原区	2.60
	邢台衡水平原区	1.80
	沧州平原区	1.12
	分区小计	5.52
南部引黄平原区	漳卫河平原区	4.91
	徒骇马颊河区	17.16
	分区小计	22.07
北部燕山区	北部山区	0.06
	北京山区	0
	天津山区	0.03
	中东部山区	1.47
	分区小计	1.56
西北部太行山区	大同朔州山区	0.32
	乌兰察布山区	0.11
	张家口山区	0.34
	分区小计	0.77
西部太行山区	北京山区	0
	邯郸山区	0.27
	中南部山区	1.63
	分区小计	1.90
流域总计		43.83

表 3-4-6　海河流域分区效率型节水潜力　　（单位:亿 m³）

一级分区	二级分区	节水潜力
山前平原区	冀东平原区	0.92
	北京平原区	0
	天津平原区	0.03
	冀中南平原区	1.54
	分区小计	2.49
中部及东部滨海平原区	邯郸平原区	0.41
	邢台衡水平原区	0.27
	沧州平原区	0.15
	分区小计	0.83
南部引黄平原区	漳卫河平原区	0.70
	徒骇马颊河区	2.68
	分区小计	3.38
北部燕山区	北部山区	0.02
	北京山区	0
	天津山区	0.01
	中东部山区	0.31
	分区小计	0.34
西北部太行山区	大同朔州山区	0.06
	乌兰察布山区	0.02
	张家口山区	0.07
	分区小计	0.15
西部太行山区	北京山区	0
	邯郸山区	0.04
	中南部山区	0.26
	分区小计	0.30
流域总计		7.49

表 3-4-7　海河流域分区结构型节水潜力　（单位：亿 m^3）

一级分区	二级分区	节水潜力
山前平原区	冀东平原区	2.06
	北京平原区	0.04
	天津平原区	0.36
	冀中南平原区	3.39
	分区小计	5.85
中部及东部滨海平原区	邯郸平原区	0.28
	邢台衡水平原区	0.31
	沧州平原区	0.33
	分区小计	0.92
南部引黄平原区	漳卫河平原区	2.12
	徒骇马颊河区	1.84
	分区小计	3.96
北部燕山区	北部山区	0.01
	北京山区	0.04
	天津山区	0.10
	中东部山区	1.11
	分区小计	1.26
西北部太行山区	大同朔州山区	0.03
	乌兰察布山区	0.02
	张家口山区	0.12
	分区小计	0.17
西部太行山区	北京山区	0.04
	邯郸山区	0.16
	中南部山区	0.10
	分区小计	0.30
流域总计		12.46

表 3-4-8 海河流域分区的不同类型节水潜力 （单位：亿 m^3）

一级分区	二级分区	工程型	效率型	结构型
山前平原区	冀东平原区	3.28	0.92	2.06
	北京平原区	0	0	0.04
	天津平原区	0.13	0.03	0.36
	冀中南平原区	8.60	1.54	3.39
	分区小计	12.01	2.49	5.85
中部及东部滨海平原区	邯郸平原区	2.60	0.41	0.28
	邢台衡水平原区	1.80	0.27	0.31
	沧州平原区	1.12	0.15	0.33
	分区小计	5.52	0.83	0.92
南部引黄平原区	漳卫河平原区	4.91	0.70	2.12
	徒骇马颊河区	17.16	2.68	1.84
	分区小计	22.07	3.38	3.96
北部燕山区	北部山区	0.06	0.02	0.01
	北京山区	0	0	0.04
	天津山区	0.03	0.01	0.10
	中东部山区	1.47	0.31	1.11
	分区小计	1.56	0.34	1.26
西北部太行山区	大同朔州山区	0.32	0.06	0.03
	乌兰察布山区	0.11	0.02	0.02
	张家口山区	0.34	0.07	0.12
	分区小计	0.77	0.15	0.17
西部太行山区	北京山区	0	0	0.04
	邯郸山区	0.27	0.04	0.16
	中南部山区	1.63	0.26	0.10
	分区小计	1.90	0.30	0.30
流域总计		43.83	7.49	12.46

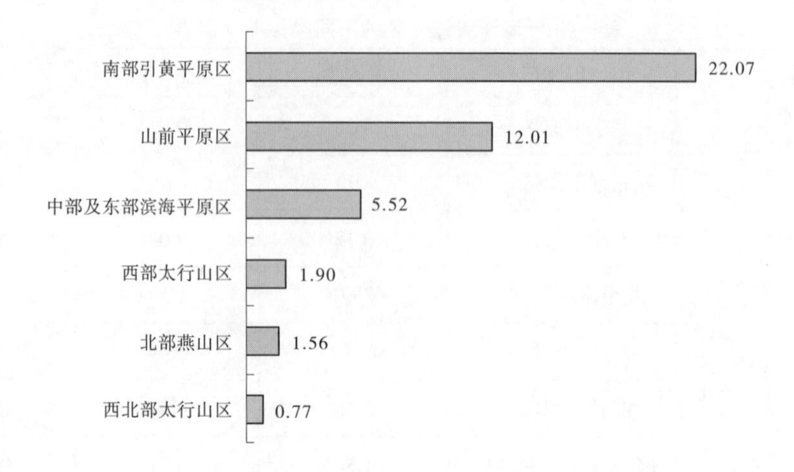

图 3-4-2 海河流域农业节水一级分区的工程型节水潜力 （单位:亿 m^3）

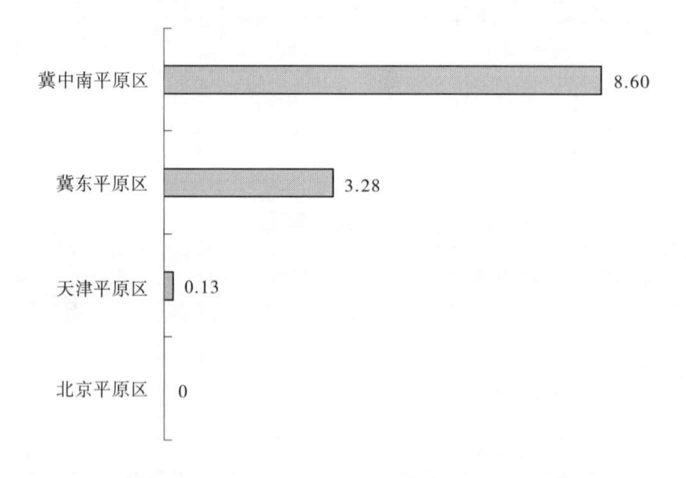

图 3-4-3 山前平原区之各二级分区的工程型节水潜力 （单位:亿 m^3）

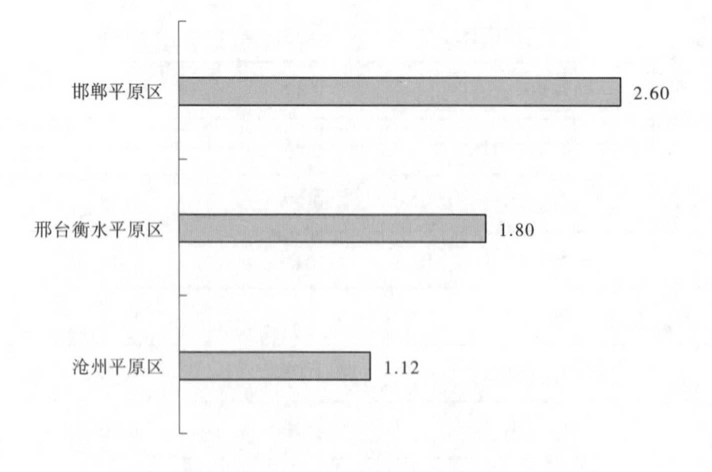

图 3-4-4 中部及东部滨海平原区之各二级分区的工程型节水潜力 （单位:亿 m^3）

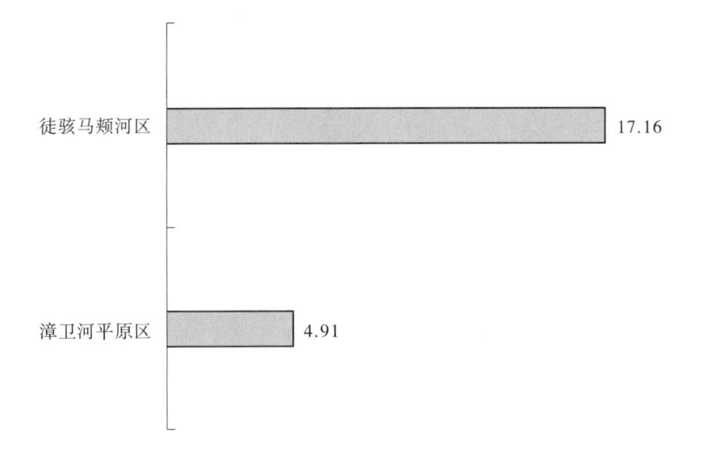

图 3-4-5　南部引黄平原区之各二级分区的工程型节水潜力　（单位：亿 m^3）

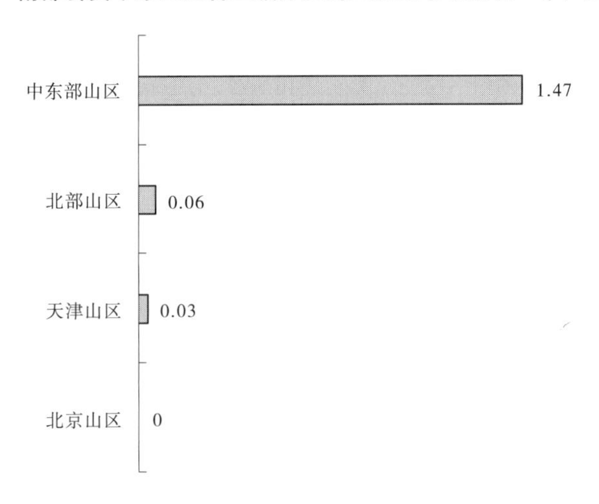

图 3-4-6　北部燕山区之各二级分区的工程型节水潜力　（单位：亿 m^3）

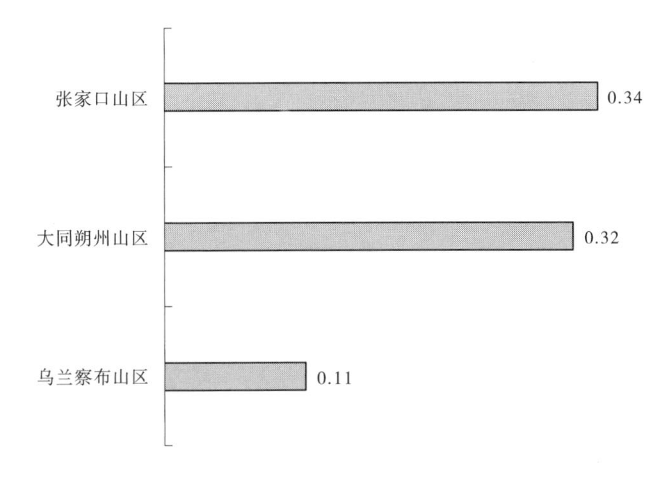

图 3-4-7　西北部太行山区之各二级分区的工程型节水潜力　（单位：亿 m^3）

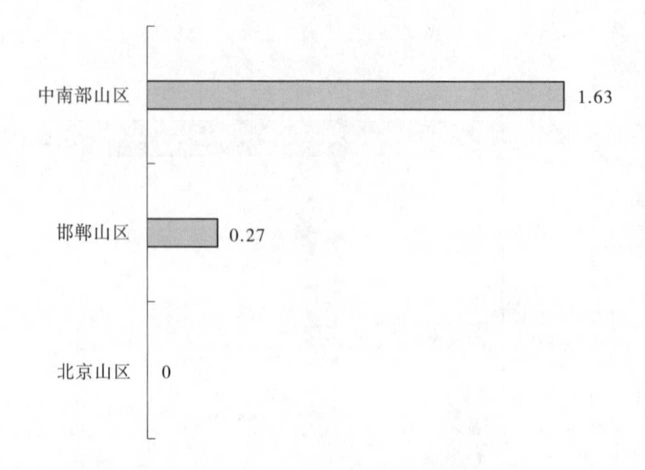

图 3-4-8　西部太行山区之各二级分区的工程型节水潜力　（单位:亿 m^3）

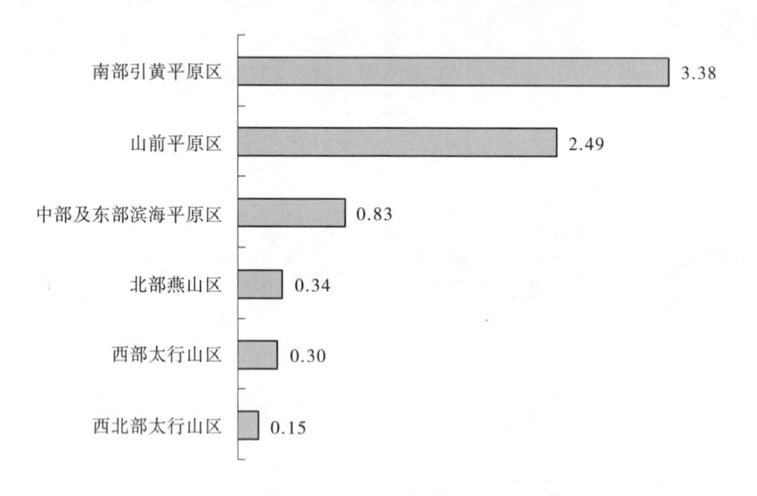

图 3-4-9　海河流域农业节水一级分区的效率型节水潜力　（单位:亿 m^3）

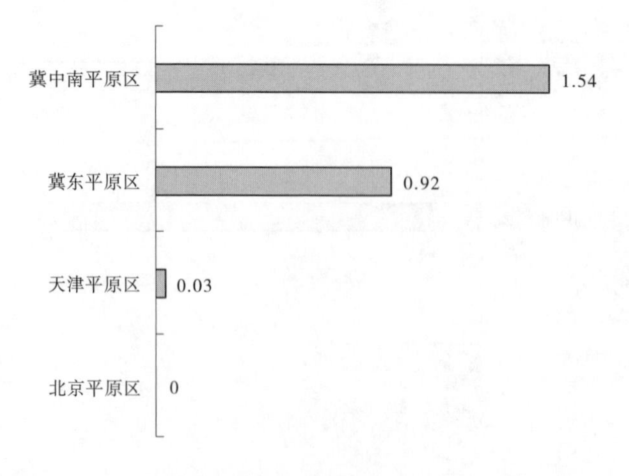

图 3-4-10　山前平原区之各二级分区的效率型节水潜力　（单位:亿 m^3）

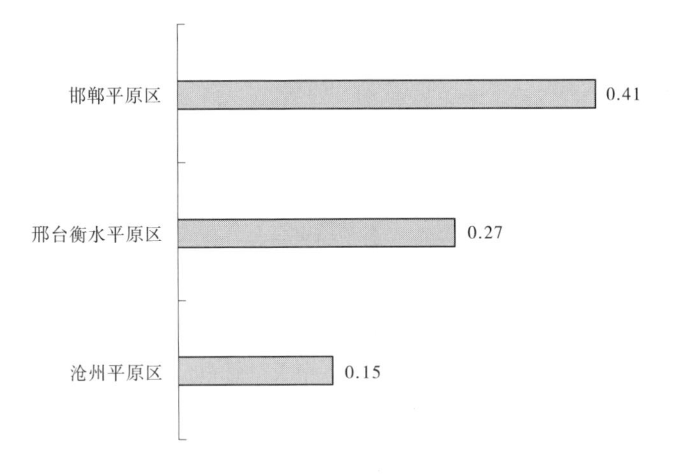

图 3-4-11　中部及东部滨海平原区之各二级分区的效率型节水潜力（单位：亿 m^3）

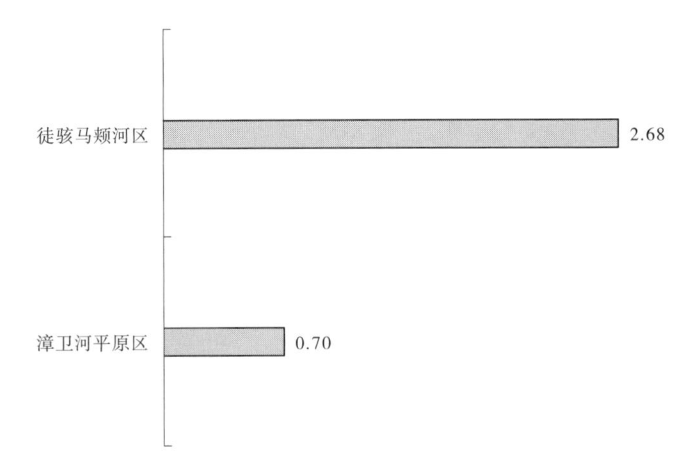

图 3-4-12　南部引黄平原区之各二级分区的效率型节水潜力（单位：亿 m^3）

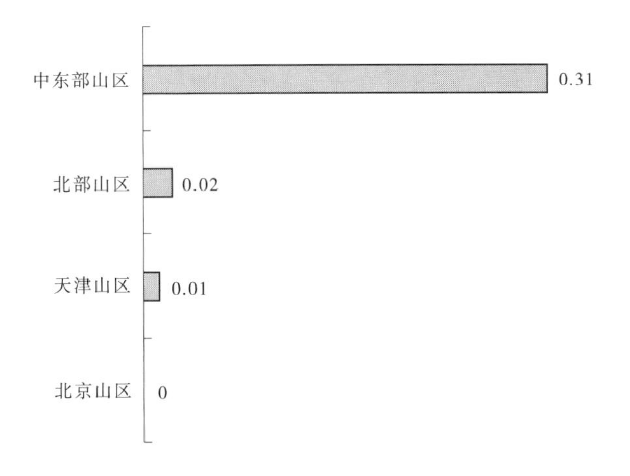

图 3-4-13　北部燕山区之各二级分区的效率型节水潜力（单位：亿 m^3）

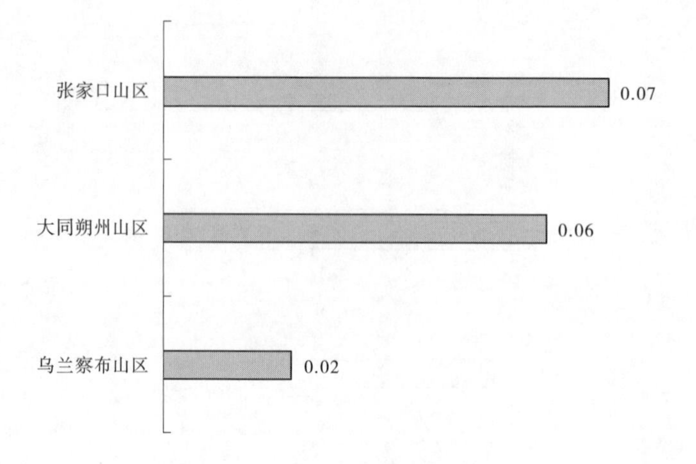

图 3-4-14　**西北部太行山区之各二级分区的效率型节水潜力**　（单位：亿 m^3）

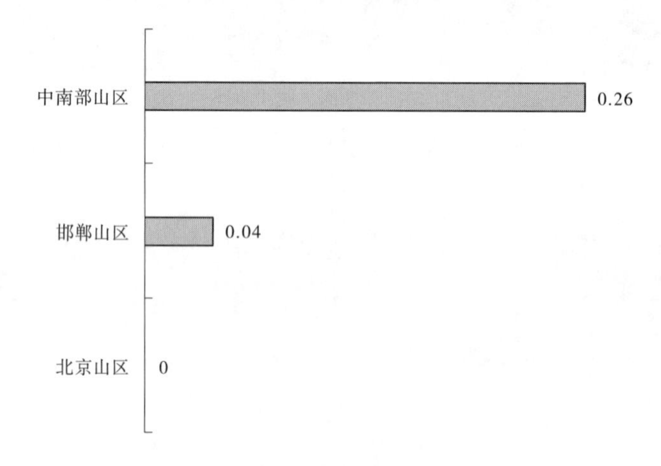

图 3-4-15　**西部太行山区之各二级分区的效率型节水潜力**　（单位：亿 m^3）

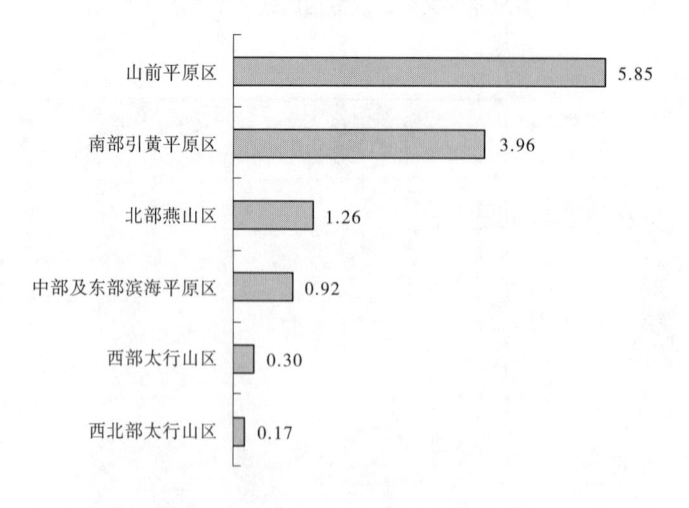

图 3-4-16　**海河流域农业节水一级分区的结构型节水潜力**　（单位：亿 m^3）

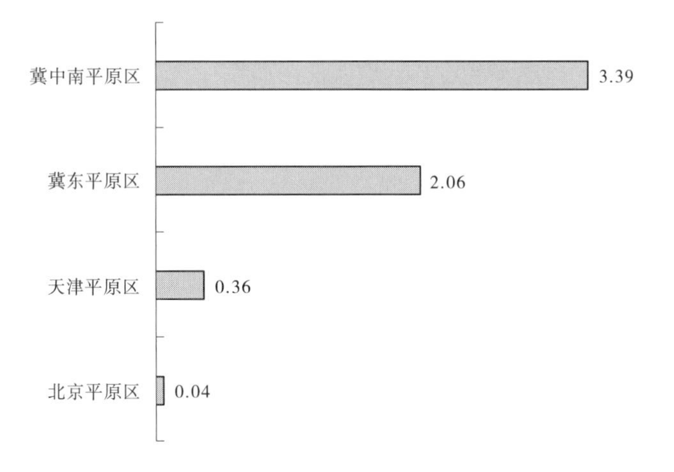

图 3-4-17　**山前平原区之各二级分区的结构型节水潜力**　（单位：亿 m^3）

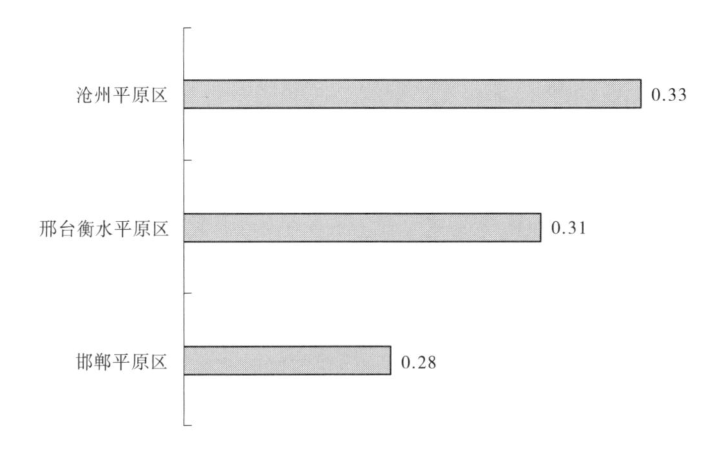

图 3-4-18　**中部及东部滨海平原区之各二级分区的结构型节水潜力**　（单位：亿 m^3）

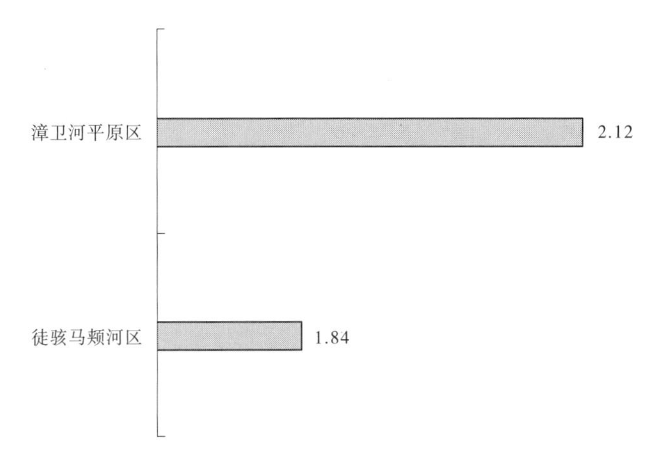

图 3-4-19　**南部引黄平原区之各二级分区的结构型节水潜力**　（单位：亿 m^3）

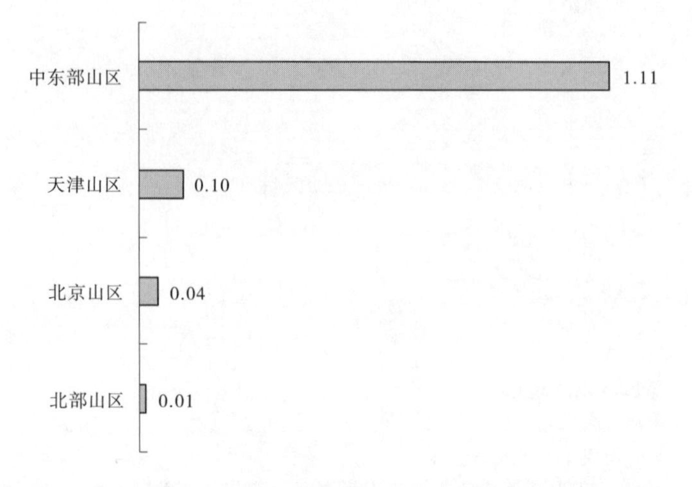

图 3-4-20　北部燕山区之各二级分区的结构型节水潜力　（单位：亿 m^3）

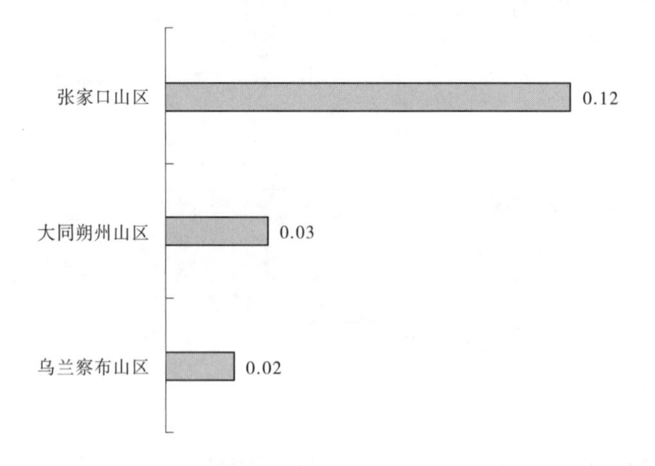

图 3-4-21　西北部太行山区之各二级分区的结构型节水潜力　（单位：亿 m^3）

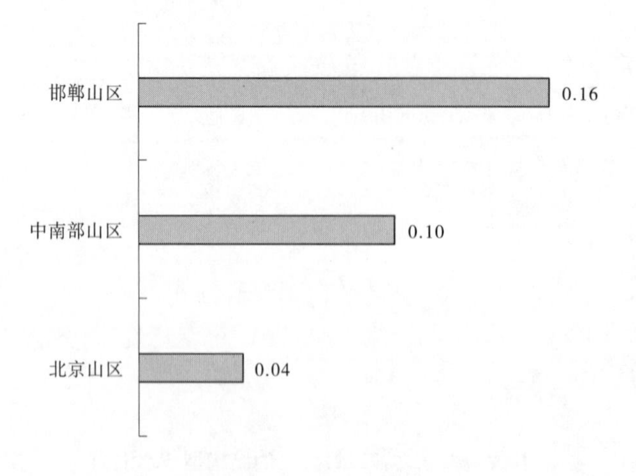

图 3-4-22　西部太行山区之各二级分区的结构型节水潜力　（单位：亿 m^3）

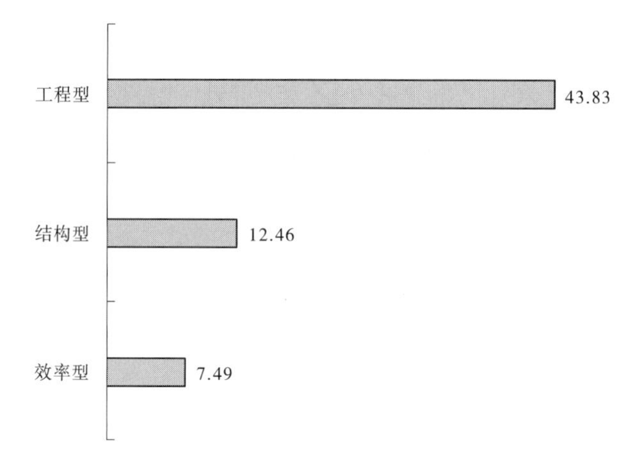

图 3-4-23　海河流域各类型节水潜力　（单位：亿 m^3）

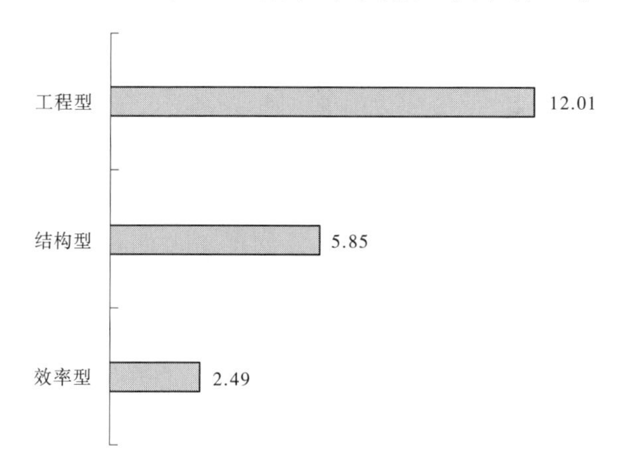

图 3-4-24　山前平原区各类型节水潜力　（单位：亿 m^3）

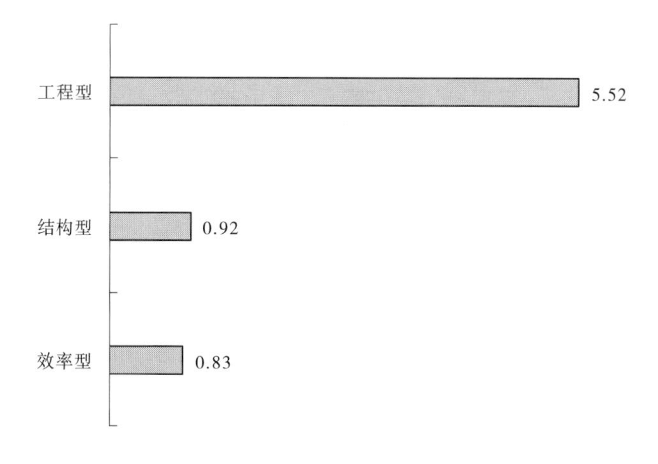

图 3-4-25　中部及东部滨海平原区各类型节水潜力　（单位：亿 m^3）

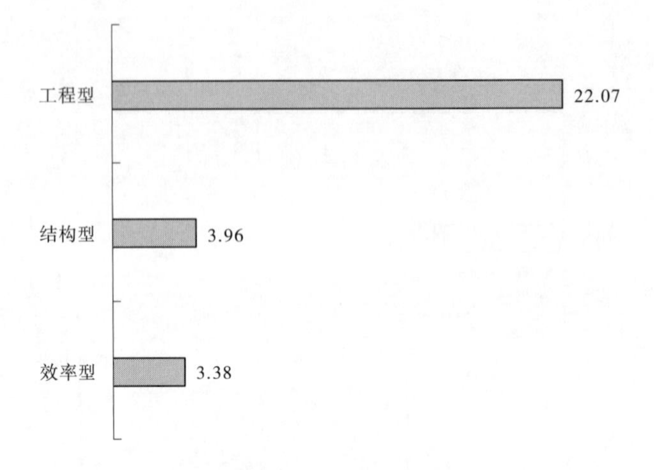

图 3-4-26　南部引黄平原区各类型节水潜力　（单位：亿 m^3）

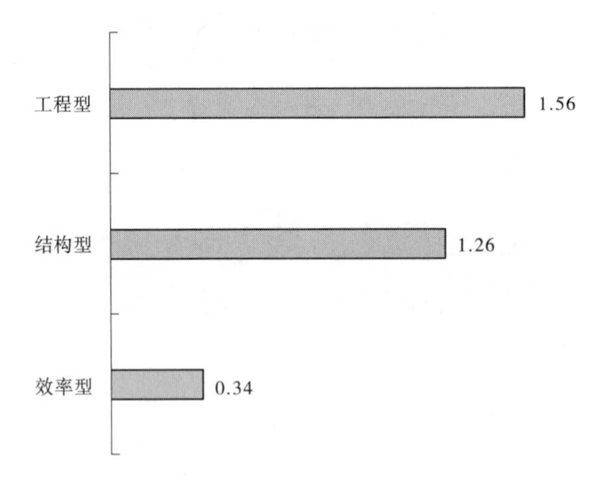

图 3-4-27　北部燕山区各类型节水潜力　（单位：亿 m^3）

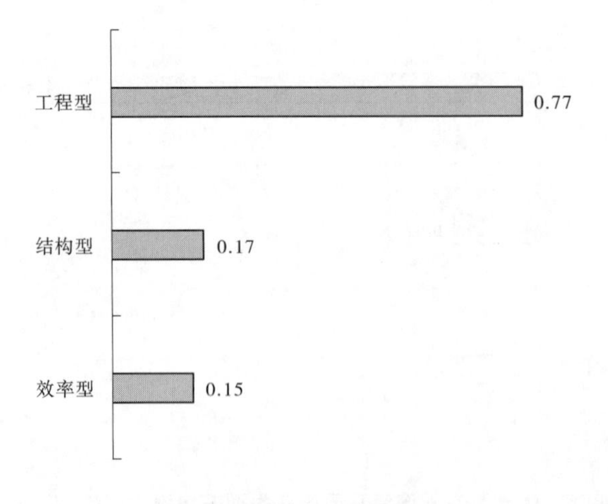

图 3-4-28　西北部太行山区各类型节水潜力　（单位：亿 m^3）

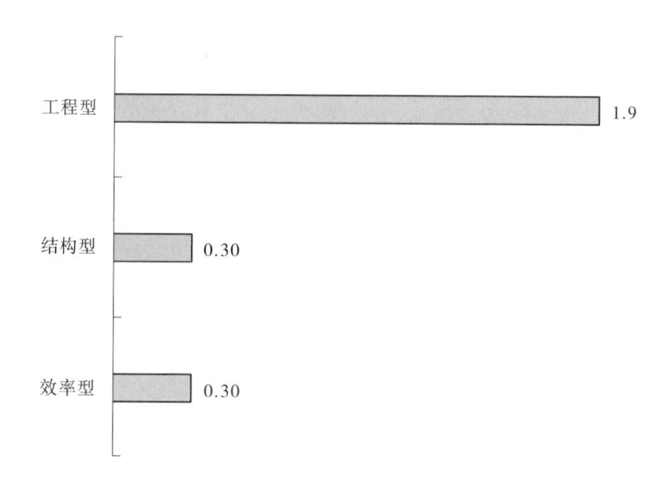

图 3-4-29　西部太行山区各类型节水潜力　（单位：亿 m^3）

4.2.6　合理性分析

《海河流域农田水循环过程与农业高效用水机制》(康绍忠等著，科学出版社，2013 年，简称该著作）指出，流域尺度的节水潜力是作物、田间、灌区等各个不同尺度节水措施的节水潜力在流域尺度上的综合体现，该著作设计的 5 个节水方案的灌溉节水潜力为 52.40 亿～107.52 亿 m^3，资源节水潜力为 25.98 亿～55.02 亿 m^3，进而从技术、经济、社会和生态的角度进行综合分析，优选提出了推荐方案下的海河流域农业灌溉节水潜力，其相应的灌溉节水潜力为 70.60 亿 m^3，资源节水潜力为 28.28 亿 m^3。该著作中所述及的灌溉节水潜力与本篇中的工程型节水潜力的含义是相同的，资源节水潜力包含了本篇中的效率型和结构型节水潜力。

本研究得出的海河流域农业节水潜力与该著作得出的海河流域农业节水潜力对比见图 3-4-30。

本研究中的灌溉水利用系数提高幅度为 0.01～0.24，该著作中的灌溉水利用系数提高幅度为 0.03～0.12；本研究中的节水措施实施面积按有效灌溉面积中现状尚未实施节水灌溉的面积进行计算，该著作中的农业节水措施的实施面积为 60%～80%不等；在种植结构调整方面，本研究和该著作的方案也有一些差别；加之诸如现状水平年（该著作采用的现状水平年为 2005 年，距离本书采用的现状水平年 2012 年已有 7 年），期间海河流域的节水灌溉事业有了长足发展，节水潜力得到了一定挖掘，有效灌溉面积、种植结构等参数也存在一些差异。因此，可以认为本研究所得到的海河流域农业节水潜力值与该著作所得的节水潜力值相比为小，是合理的、可信的、符合实际情况的。

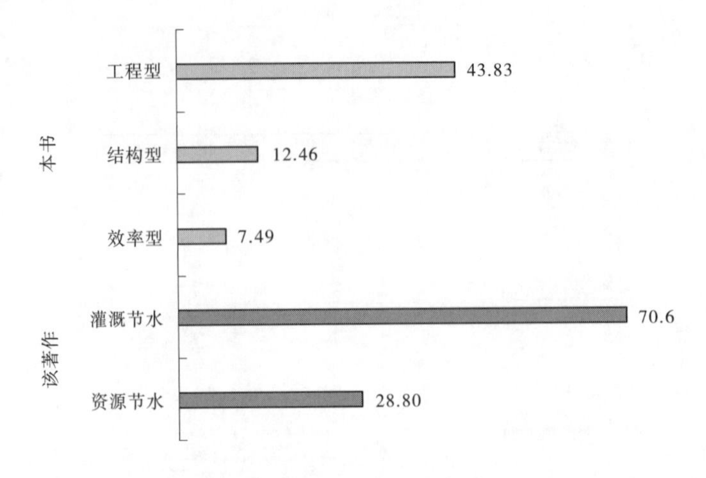

图 3-4-30　本研究与该著作节水潜力对比　（单位:亿 m^3）

4.3　规划水平年适宜有效灌溉面积

面对海河流域水资源约束日渐趋紧而用水方式依然较为粗放的现实,实行最严格的水资源管理制度,以水定产、以水定城、以水定地、以水定人,建设节水型社会,将水资源可利用量作为今后流域产业发展的刚性约束,并通过用水总量和用水效率红线进行控制,这将是海河流域经济社会与水资源实现相互协调的可持续发展的重要战略措施和实际工作抓手。

基于最严格水资源管理制度框架下所确立的用水总量控制指标,分析和评价相应的农业用水总量控制指标约束下的海河流域适宜发展的有效灌溉面积可以从水土资源平衡的角度为流域农业节水潜力研究提供一个新的视角,对于有关水行政主管部门实施农业节水灌溉管理工作具有积极的指导意义。为此,本节以海河流域农业节水分区体系为基础,计算各分区适宜发展的有效灌溉面积并与现状有效灌溉面积进行对比,提出相应的对策措施建议。

4.3.1　综合灌溉定额

规划水平年的适宜发展的有效灌溉面积与规划水平年的种植结构、农业可用水量、灌溉水利用系数、农艺节水措施应用情况等诸多因素有着密切关系,本节在计算规划水平年的适宜发展的有效灌溉面积时采用如下假定:

(1)规划水平年的种植结构与现状年保持一致。

(2)灌溉水利用系数采用规划水平年的灌溉水利用系数。

(3)为了与相关规划成果相协调,只考虑由于实施工程措施而使得灌溉水利用系数得以提高,不考虑农艺节水措施的节水效果,即不考虑强化节水方案。

基于上述前提和假定,计算得到海河流域规划水平年各分区的综合灌溉定额,见表 3-4-9。

表 3-4-9　海河流域规划水平年综合灌溉定额　（单位：m^3/亩）

一级分区	二级分区	综合净灌溉定额	综合毛灌溉定额
山前平原区	冀东平原区	162	239
	北京平原区	128	183
	天津平原区	204	299
	冀中南平原区	111	165
中部及东部滨海平原区	邯郸平原区	121	186
	邢台衡水平原区	114	165
	沧州平原区	108	148
南部引黄平原区	漳卫河平原区	114	163
	徒骇马颊河区	117	180
北部燕山区	北部山区	164	234
	北京山区	61	87
	天津山区	134	191
	中东部山区	127	187
西北部太行山区	大同朔州山区	114	168
	乌兰察布山区	179	275
	张家口山区	111	159
西部太行山区	北京山区	123	176
	邯郸山区	109	168
	中南部山区	125	192

4.3.2　农田灌溉用水总量

目前，海河流域各省（自治区、直辖市）已将2015年的用水总量控制指标已全部分解到县级行政区，天津市、山西省、内蒙古自治区，以及河北省的保定市、邢台市、唐山市、秦皇岛市等已将2020年的用水总量控制指标分解到县级行政区，其余各省尚未将2020年的用水总量控制指标分解到县级行政区，且各级行政区均未将农业灌溉用水总量控制指标在用水总量控制指标中明确列出。本节采用现状年农业灌溉用水量占总用水量的比例来估算规划水平年的农业用水总量控制指标，农业灌溉用水总量指标估算结果见表3-4-10。

表 3-4-10　海河流域规划水平年农业灌溉用水总量指标　　（单位：万 m^3）

一级分区	二级分区	农业灌溉用水总量控制指标
山前平原区	冀东平原区	125 582
	北京平原区	50 000
	天津平原区	120 110
	冀中南平原区	720 000
中部及东部滨海平原区	邯郸平原区	48 000
	邢台衡水平原区	87 980
	沧州平原区	29 670
南部引黄平原区	漳卫河平原区	225 276
	徒骇马颊河区	502 503
北部燕山区	北部山区	3 000
	北京山区	3 600
	天津山区	4 100
	中东部山区	100 300
西北部太行山区	大同朔州山区	57 102
	乌兰察布山区	11 100
	张家口山区	60 000
西部太行山区	北京山区	2 300
	邯郸山区	14 434
	中南部山区	163 737
流域总计		2 328 794

4.3.3　适宜有效灌溉面积

根据表 3-4-9 和表 3-4-10，计算在农业灌溉用水总量指标约束下，以现状种植结构为基础，规划水平年适宜发展的有效灌溉面积，结果见表 3-4-11 和图 3-4-31。

由表 3-4-11 可知，在严格满足上述约束条件的情况下，即种植结构维持不变、灌溉水利用系数提高到规划水平、农业灌溉用水符合估算的总量控制指标的情形下，海河流域各二级分区中，可以适度增加有效灌溉面积的为漳卫河平原区，北京燕山山区和张家口山区的适宜有效灌溉面积与现状有效灌溉面积基本持平，其余13个二级分区均应该压缩现状有效灌溉面积以满足用水总量控制指标的要求，全流域共需压缩有效灌溉面积2 020万亩。

表3-4-11　海河流域规划水平年适宜的有效灌溉面积　（单位:万亩）

一级分区	二级分区	现状耕地面积	现状有效灌溉面积	适宜有效灌溉面积
山前平原区	冀东平原区	742	637	405
	北京平原区	255	250	210
	天津平原区	591	462	309
	冀中南平原区	4 528	3 984	3 351
	小计	6 116	5 333	4 275
中部及东部滨海平原区	邯郸平原区	250	210	198
	邢台衡水平原区	665	511	411
	沧州平原区	608	426	154
	小计	1 523	1 147	763
南部引黄平原区	漳卫河平原区	976	791	1 061
	徒骇马颊河区	2 858	2 471	2 146
	小计	3 834	3 262	3 207
北部燕山区	北部山区	129	29	10
	北京山区	31	27	32
	天津山区	72	57	17
	中东部山区	732	391	413
	小计	964	504	472
西北部太行山区	大同朔州山区	951	367	261
	乌兰察布山区	209	94	31
	张家口山区	605	284	290
	小计	1 765	745	582

续表 3-4-11

一级分区	二级分区	现状耕地面积	现状有效灌溉面积	适宜有效灌溉面积
西部太行山区	北京山区	34	16	10
	邯郸山区	132	85	66
	中南部山区	2 509	959	656
	小计	2 675	1 060	732
流域合计		16 877	12 051	10 031

注:此表中的有效灌溉面积含义为通常意义上的概念。

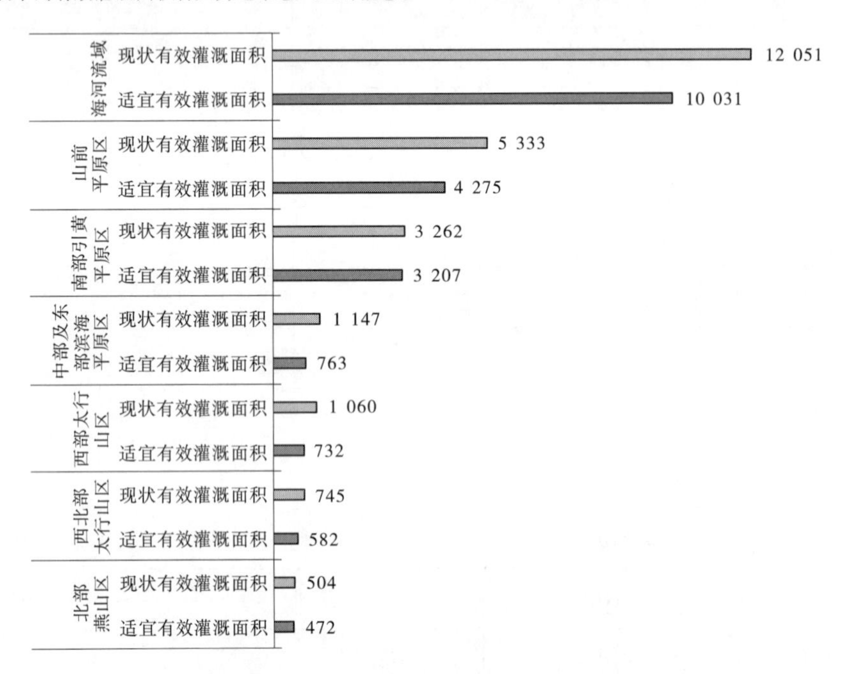

图 3-4-31　海河流域现状有效灌溉面积与适宜有效灌溉面积　(单位:万亩)

4.3.4　讨论与对策

区域适宜发展的有效灌溉面积的影响因素较多且复杂易变,除降水量、作物需水量、土壤类型等自然方面的影响因素外,还有灌溉水利用系数等工程方面的影响因素,灌溉水价和农作物市场价格以及种植结构等经济方面的影响因素,农民灌溉意愿、用水组织等社会方面的影响因素,因而规划水平年适宜发展的有效灌溉面积的数值是具有不确定性的。本节计算所得的适宜有效灌溉面积是有严格前提条件的,但是对于流域农业水资源管理工作依然具有积极的指导意义:

(1)在前述计算条件的前提下,海河流域绝大多数农业节水分区的农业水资源量依然不能承载现状农业灌溉发展规模。

(2)为了实现以水定产,必须大力实施农作物种植结构调整、大力发展节水灌溉以继续加大灌溉水利用系数提高力度。

(3)在“十三五”期间的规划和拟建中型渠灌区续建配套项目中,各农业节水分区的灌溉水利用系数应该不低于规划水平年灌溉水利用系数目标值,以提高分区规划水平年农业水资源的灌溉发展规模承载能力。

(4)海河流域南水北调东线、中线受水区应加大被城镇用水和工业用水挤占的地表水退还于农业用途的力度。

第5章 优化节水灌溉高质量发展体制机制

海河流域，以至于全国范围内，农业灌溉用水的效率不高，管理薄弱是主要原因之一。实践证明，节水灌溉潜力的50%在于加强管理，只有依靠科学的管理才能将节水灌溉事业高质量地实现好、发展好、维护好。

现阶段我国经济发展进入新常态，社会经济发展由高速增长阶段进入高质量增长阶段。2018年9月，《中共中央 国务院关于推动高质量发展的意见》指出，推动高质量发展是当前和今后一个时期确定发展思路、制定经济政策、实施宏观调控的根本要求，要努力实现更高质量、更有效率、更加公平、更可持续的发展。

水利基础设施的高质量发展应该是满足不断增长的水安全保障需求的发展，是体现新发展理念的发展，是供给更加可靠、生态更加友好、服务更加均衡、管理更加高效、风险更加可控的发展。节水灌溉高质量发展是水利基础设施高质量发展的重要一环，节水灌溉高质量发展的主要途径是因地制宜地实施高效节水灌溉。

5.1 我国高效节水灌溉体制机制发展现状成效

通过多年的摸索，我国在推进高效节水灌溉体制机制发展方面取得了一定成效，有力保障了高效节水灌溉的快速发展，促进了农业增产增效、农民增收，为推进现代农业快速、健康发展提供了基础保障。

5.1.1 典型示范和整体推进相结合

通过大力开展试点示范项目建设，引导当地政府和农民群众逐步认识、接受、应用高效节水灌溉技术，在形成一定的社会认可度和技术管理服务能力后，再通过区域性规模化项目建设、投入完善运行管护服务体系等政策扶持措施整体推进。如新疆、黑龙江、河北、广西等高效节水灌溉发展较好地区，都是通过典型示范，探索适合当地特点的技术模式，让地方政府和群众看到实实在在的成效，再逐步整体推进，从而建成了一批标准高、效益显著的规模化高效节水灌溉项目区。

5.1.2 积极引导和倒逼制约相结合

在积极引导各地大力发展高效节水灌溉的同时，全面落实最严格水资源管理制度，大力推进“总量控制、定额管理”的管理方式，坚持以水定地，量水而行，构建发展高效节水灌溉的倒逼机制。如内蒙古通辽市、甘肃河西走廊、河北张家口市、山西清徐县等地，通过实行多形式的灌溉用水定额制度和发展高效节水灌溉相结合，引导与倒逼相互促进，使得社会用水节约意识显著提高的同时，对高效节水灌溉技术的接受程度也越来越高，灌溉用水量明显减少，实现了生产发展和生态环境保护的双赢。

5.1.3 工程建设与机制改革相结合

努力按照“先建机制、后建工程”的要求,合理确定工程建设模式。如四川省积极推广民办公助建设模式,以农户或联户、村集体、农民用水合作组织、农民专业生产合作组织等为申报、实施、管护主体,接受财政资金补助;湖南省采用“四自两会三公开”模式(自选、自建、自管、自用,村委会、理事会集体负责,项目选择公开、理事会选举公开、建设资金使用财务公开);湖北东风三干渠农民用水户协会管护模式、安徽永裕农村水利专业合作社管护模式、黑龙江省克山县高效节水灌溉服务管理中心管护模式、新疆沙雅县物业化管理模式、北京市和浙江省村级水管员管护模式等一批适应当地不同条件的工程和设施运行管护模式也在探索中逐步形成。

5.2 我国高效节水灌溉体制机制存在的问题

虽然我国在推进高效节水灌溉体制机制发展方面取得了一定成效,但也要清醒地认识到,目前我国高效节水灌溉体制机制还存在诸多问题,与实施乡村振兴战略、实现农业农村现代化、实现水利高质量发展的要求相比,仍有一定的差距。

5.2.1 农业用水管理与改革任务艰巨

我国实施最严格水资源管理的基础较弱,当前农业用水控制指标难以具体到县,农业用水定额难以具体到户,农业用水难以按市场规律定价,农业用水计量设施严重匮乏,节水激励机制尚未形成。农业水价综合改革进展缓慢,农业水价仅为供水成本的30%~50%,25%左右大型灌区、65%左右中型灌区未核定成本水价,水费实收率不足70%,部分地区水价形成机制尚不能全面客观反映水资源的稀缺性和供水成本,难以激发用水户的自主节水投入和创新意识,灌区管理单位的运行经费得不到保障,工程运行管护缺乏有效的经费保障机制。

5.2.2 高效节水制度建设有待完善

节水立法及政策制度尚不完善,已有法规的执行难度大、监管手段少,出现很多水行政监督人员对灌溉建设工程的控制“无法可依”“有法不可依”等情况,用水监督管理不力。水资源对经济社会发展的刚性约束不强,尚未发挥应有的倒逼作用,节水职责不明确,考核制度不健全,节水措施落实不到位,在无形中给我国高效节水灌溉技术的实施带来了阻碍,无法对节水新技术的推广发挥较好的引导和激励作用。

5.2.3 高效节水工程管护体系不完善

高效节水灌溉与渠道防渗、标准沟畦灌等传统灌溉方式相比,具有技术含量高、管理要求高、技术服务高等特点。但是部分地区已建成的高效节水灌溉工程主要采用乡(镇)水管站等小型组织负责技术指导,用水合作组织、社会化专业服务机构和新型农业经营主体等形式进行经营管护的比例较低。小型农田水利工程管理体制改革进展缓慢,专管与群管相结合的良性机制尚未建立，高效节水灌溉工程“有人用、无人管”的问题一直存在，不能满足灌区现代管理的要求，灌区管理体制改革需要深化。

5.2.4 高效节水灌溉技术效益未得到充分发挥

尽管我国高效节水灌溉技术在不断发展和推广应用，但是技术效益并不显著。一是分散式土地经营方式与田间高效节水技术所要求的规模化、集约化经营管理不相适应，极大地阻碍了高效节水灌溉技术效益的发挥。二是高效节水技术不仅仅是节水措施，更是推广水肥一体化灌溉的技术载体，很多地区仅仅将其作为一种输配水设施，没有优化和完善灌溉分区和主要作物用水模式，没有依据流域/区域灌溉用水量和灌溉用水定额，科学选择灌溉方式，合理确定灌溉规模、工程布局、灌溉制度和灌溉周期，导致高效节水灌溉技术的节水节肥、增产增收效益并不显著。

5.2.5 高效节水灌溉综合效益社会认识不足

我国对高效节水灌溉的宣传引导和培训不够，尚未形成有效的社会氛围，社会公众对我国国情、水情认识不足，缺乏对节水灌溉综合效益的认识，重开源、轻节约的惯性做法尚未得到根本转变，部分地区过多依赖引调水解决缺水问题的思路亟须改变。北方地区政府节水积极性强，但群众节水意识弱，南方地区新型农业经营主体积极性高，但政府、群众对节水灌溉认识不足。

5.3 节水灌溉高质量发展体制机制建议

5.2 节概括的我国高效节水灌溉发展体制机制现状存在的问题，在海河流域均不同程度地、较为普遍地有所反映。为此，本节提出坚持政府与市场两手发力，按照把握规划权、放开建设权、搞活经营权、严格监督权的原则，以水权分配、水价改革、产权制度改革等为支撑，促进海河流域节水灌溉高质量发展。

5.3.1 科学制定灌溉发展规划

高效节水灌溉的持续发展和规模化推进对水土资源条件和其他社会经济状况提出了更高要求，必须科学论证水土资源条件，制定灌溉发展规划。在水资源严重紧缺地区或水土资源不匹配地区，深入研究新增发展高效节水灌溉对当地生活、生产、生态的影响，认真做好水土资源平衡分析工作，系统评价将地面灌溉改变成为高效节水灌溉的可行性。对地下水超采区，要合理引取地表水作为灌溉水源，严禁抽取地下水发展高效节水灌溉，以节水为主线，以保障粮食安全、农业增产、农民增收为目标，以尊重农民生产经营自主权与加强宏观调控相结合的原则，充分发挥比较优势，大力调整作物种植结构，优化产业布局，重点发展市场前景广阔、适销对路、经济效益好、能实现农民增收的特色产业。按照规划统筹、突出重点、因地制宜、合理布局、需求导向、规模推进等原则，理清区域布局和规模推进重点。在总体规划指导下，分步推进，让农户真正从发展高效节水灌溉中得到具体的、现实的利益和好处，让海河流域适宜发展高效节水灌溉的每一寸土地都能绽放出新的生命力。

5.3.2 积极探索多元化建设管理方式

积极探索民办公助、以奖代补、先建后补等建设方式，鼓励和引导农民、农民用水合作组织及新型农业经营主体作为高效节水灌溉工程建设和管理的主体。以县为单元实行自主申报，竞争立项，因地制宜推行设计施工总承包模式，减少中间环节，提高工程质量。

5.3.2.1 严格建设过程管理

灌区项目建设应全面落实"四制"管理，严格基本建设程序；逐步推行集中建设管理、设计施工总承包、代建制等建设管理模式；强化工程、材料和设备等质量保障，建立健全政府监督、业主负责、监理控制、企业保证的质量管理体系；完善灌溉工程建设的监督检查机制，加大稽察监督力度，推行社会公示、群众参与等，充分发挥审计等部门的优势和作用，加强勘查设计、建设管理、运行维护等全过程监督检查。建立严格的奖惩制度和责任追究制度，加强对责任落实情况的监督检查。

5.3.2.2 建立完善的基层服务体系

积极培育建设基层水利服务机构、农民用水合作组织和准公益性专业化服务队伍，加强能力建设。按照"政府引导、农民自愿、依法登记、规范运作"的原则，加快农民用水合作组织建设，研究制定扶持农民用水合作组织发展的相关政策和办法。支持各地成立抗旱服务队、喷微灌设施维修队等准公益性专业化服务队，鼓励灌溉试验站、学校、科研单位及专业水利公司深入基层为农民提供水利专业服务和技术培训。

5.3.3 深化工程管理体制与运行机制改革

按照"谁投资、谁所有、谁受益、谁负责"的原则，推进高效节水灌溉工程设施产权制度改革，明确高效节水灌溉工程的所有权、管理权，并相应落实管护责任，所需经费原则上由产权所有者负责筹集，财政给予适当补助。在确保工程安全、生态保护的前提下，允许工程以适当方式进行产权流转交易，搞活经营权，提高工程管护能力和水平，促进灌溉效益发挥。研究探索将财政投资形成的高效节水灌溉工程资产转为集体股权，或者量化为受益农户的股份，调动农村集体经济组织、农民个人参与高效节水灌溉工程管护的积极性。进一步理顺已建工程管理体制与运行机制，形成科学有效的建管机制、激励机制和用水户广泛参与机制，保障灌溉工程充分发挥效益并实现可持续运行。

5.3.4 完善农业节水政策体系

贯彻落实《农田水利条例》，实行最严格水资源管理制度，加强水资源论证和取水许可管理，加大水行政执法力度，规范农业节水工程建设和管理。完善农业用水"总量控制、定额管理"制度，不断完善地区取用水总量控制指标体系，逐级分解农业用水指标。加快推进农业水价综合改革，建立科学合理的农业用水价格形成机制、农业水价精准补贴和节水奖励机制，以财政资金为主新建或改造的高效节水灌溉项目，要同步推进农业水价综合改革。抓住农业水价综合改革的"牛鼻子"，统筹推进农田水利工程产权制度改革和运行管护机制创新，建立职能清晰、权责明确、管理规范、运行良好的农业节水长效机制，完善以财政资金为主、社会资本参与的农业节水投融资机制，建立稳定的投入渠道，拓宽资金来源，持续加大财政资金对农田水利基础设施建设的投入力度，建立发展节水灌溉中长期政策性贷款和财政贴息政策。

5.3.5 充分调动多方力量参与

发展高效节水灌溉涉及社会生活的多个利益群体，在发展高效节水灌溉的过程中，他们合理的利益诉求也必然不同，对这些诉求必须要予以高度重视和充分理解。政府应建立和强化有效的激励机制，鼓励全社会的力量共同参与，充分调动灌区、农民和企业的积极性，形成合力共同促进高效节水灌溉的发展。

作为推进改革的切入点，必须要改变灌区单纯依靠水费维持运行的局面，通过完善相关政策，落实好"中央财政对中西部地区、贫困地区公益性工程维修养护经费给予补助""对公益性小型水利工程管护经费给予补助""农业灌排工程运行管理费用由财政适当补助"等扶持政策，尽快全面完成灌区的定性、定岗和定员等相关工作，核定财政供养范围，将利益冲突降到最低程度；农民作为用水主体，应严格执行灌溉用水定额标准，探索实行定额内享受优惠水价、超定额累进加价的办法，创造条件并允许农民对节约下来的水量进行合理交易，让农民节水个人效益和社会效益能够通过交易平台得到合理统一，同时应积极宣传实行高效节水灌溉对改善灌溉质量、提高生产能力、减轻劳动强度的多重意义，让高效节水灌溉深入人心，让节水的付出能够得到合理的回报；企业是市场配置资源的主体，政府应通过制定完善减税、优惠信贷和设备补贴等扶持政策，调动有诚信、有实力、信誉好的企业参与高效节水灌溉建设的积极性，有机统一企业的社会责任和经济效益，通过建立适当的体制机制，将冲突的矛盾协调到共同促进海河流域高效节水灌溉发展的事业中来。

第6章　研究总结与工作展望

6.1　研究总结

本篇在分析海河流域农业节水分区的自然地理和社会经济发展现状的基础上，探讨了不同农业节水措施的特点，推荐了各分区适宜的节水技术模式，推导了农业节水潜力的计算公式，提出了农业节水潜力的3个层次，概括了不同类型节水潜力的内涵与实现途径，结合海河流域农业节水分区成果，构建了海河流域分区农业节水潜力评估模型，并结合总量控制指标和用水效率指标，估算了规划水平年各分区适宜有效灌溉面积，提出了促进节水灌溉高质量发展的措施建议，为有关水行政主管部门开展农业节水管理工作提供了基础支撑和方向性指导。

经研究评估，海河流域3种类型农业节水潜力由大到小依次为工程型、结构型、效率型，分别为43.83亿 m^3、12.46亿 m^3和7.49亿 m^3。

今后一个时期内，海河流域的农业节水灌溉管理工作的重点区域是豫北和鲁北引黄平原区、冀东和冀中山前平原区，重点节水措施分别是渠道衬砌、高效节灌、井渠结合、渠系水优化调度和农业种植结构调整等。本篇所得研究结论对于有关水行政主管部门深入认识和综合把握海河流域的农业节水灌溉事业的既定现状和发展方向，具有积极的基础性支撑和前瞻性的指导作用。

从灌溉水自水源至形成作物产量所历经的4个环节来分析，节水灌溉应从整个灌溉过程着手，凡是能减少灌溉水损失、提高灌溉水使用效率的措施、技术和方法均属于节水灌溉的范畴。因此，广义的节水灌溉技术内容十分广泛，包括水资源优化、输水过程节水、田间灌溉节水、农作物种植栽培节水、灌溉制度优化、渠系水优化调度、土壤墒情监测、用水计量、奖励与补偿政策等工程、农艺、管理、政策、法规等多方面措施。

本研究采用的流域节水潜力评估公式是以土壤水量平衡方程为基础推导简化而得的，所划分的节水潜力类型包括工程型、结构型、效率型3种类型。依据其定义，工程型和效率型节水潜力的实现是上述工程、农业、管理、政策法规等节水灌溉技术措施综合作用的结果，换言之，工程型和效率型节水潜力量值计算中所采用的参数，诸如灌溉水利用系数、覆盖措施节水量等均是通过各类节水灌溉技术措施的实施来实现的，是对各类节水技术措施实施效果的综合分类估算。

最严格水资源管理制度提出的用水总量控制指标对于流域和区域社会经济发展取用水规模具有制约作用，海河流域绝大多数农业节水分区的农业水资源不足以承载农业灌溉发展规模，势必出现地下水超采和生态用水挤占问题，为了实现农业水资源的可持续利用以及农业灌溉规模的可持续维系，亟须继续大力发展节水灌溉，尤其是高效节水灌溉，并辅之以种植结构调整、水价政策制定、水源结构调整等各种管理措施。

我国经济社会已进入高质量发展阶段，面对农业现代化发展、土地承包权流转的灌溉农业生产与经营的新趋势、新要求，本篇按照把握规划权、放开建设权、搞活经营权、严格监督权的原则，以建设项目全生命周期为研究跨度和研究视角，分别从高效节水灌溉项目的规划、政策体系、建设管理、运行维护、社会参与等方面，提出了一系列推进海河流域高效节水灌溉发展的体制机制优化建议。

6.2 工作展望

本篇分析计算的海河流域各个农业节水分区的节水潜力，是在理想状态下的作物的广义节水潜力，是理论上的最大可能的节水量，它们在规划水平年是否可以实现，实现到什么程度，是一个非常复杂的系统工程问题，受到自然、社会、经济等各种主客观复杂因素的影响，从某种程度上说，农业节水潜力的实现问题涉及更多的是社会和经济问题，而不是工程和技术问题，今后应继续致力于研究社会和经济因素对于农业节水灌溉发展工作的推动和制约作用。

面对流域尺度上的农业灌溉系统具有的时空复杂性，流域农业节水潜力是在特定水平年的农业灌溉系统发展规模和水平之下，基于一定的假设，抓住主要影响因素而评估得出的数值，是在一个较大的时空尺度上，对流域农业灌溉系统在特定水资源条件以及社会经济发展水平之下的节水潜力量值的宏观度量和总体把握。流域尺度上的农业节水潜力的影响因素众多而且相互交织，使得节水潜力具有复杂性、动态性、耦合性、敏感性等特征，因而是一组动态的、相对的数据。因此，本研究评估得出的工程节水、结构调整和效率提高等 3 方面的节水潜力大小及其排序应随着基础数据监测与统计、数值模拟与分析、相关规划编制与实施等科研与生产实践的发展而开展进一步的动态论证。

优化节水灌溉高质量发展的体制机制是贯穿于节水灌溉工程的规划、建设、运行、维护之全生命周期的一项重要工作，高效节水灌溉工作的基础性、长期性、系统性、多目标性要求必须建立健全促进高效节水灌溉健康发展的良性体制与长效机制，实现向管理要效益、要效率、要效果的实践目标，这将是一项长期而又复杂的社会系统工程，需要全社会为之共同努力。

参考文献

[1] 任春平,杜敏,李涛. 杨凌区节水灌溉分区规划[J].水土保持研究,2002,9(2):15-18.

[2] 吴景社,康绍忠,王景雷,等. 基于主成分分析和模糊聚类方法的全国节水灌溉分区研究[J].农业工程学报,2004,20(4):64-68.

[3] 马立辉,赵玲,张会芹,等. 模糊—动态聚类法在河北省农业节水区划中的应用[J].南水北调与水利科技,2006,4(1):42-44.

[4] 王红霞,卢文喜. 河北省节水灌溉区划中模糊聚类分析与应用[J].工程勘察,2006(12):31-35.

[5] 王晓愚,李占斌,迟道才,等. 新疆农业节水分区指标体系与方法[J].西安理工大学学报,2008,24(1):89-93.

[6] 何英,郭玉川,姜卉芳. 基于模糊—动态聚类法的新疆节水区划探讨[J].节水灌溉,2009(2):5-7,10.

[7] 褚琳琳. 基于因子分析与聚类分析的江苏省节水农业分区研究[J].灌溉排水学报,2014,33(3):137-140.

[8] 周开乐,杨善林,丁帅,等. 聚类有效性研究综述[J].系统工程理论与实践,2014,34(9):2417-2431.

[9] 左其亭. 净水资源利用率的计算及阈值的讨论[J].水利学报,2011,42(11):1372-1378.

[10] 中华人民共和国国家质量技术监督检验检疫总局,中华人民共和国国家标准化委员会. GB/T 29404—2012:灌溉用水定额编制导则[S].北京:中国标准出版社,2013.

[11] 丁志宏,徐向广,宋秋波. 海河流域农业节水分区研究工作的若干思考[J].海河水利,2016(2):42-46.

[12] 傅国斌,于静洁,刘昌明,等. 灌区节水潜力估算的方法及应用[J].灌溉排水,2001,20(2):24-28.

[13] 段爱旺,信乃诠,王立祥. 节水潜力的定义和确定方法[J].灌溉排水,2002,21(2):25-35.

[14] 李英能. 区域节水灌溉的节水潜力简易计算方法探讨[J].节水灌溉,2007(5):41-48.

[15] 彭致功,刘钰,许迪,等. 基于 RS 数据和 GIS 方法估算区域作物节水潜力[J].农业工程学报,2009(7):8-12.

[16] 罗玉丽,黄介生,张会敏,等. 不同尺度节水潜力计算方法研究[J].中国农村水利水电,2009,9(1):10-14.

[17] 雷波,刘钰,许迪. 灌区农业灌溉节水潜力估算理论与方法[J].农业工程学报,2011,27(1):10-14.

[18] 刘路广,崔远来,王建鹏. 基于水量平衡的农业节水潜力计算新方法[J].水科学进展,2011,22(5):696-702.

[19] 刘建刚,裴源生,赵勇. 不同尺度农业节水潜力的概念界定与耦合关系[J].水利水电科技进展,2012,32(1):50-53.

[20] 尹剑,王会肖,刘海军,等. 不同水文频率下关中灌区农业节水潜力研究[J].中国生态农业学报,2014,22(2):246-252.

[21] 丁志宏,邓方方,解文静. 海河流域农业节水潜力计算工作的若干思考[J].海河水利,2017(2):16-19.

[22] 丁志宏,郭兵托,杨朝瀚. 基于模糊聚类的海河流域农业节水分区研究[J]. 人民黄河,2018,40(3):44-48,67.

[23] 刘群昌,杨永振,刘文朝,等. 非工程措施的节水潜力分析[J].中国农村水利水电,2003(2):16-19.

[24] 陈凤,蔡焕杰,王健. 秸秆覆盖条件下玉米需水量及作物系数的试验研究[J].灌溉排水学报,2004,23(1):41-43.
[25] 孟毅,蔡焕杰,王健,等. 麦秆覆盖对夏玉米的生产及水分利用的影响[J].西北农林科技大学学报:自然科学版,2005,33(6):131-135.
[26] 左余宝,逄焕成,李玉义,等. 鲁北地区地膜覆盖对棉花需水量、作物系数及水分利用效率的影响[J].中国农业气象,2010,31(1):37-40.
[27] 樊艳改,王利民. 保定平原区棉花地膜覆盖节水增产效应的研究[J].水科学与工程技术,2010(3):26-28.
[28] 康绍忠,杨金忠,裴源生,等. 海河流域农田水循环过程与农业高效用水机制[M].北京:科学出版社,2013.
[29] 姜弘道. 水利概论[M].北京:中国水利水电出版社,2010.
[30] 黄修桥,高峰,王景雷,等. 节水灌溉发展研究[M].北京:科学出版社,2014.
[31] 彭世彰. 农业高效节水灌溉理论与模式[M].北京:科学出版社,2009.
[32] 王格玲,陆迁. 社会网络嵌入下的农户节水灌溉技术采用[M].北京:社会科学文献出版社,2017.

附　图

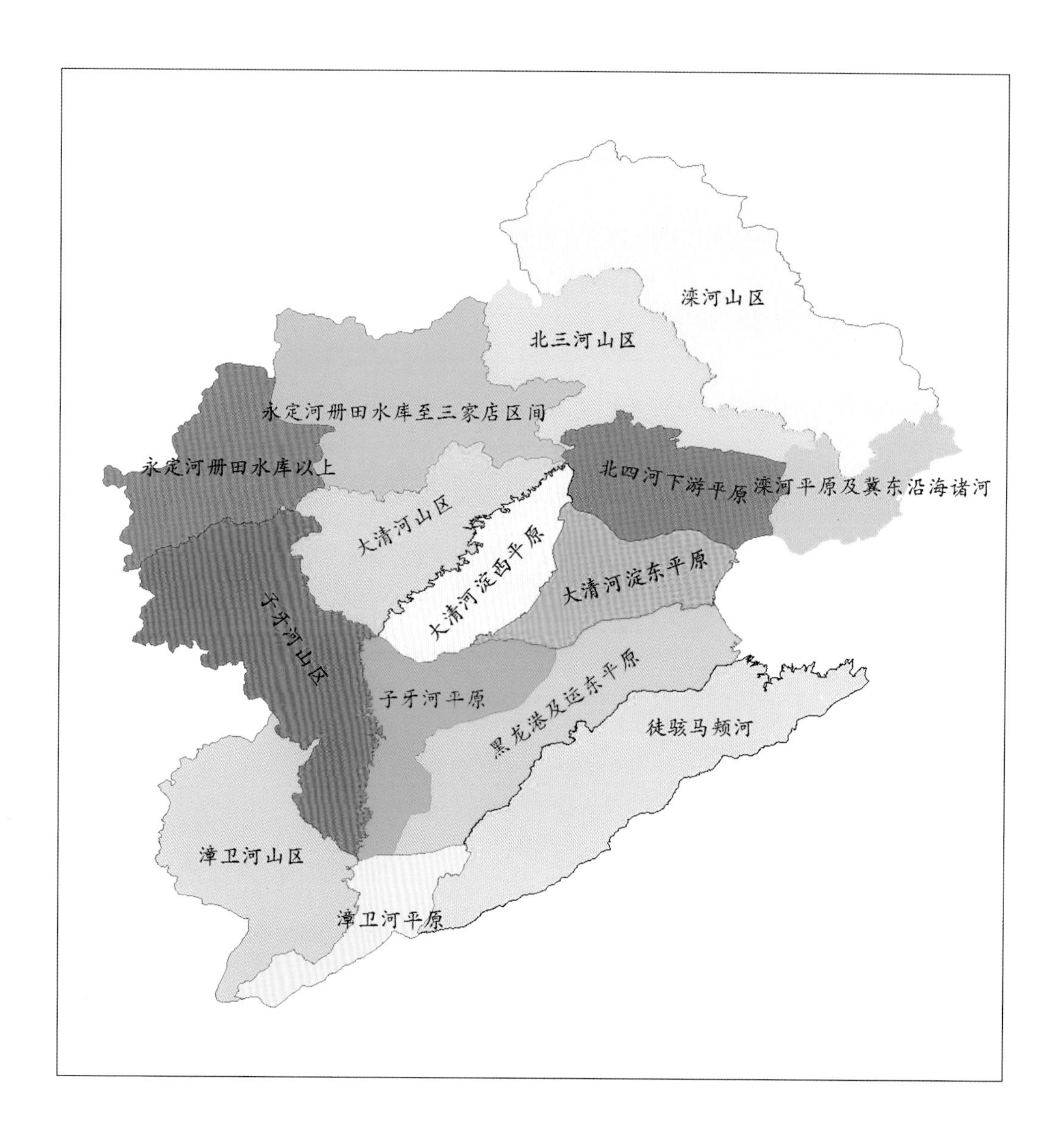

附图 1　海河流域水资源三级区

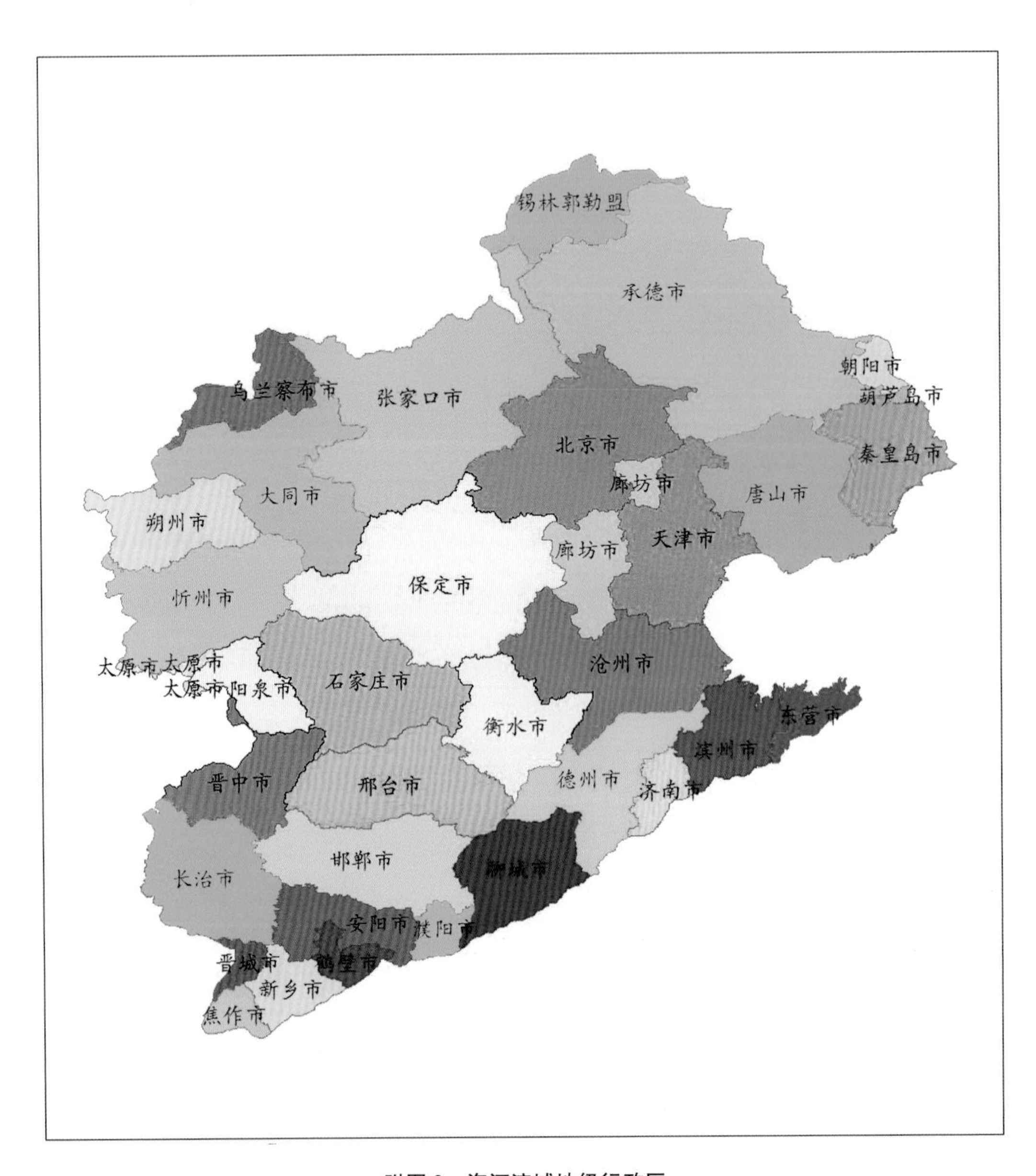

附图 2　海河流域地级行政区

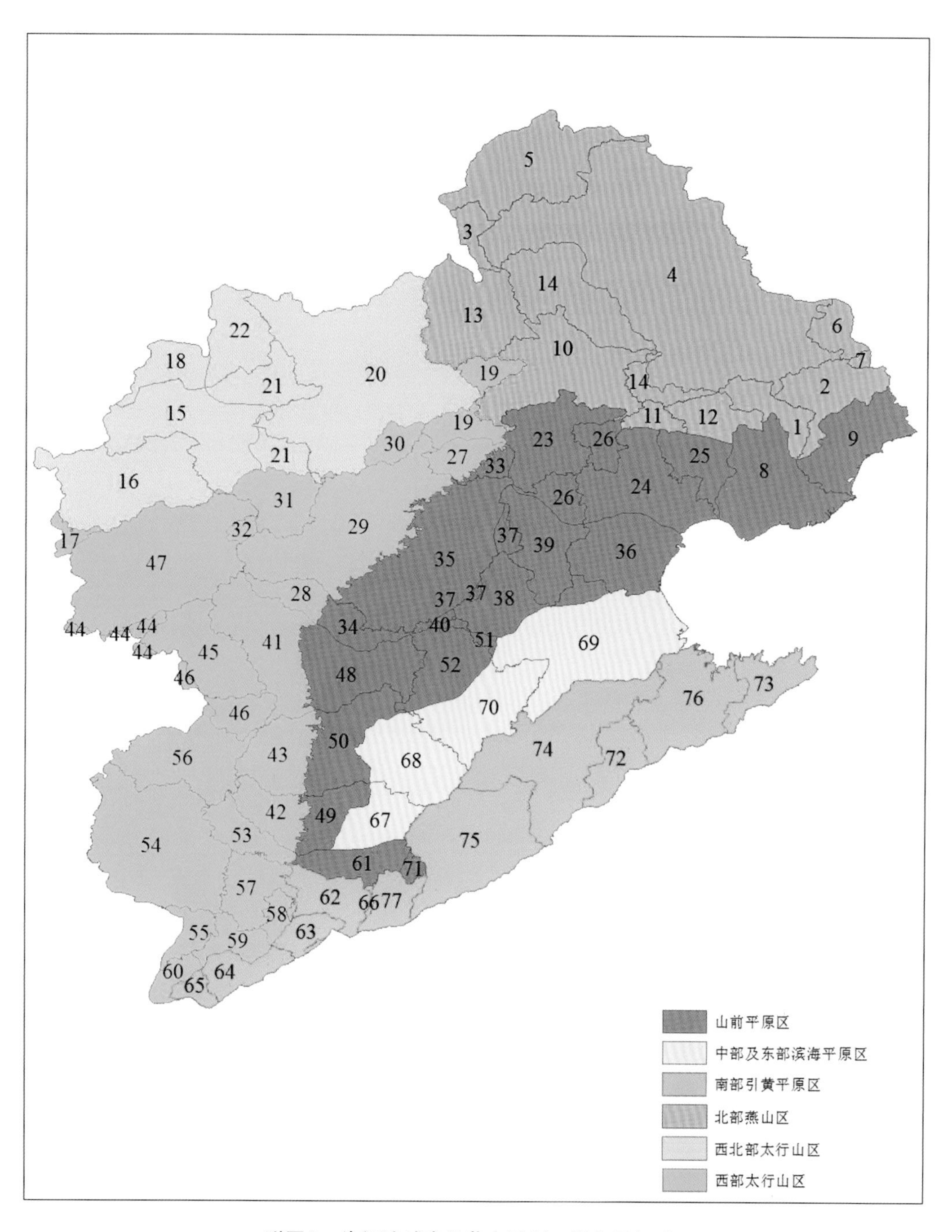

附图3 海河流域农业节水区划一级分区(一)

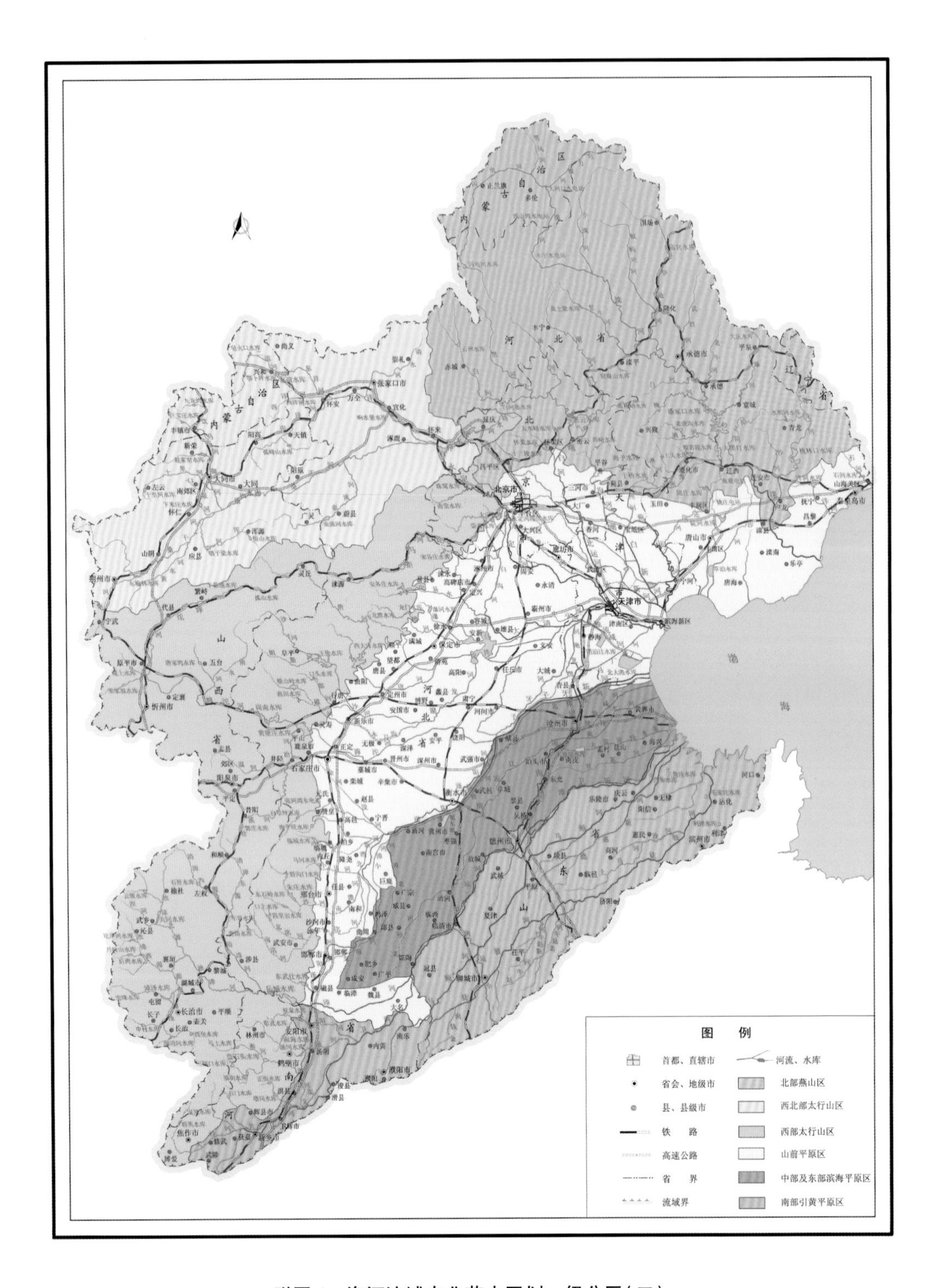

附图 4　海河流域农业节水区划一级分区(二)

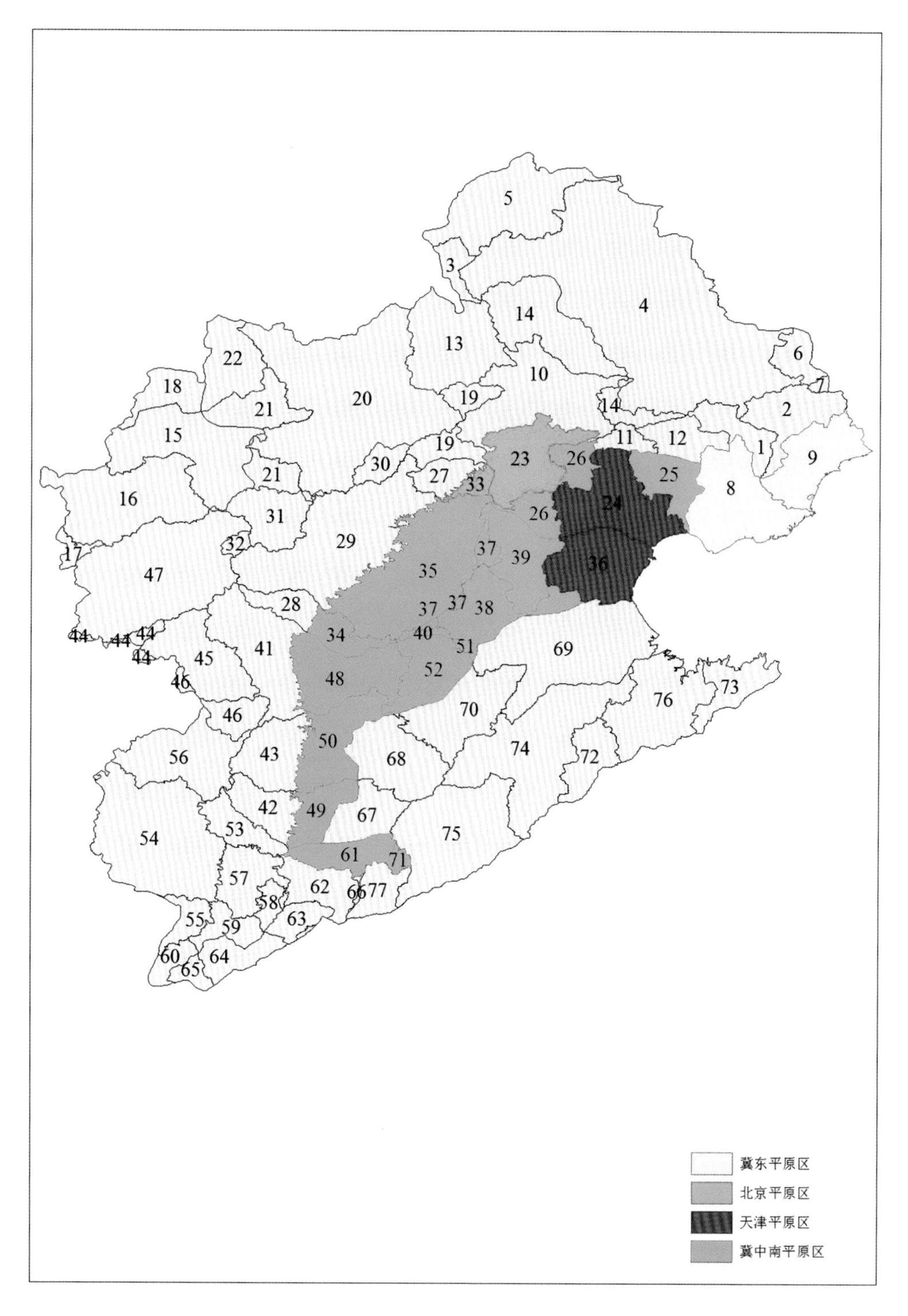

附图 5　海河流域农业节水二级分区之山前平原区划分(一)

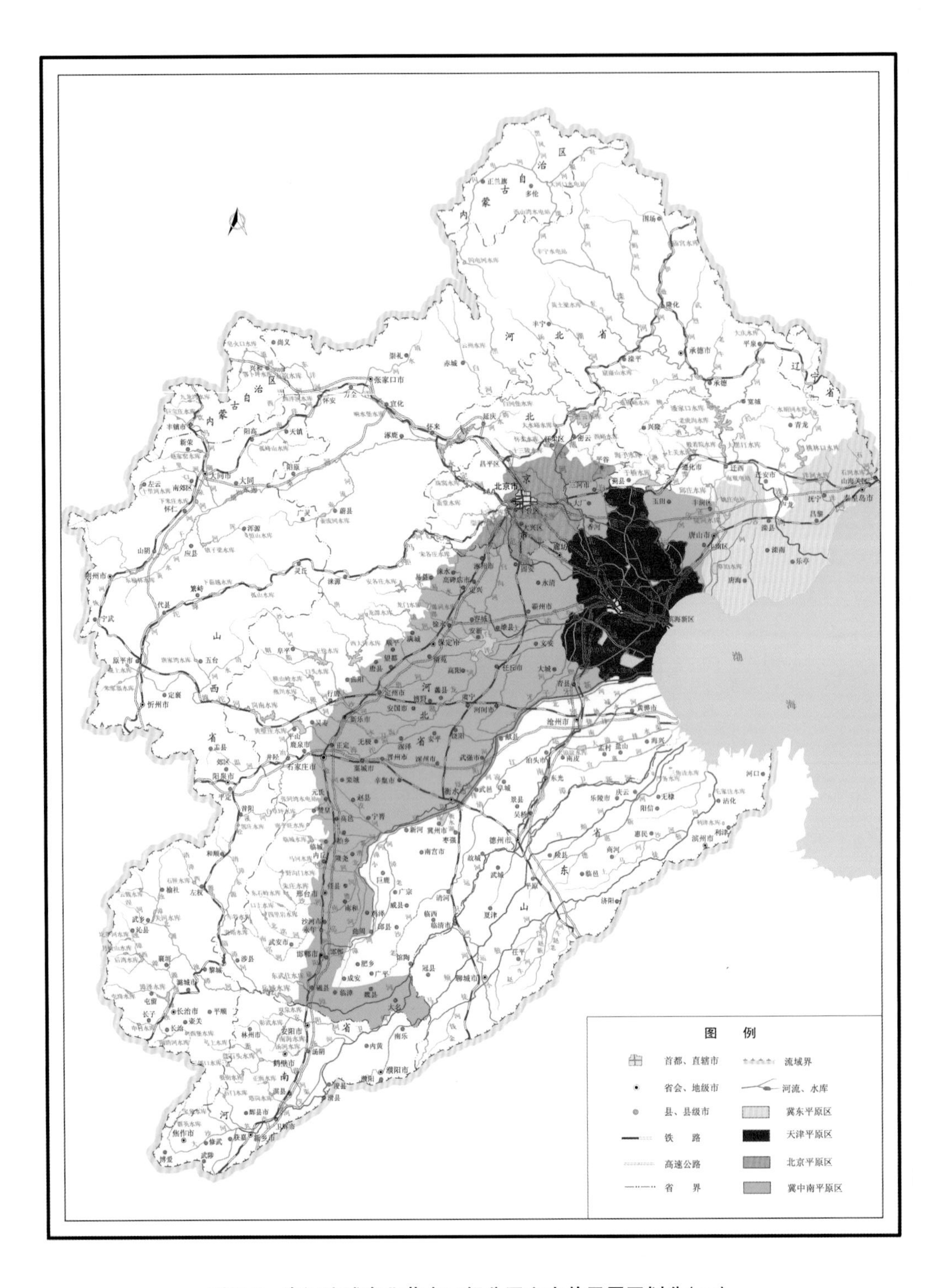

附图 6 海河流域农业节水二级分区之山前平原区划分(二)

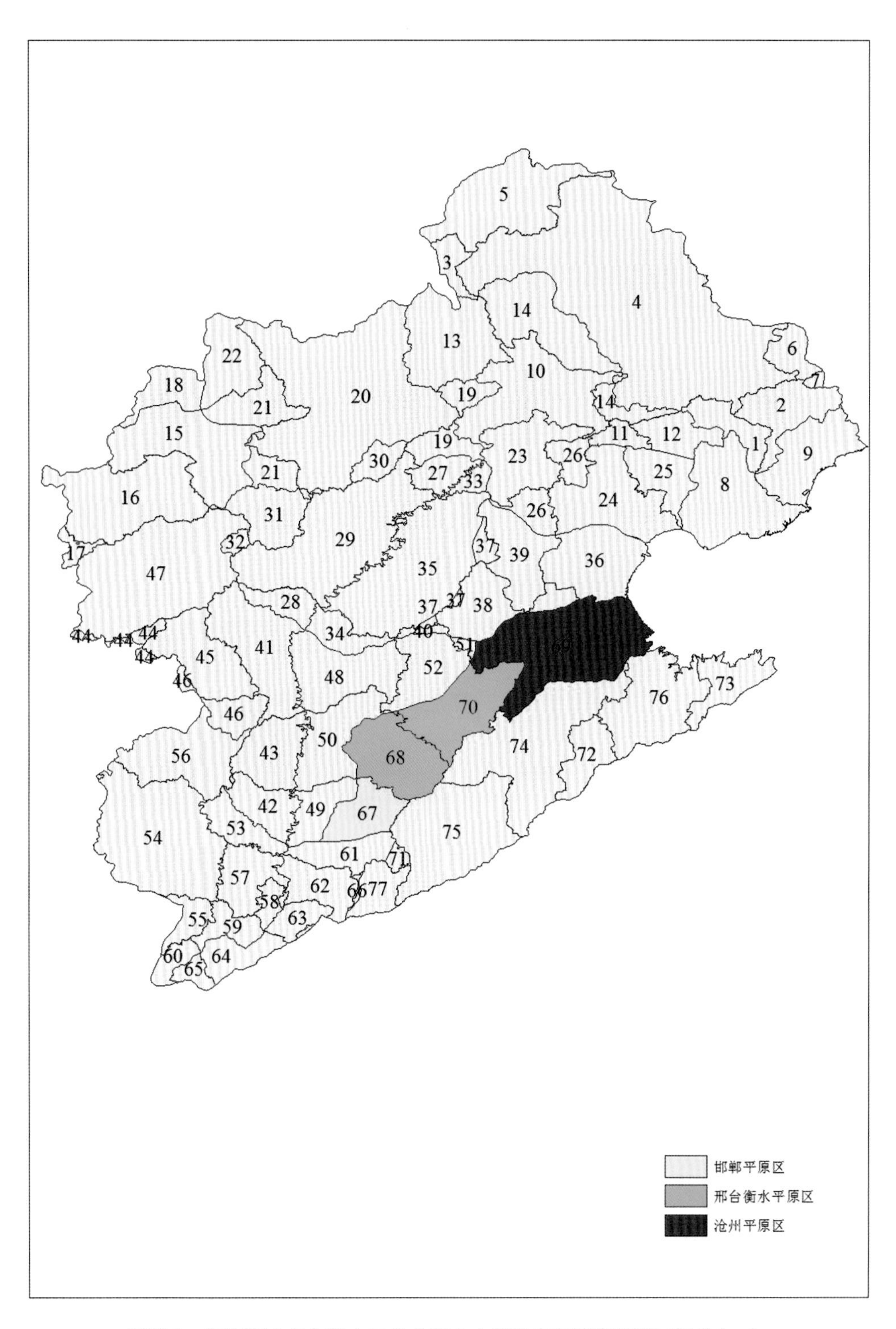

附图 7　海河流域农业节水二级分区之中部及东部滨海平原区划分(一)

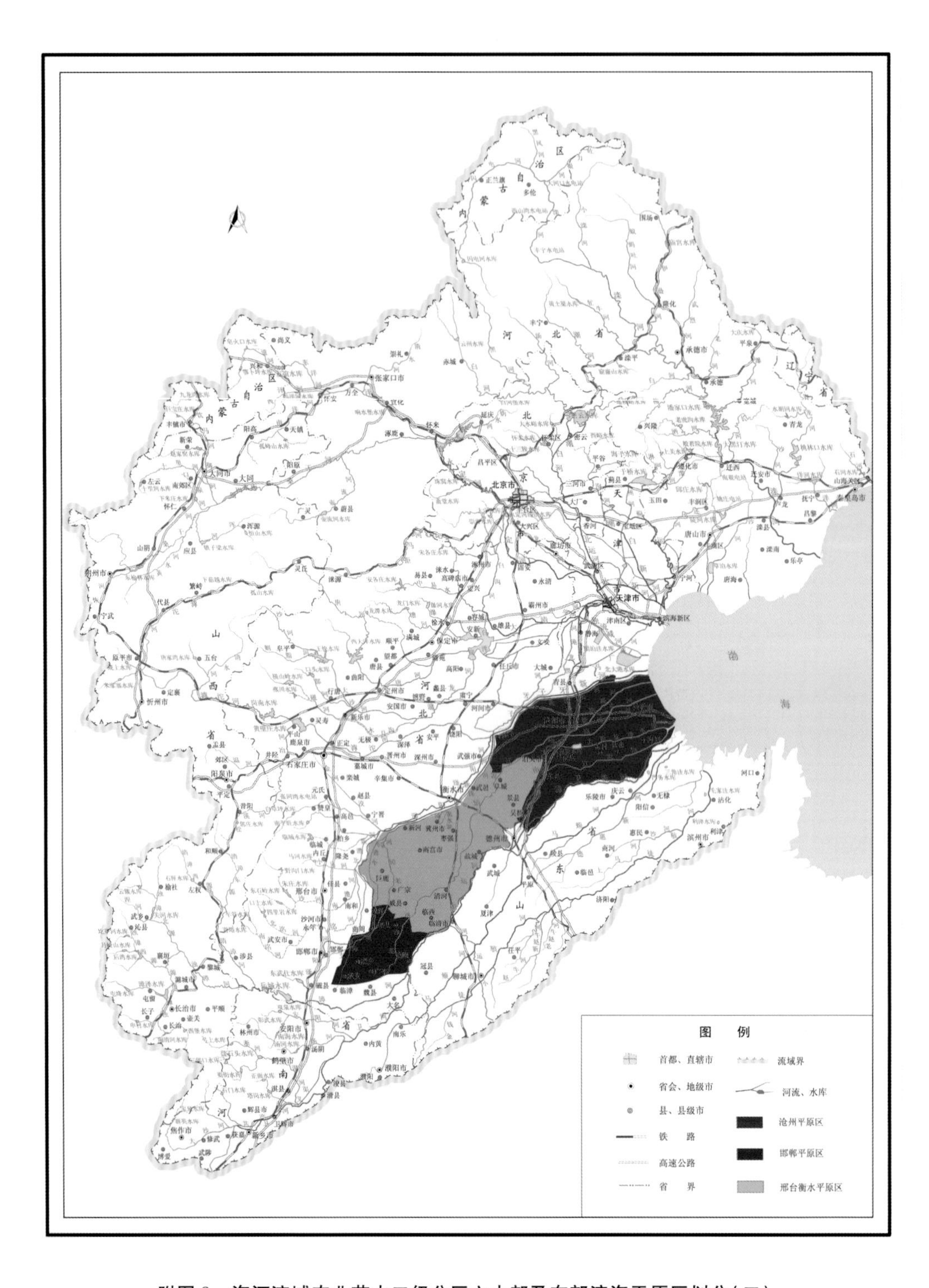

附图8　海河流域农业节水二级分区之中部及东部滨海平原区划分(二)

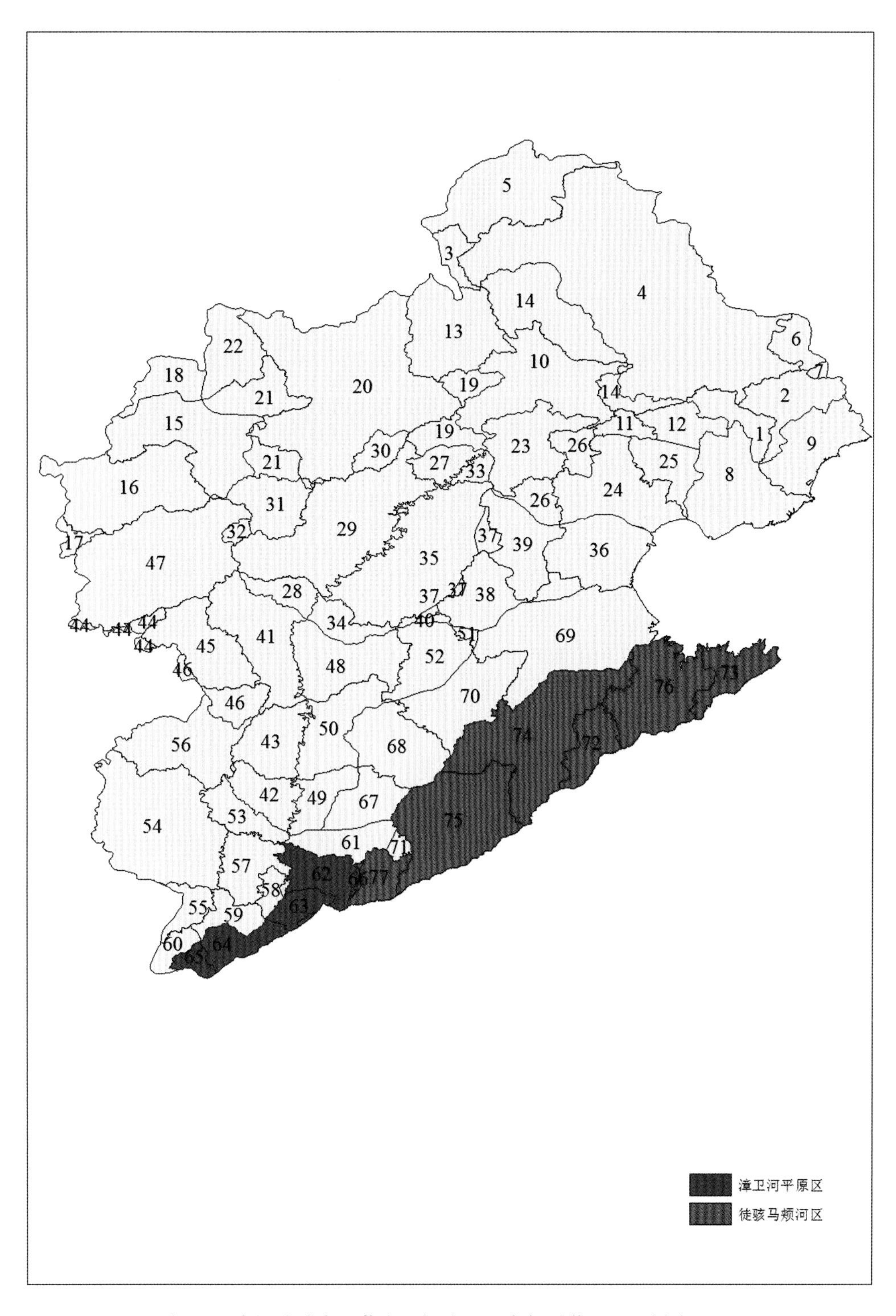

附图 9　海河流域农业节水二级分区之南部引黄平原区划分(一)

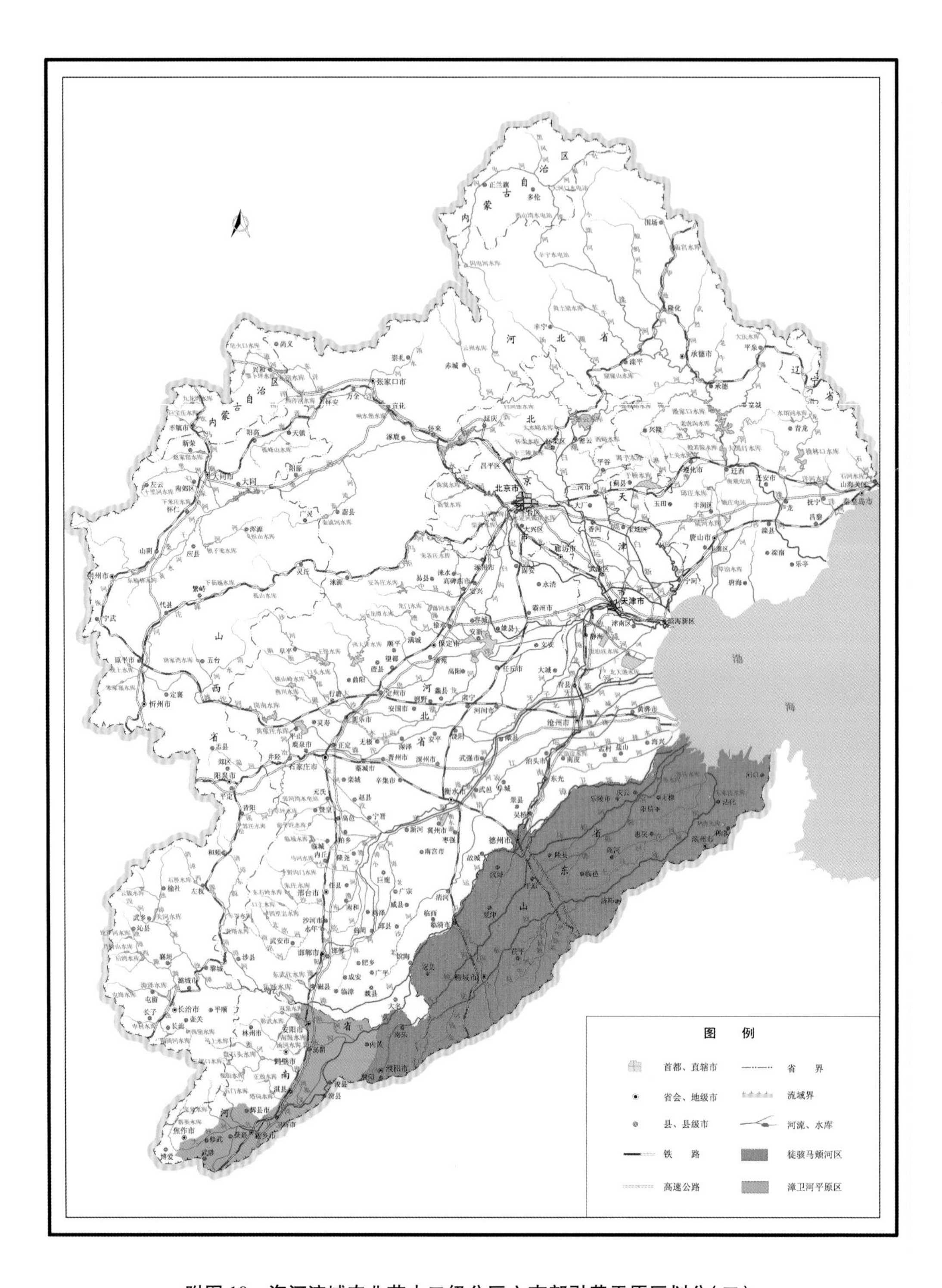

附图 10 海河流域农业节水二级分区之南部引黄平原区划分(二)

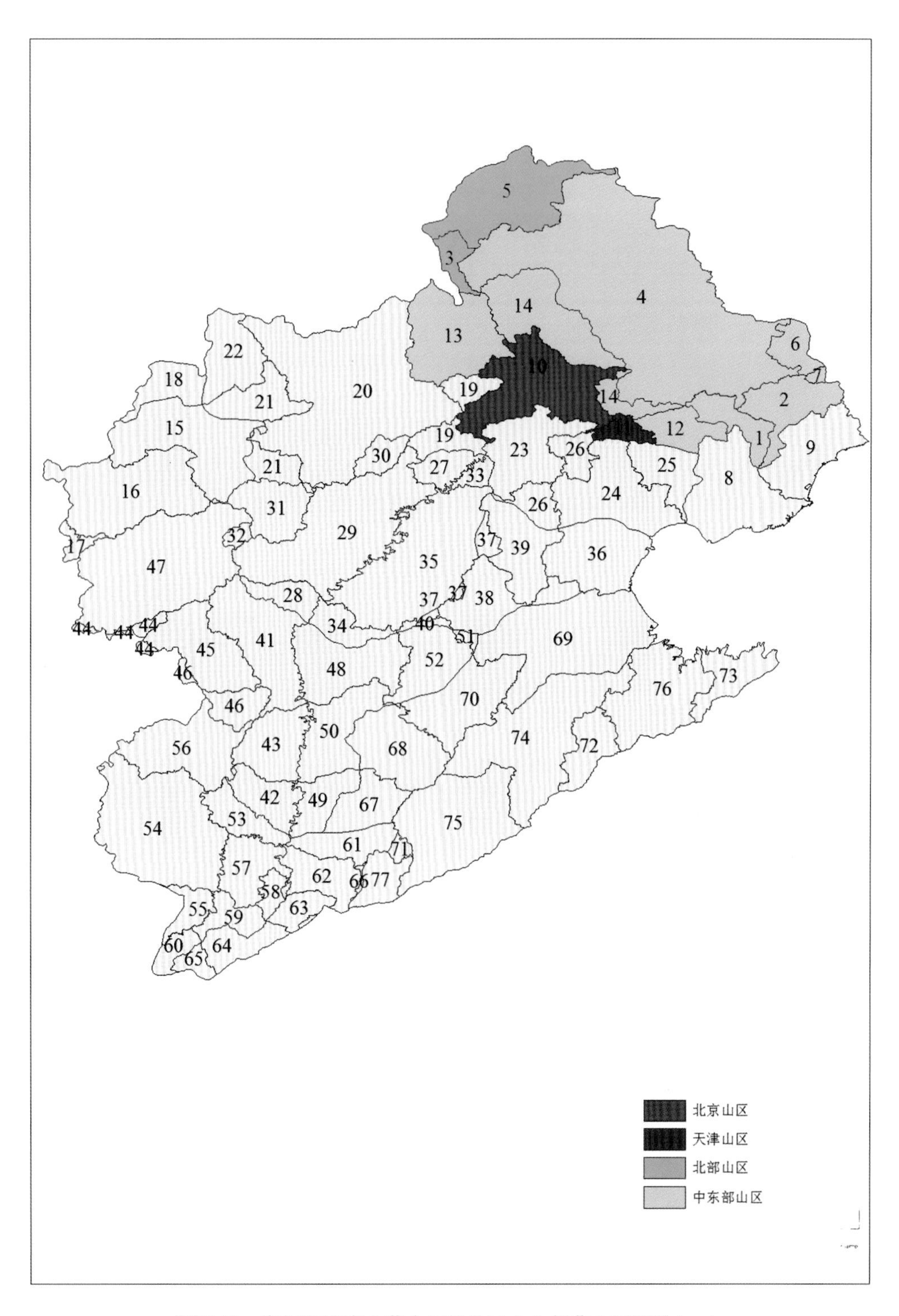

附图 11　海河流域农业节水二级分区之北部燕山区划分(一)

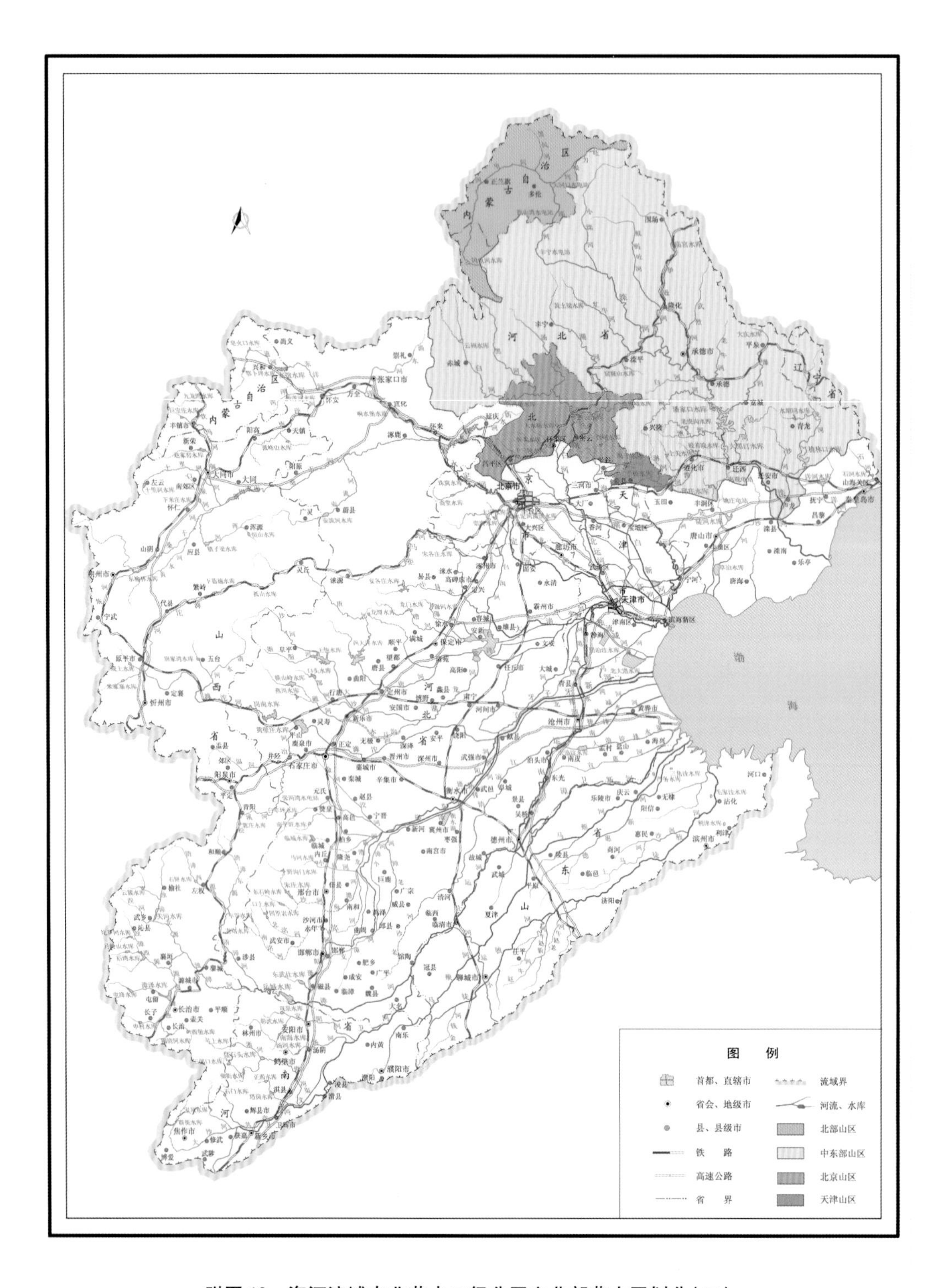

附图 12 海河流域农业节水二级分区之北部燕山区划分(二)

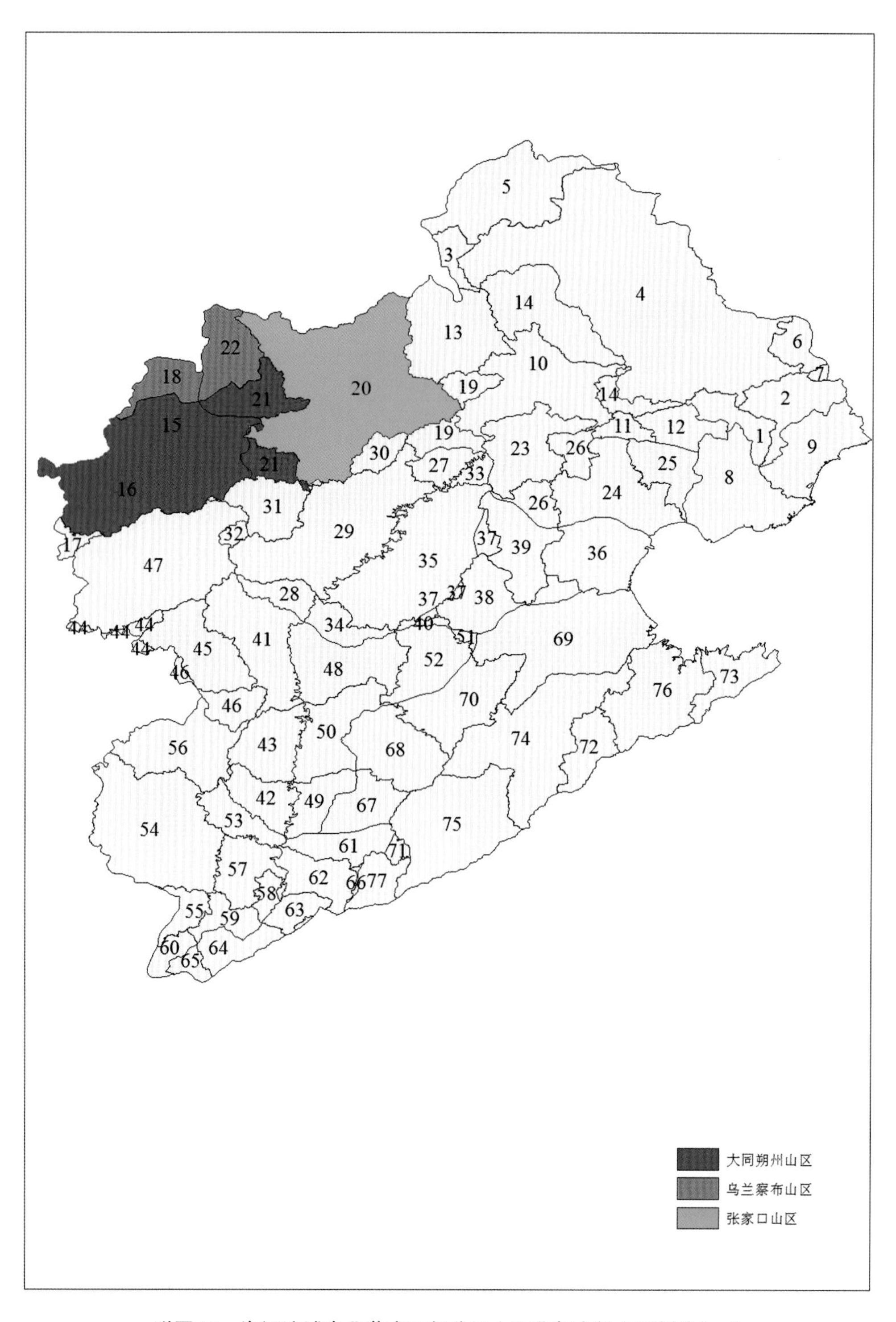

附图 13　海河流域农业节水二级分区之西北部太行山区划分(一)

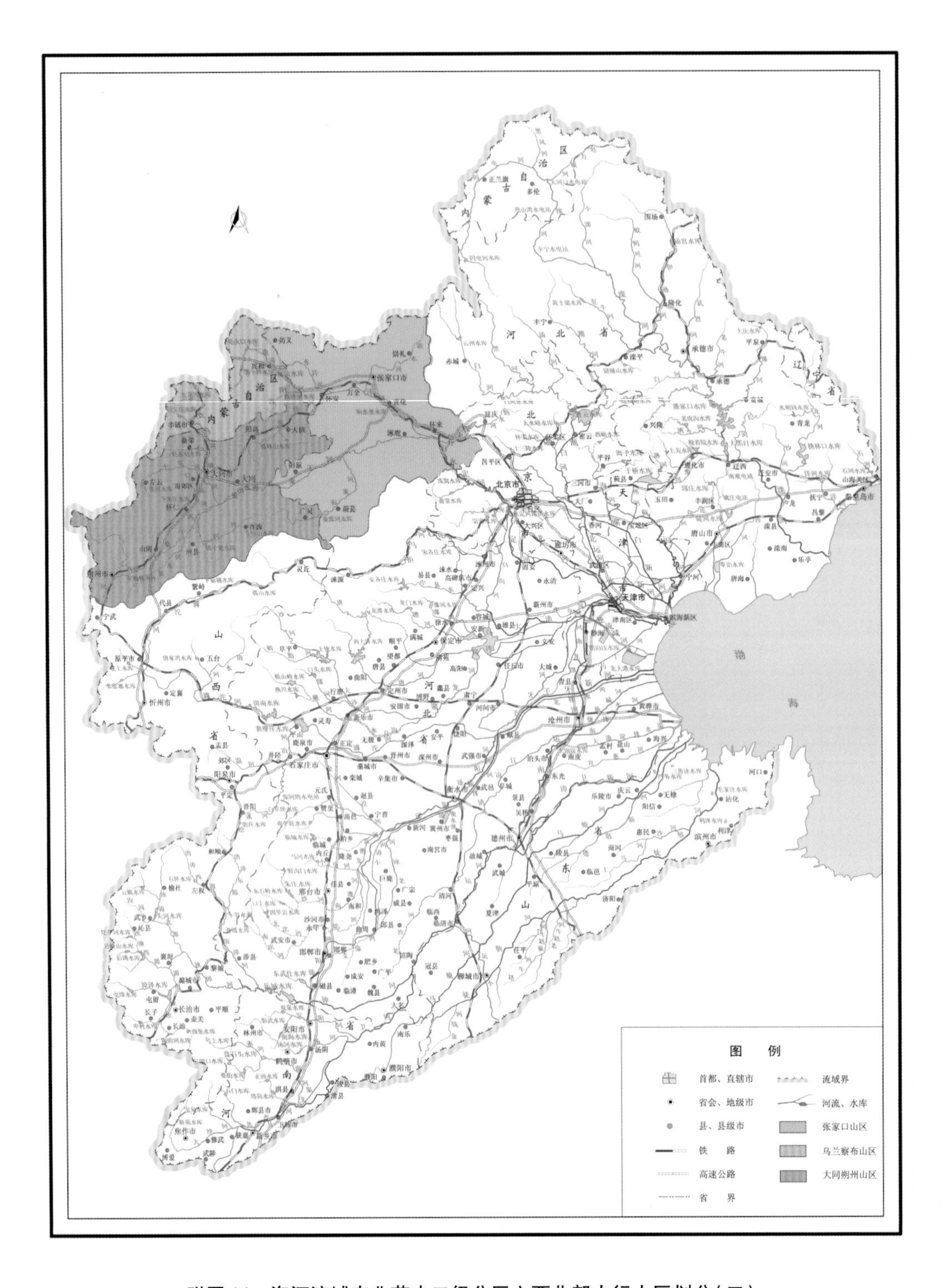

附图 14 海河流域农业节水二级分区之西北部太行山区划分(二)

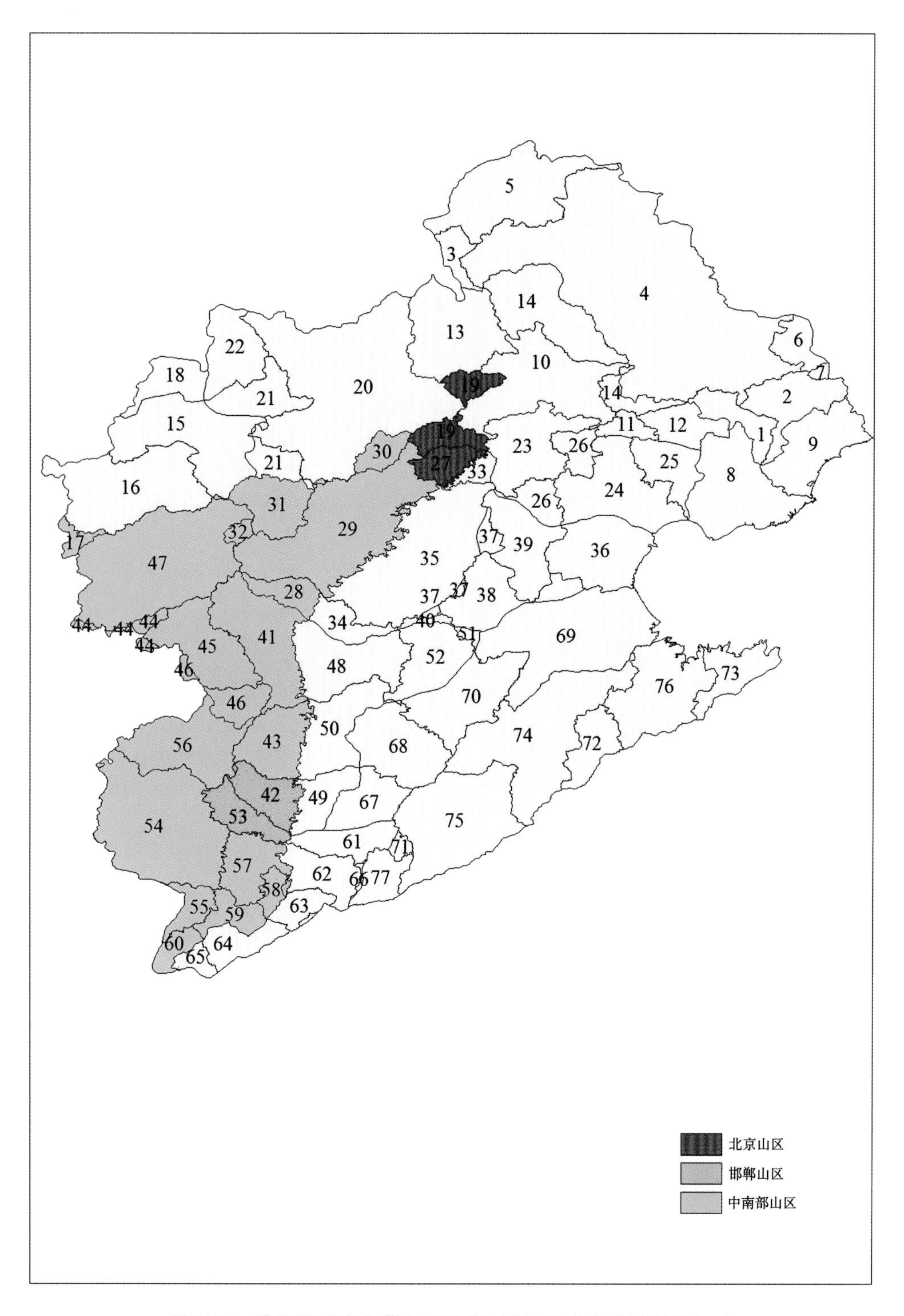

附图 15 海河流域农业节水二级分区之西部太行山区划分(一)

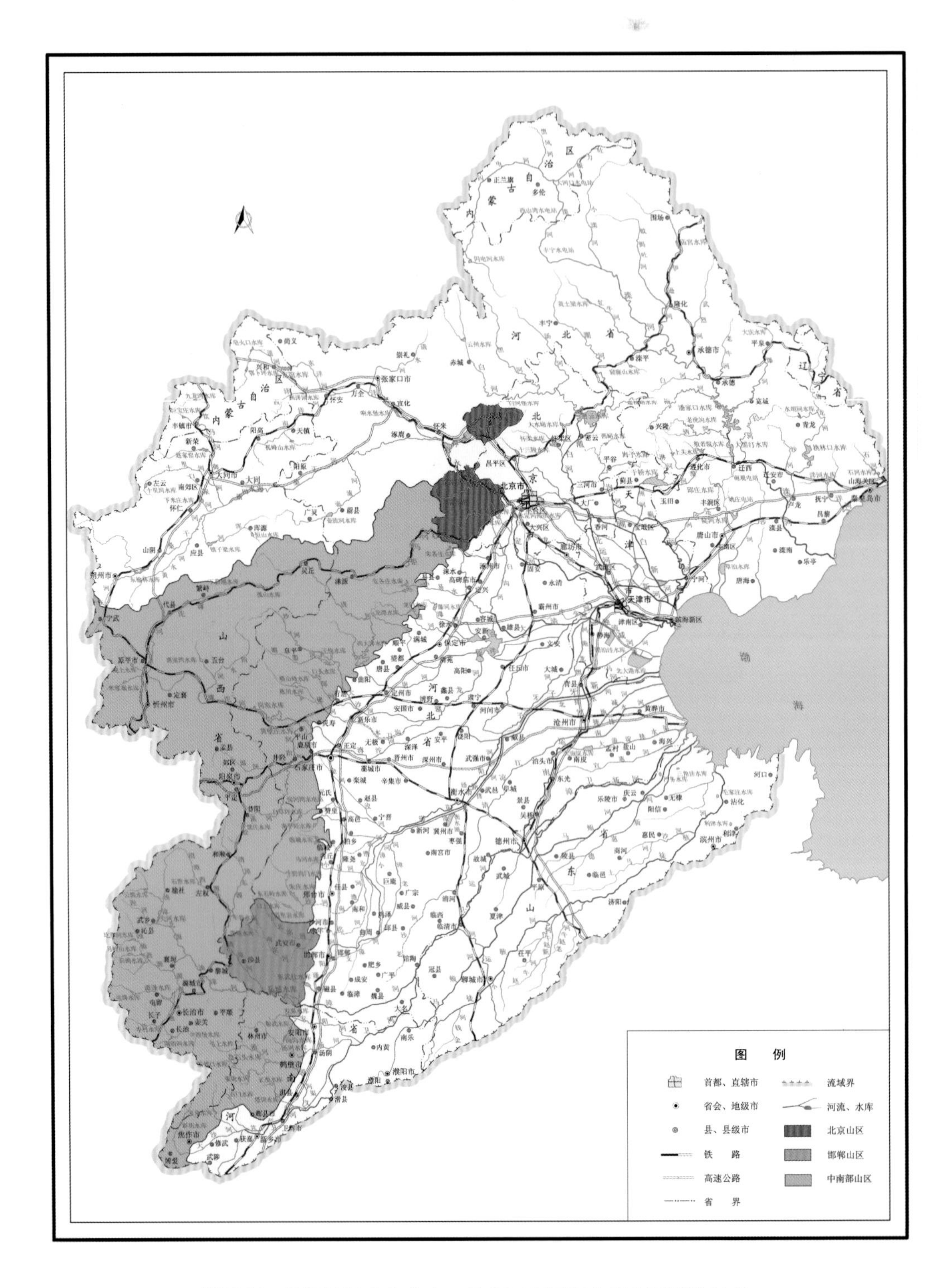

附图16　海河流域农业节水二级分区之西部太行山区划分(二)